Inhalt

Impressum

ISBN 3-7168-1968-9

Motorrad-Reparaturanleitung
Band 5222

Redaktion,
Satz und Gestaltung:
Redaktionsbüro Thomas Jung
D-70 376 Stuttgart
Text:
Ralf Knop, Thomas Jung
Fotos:
Uwe Altmann, Thomas Jung, MO-Archiv
Druck und Bindung:
siehe Eindruck letze Seite

129950

VERLAG BUCHELI
Inhaber Paul Pietsch
CH-6304 Zug
Verkauf und Lager:
Gewerbestrasse 10, CH-6330 Cham
Postadresse:
Postfach 4161 · CH-6304 Zug
Telefon 00 41 / 41 / 7 41 77 55
Fax 00 41 / 41 / 7 41 71 15

Alleinauslieferung für Deutschland:
Motorbuch-Verlag
D-70032 Stuttgart
Olgastrasse 86, Postfach 10 37 43
Telefon (07 11) 2 10 80-0

Alleinauslieferung für Österreich:
Verlagsauslieferung Godai
A-1150 Wien XV
Mariahilferstrasse 169
Telefon 00 43 / 2 22 / 8 93 41 05

Ein kleiner Sprung in die **Historie**

Mit Ex-MZ-Werksfahrer Ernst Degner fuhr SUZUKI 1962 den ersten Weltmeistertitel in der damals neuen 50 cm³-Klasse ein. In den folgenden Jahren ist SUZUKI auf den Titel abonniert.

1909 gründete *Michio Suzuki* die gleichnamige Firma und produzierte Webstühle bis in die dreissiger Jahre. Erstmals im Jahr 1936 verliessen Kraftfahrzeuge die Werkshallen.
In den sechziger Jahren wird der Name in Europa durch Grand Prix-Erfolge ihrer schnellen Zweitakt-Rennmotorräder bekannt. **Suzukis** Zweitakter waren im Renngeschäft der letzten vier Jahrzehnte nicht nur Titelanwärter.
Der Anfang der Geschichte der **Suzuki**-Sporterfolge hat viel mit Ernst Degner zu tun, der sich 1961 als DDR-Bürger und MZ-Werksfahrer beim schwedischen Grand Prix von seinem Team absetzt und der restriktiven Obrigkeitsaufsicht entzieht, in **Suzuki**-Dienste tritt und wohl die eine oder andere Finesse aus dem Fundus der seinerzeit in Sachen Zweitakttechnik führenden und vor Ideen sprühenden, aber an völlig unzureichender Infrastruktur leidenden MZ-Werktätigen den japanischen Kollegen nahe bringt.

Die Suzuki XR 71 von 1987 mit dem charakteristischen V4-Motor löst den Square-Four-Motor ab. Der V4 ist leichter und kompakter. Ruhm wird ihm und Kevin Schwantz 1993 zu Teil.

Ernst Degner erfährt sich seinen Weltmeisterschaftstitel in der erstmalig ausgetragenen 50 cm³-Klasse 1962 auf einer **Suzuki**. Es folgen die Weltmeisterschaftstitel von Hugh Anderson (1963 und 1965; 125 cm³), Hans-Georg Anscheidt (1966, 1967 und 1968; 50 cm³), Dieter Braun (1970; 125 cm³), dem splendiden Briten Barry Sheene (1976 und 1977; 500 cm³), dem schillernden Italiener Marco Lucchinelli (1981; 500 cm³) und Franco Uncini (1982; 500 cm³). Und natürlich des begnadeten Texaners Kevin Schwantz (1993; 500 cm³).
Entsprechende Legenden ranken sich aber auch um solche Klassiker (echte – nicht wie heute, wo »Klassiker« von Marketingstrategen entworfen schon als solche vom Montageband purzeln) und technische Meilensteine, auf denen diese Titel ausgefochten wurden.
Sei es das wahnwitzige 50-Kubik-Maschinchen von Hans-Georg Anscheidt oder Barry Sheenes »Square Four«-Bolide, der RG 500 (zwei Kurbel-

Kevin Schwantz 1992 im Lucky-Strike-Team beim Rennen von Malaysia hat auch mit Handicap gut lachen.

Texas-Cowboy Kevin Schwantz unterwegs mit »seiner« Startnummer 34.

Um den Markterfordernissen (der Zweitakter hat auch heute noch an Imageproblemen zu knabbern) und weltweit strengeren Abgasvorschriften (diese sind beim Viertakter mit weniger Entwicklungsaufwand in den Griff zu bekommen) zu genügen, legte **Suzuki** mit den GS-Modellen 360/400 (Zweizylinder), 550 und 750 (beide Vierzylinder) ein komplett neues Viertakt-Programm auf, das Auftakt einer bis in die Gegenwart reichenden Erfolgsgeschichte werden sollte.
Standard bildeten von Anfang an zwei obenliegende Nockenwellen und die drehfreudige und steife Tassenstössel-Übertragung auf die Ventile.
Die GS- und die folgende GSX-E-Reihe bildeten die solide Grundlage in Sachen **Suzukis** Viertaktkompetenz. Und die bis in heutige Zeit reichende GSX-R-Reihe mehrten Erfolg und Absatzzahlen des Unternehmens.

Suzukis RG-Motor mit den zwei hintereinander liegenden Kurbelwellen war im Strassenrennsport Mass der Dinge, zumal die Strassenversion RG 500 für Privatfahrer als Teilespender dienen konnte.

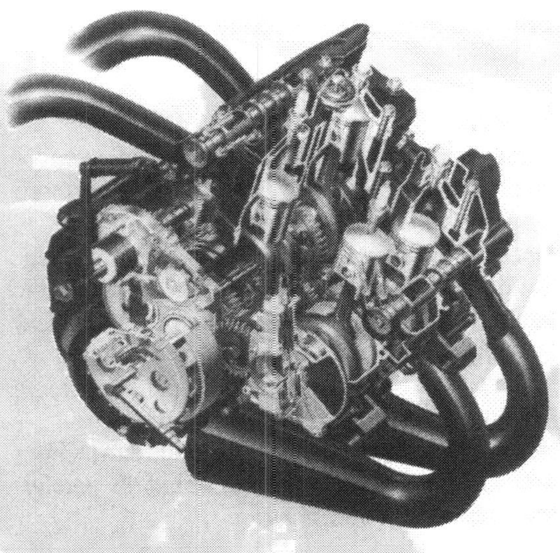

wellen mit je zwei Kolben/Zylindern liegen leicht versetzt hintereinander), **Suzuki**-Motorräder erweitern den technischen Horizont.
Ein weiteres Beispiel für die **Suzuki**-Ingenieurkunst ist die Wankelmaschine RE5, auch wenn diese vom Markt nicht angenommen wurde.
Echte Klassiker sind natürlich auch die Strassenmaschinen von **Suzuki**: Richtig in die Zeit gepasst hat die T20 anno 1965, eine 250er Zweizylinder-Zweitaktmaschine von bis dato unbekannter Zuverlässigkeit.
Mit der wassergekühlten Dreizylinder-GT 750 avancierten in den boomenden Siebzigern nicht nur Milchbärte zu erwachsenen Zweitaktfahrern, sondern auch die altvorderen »Windgesichter« zollen Respekt vor der Ausdauer dieser Baureihe (die **Suzuki** GT 750 ist heute ein Kultmotorrad.)
Nicht zu vergessen die RG 500, in den technischen Grundzügen baugleich mit Barry Sheenes Grand Prix-Renner, aber strassenzugelassen, ganz normal käuflich und Ausgangsbasis so mancher privater heisser Rennstrecken-Konstruktion, und bis in die neunziger Jahre auf den Rennstrecken dieser Welt unterwegs – wie Barry Sheene die Kraft der zwei Kurbelwellen per Gasdrehgriff einteilen!

Die Suzuki GSX 750 R (hier die letzte Ausführung von 1992 mit dem Fahrtwind-/Ölgekühlten Motor) ist der Grundstein zu dem wirtschaftlichen Höhenflug, zu dem Suzuki nicht nur in Deutschland angesetzt hat.

Anfang der achtziger Jahre brechen die Zulassungszahlen allerdings ein, zumindest in Deutschland rutscht **Suzuki** in der Zulassungshierarchie hinter Kawasaki, den kleinsten der japanischen Hersteller im Reigen der »Big Four« (was jedoch nur für Kawasakis Motorrad-Sparte gilt). Mit der Neustrukturierung des Vertriebsnetzes und neuen Modellen konnte das Ruder herumgeworfen werden. Grundstein dieser Entwicklung bildet die GSX 750 R. Mit ihr meldet sich **Suzuki** 1984 nachdrücklich zurück als Impulsgeber des Motorradmarkts. Die bis dato unschlagbar leichte GSX-R bediente sich neben einem Alurahmen (dem ersten in

Neben dem Motor und der kompromisslosen Fahrzeug-Auslegung war natürlich auch der Leichtmetall-Rahmen ein »gewichtiges« Verkaufsargument.

Grossserie) einer Luft-/Ölkühlung, um fast auf das Leistungsgewicht einer reinrassigen Viertakt-Rennmaschine zu kommen.
Vorteil dieser Luft-/Ölkühlung ist klar der wegfallende Wassermantel, der ausser Gewicht auch Konstruktionsaufwand spart. **Suzuki** rennt mit der GSX-R nicht nur in der seinerzeit aufstrebenden – und heute fest etablierten – Superbike-Klasse, sondern auch beim Publikum offene Türen ein. Letztendlich hat die GSX-R massgebenden Anteil am Erfolg der Superbikes. Und eben dieser Motor tut heute noch Dienst in der 1997 präsentierten GSX 750, einem erfrischend »normalen« Motorrad, dem vor wenigen Jahren kaum jemand eine ernst zu nehmende Marktchance eingeräumt hätte.
Doch die »Naked Bike«-Welle machts möglich: unkomplizierte Motorräder mit Power, handlich und mit einem Schuss »Machismo« sind nach Jahren der Sportmotorrad-Dominanz wieder gefragt.
Und immerhin verkörpert **Suzuki**s GSX 750 ein Ideal dieser Spezies – von zugegebenermassen vielen möglichen.
Die 750er steht schlicht und unprätentiös da, wie schon lange kein Motorrad mehr. Das Triebwerk der GSX-R 750 ist in der GSX-Version natürlich auf besseren Durchzug getrimmt – unter Beibehaltung der hohen Drehfreudigkeit und bei erstaunlich niedriger mechanischer Geräuschkulisse.
Der Stahlrohrrahmen mit Aluschwinge und zwei Federbeinen runden das klassische Erscheinungsbild ab. Das komfortable Fahrwerk ist sportlich genug ausgelegt, um auch zu zweit flottes Vorankommen zu ermöglichen.
Hoher Sitzkomfort für Fahrer und Beifahrer und die gemässigte Lenkerposition machen dieses Motorrad auch ohne Verkleidung absolut tourentauglich.

In eigener Sache:
Dieser Band kann keine dreijährige Motorradmechaniker-Lehre ersetzen, setzt aber geübten Umgang mit Werkzeug und Materie voraus. Einzelne Arbeitsgänge, zu deren Durchführung Sonderwerkzeuge und umfangreicher Maschinenpark (spezielle Dorne, Hülsen und Pressen) benötigt werden, die Hobbymechaniker-Verhältnisse übersteigen, werden zur Durchführung der **Suzuki**-Werkstatt empfohlen.
Um sich und andere nicht zu gefährden, sind Arbeiten an der Bremsanlage ebenfalls versierten Fachkräften vorbehalten.

Prototyp der Suzuki Katana-Baureihe. Von der Design-Koryphäe Hans A. Muth gezeichnet avancierte sie schnell zum Kultobjekt.

Suzukis »Jahrhundertmotor« in seiner ganzen Pracht. Der schmale und leichte Motor mit seinen feinen Kühlrippen ist der Grundstein des sportlichen Erfolgs von Suzuki in der nationalen Superbike-Meisterschaft und in der seinerzeit heiss umkämpften Rennklasse der Serienmotorräder.

1 Werkzeug

Bild 1
Ventilfederspanner

Bild 2
Starterfreilauf-Halter

Bild 3
Starterfreilauf-Abdrücker

Bild 4
Kupplungsnabenhalter

Bild 5
Ölfilterschlüssel

Werkzeug

Das mit der Maschine gelieferte Bordwerkzeug können wir für umfangreichere Wartungsarbeiten oder gar Motorüberholungen vergessen. Also muss passendes Qualitätswerkzeug selbst besorgt werden, mit dem der Freizeit-Mechaniker seine Maschine mit Spass bei der Arbeit in Schuss halten kann. Hier eine Aufstellung von Werkzeugen, über die der engagierte Hobby-Schrauber verfügen sollte:

1 Gabelschlüssel (kompletter Satz ab SW 6/7 bis SW 30/32)
2 Ringschlüssel (abgekröpft, kompletter Satz ab SW 6/7)
3 Steckschlüssel (kompletter Satz ab SW 8/9 bis SW 32)
4 Innensechskantschlüssel (kompletter Satz 2–8 mm, abgewinkelt)
5 Schraubendreher für Schlitzschrauben (ein kompletter Satz)
6 Schraubendreher für Kreuzschlitzschrauben (ein kompletter Satz)
7 Schlosserhämmer (200 g, 500 g, 1000 g)
8 Meissel (ein Satz = Meissel, Durchtreiber, Körner)
9 Stroboskoplampe (Zündungskontrolle)
10 Feilen und Ölstein (je ein Satz)
11 Flachschaber (verschiedene Klingenbreiten, im Durchschnitt 23 mm)
12 Dreikantschaber
13 Zangen (Kombi-, Wasserpumpen-, kleine Flachspitz,- Rundspitz-, Innen- und Aussenseegerring- und Gripzange)
14 Isolierter Seitenschneider
15 Schlagschraubendreher (mit Schlitz- und Kreuzschlitz-Einsätzen)
16 Knarre (komplett mit allen Einsätzen)
17 Drehmomentschlüssel (5–60 Nm/60–300 Nm, dazu alle nötigen Werkzeuge und Nüsse)
18 Gewindeschneid-Ausrüstung (komplett mit Lehre)
19 Gewindereparatur-Ausrüstung
20 Elektrische Bohrmaschine (komplett mit Ausrüstung, inklusive Ständer)
21 Schraubstock
22 Werkbank

Das könnte genügen, aber der sichere Mann treibt die Freude noch weiter und gönnt sich noch andere gute Sachen.

23 Verschiedene Abzieher, von denen der wichtigste ein einfacher zweiarmiger ist
24 Lötlampe mit verschiedener Ausrüstung
25 Elektrische Heizplatte (ca. 25 cm Durchmesser)
26 Schiebelehre (Messschieber) und Messuhr (letztere komplett mit Halter)
27 Schraubzwingen zum Festhalten von Teilen
28 Ventilfeder-Spanner
29 Kolbenring-Spannzange
30 Lötkolben (verschiedene Grössen: 30, 80, 150 Watt)
31 Für die Elektrik: Prüflampe, Ohm-Meter, Volt-Meter, Säureprüfer

Dermassen ausgerüstet, bereitet es auch keine Schwierigkeiten, sich aus den Beständen des nächstgelegenen Schrotthändlers Abzieher, Abdrücker oder Spezialdorne und -halter zu konstruieren. Nützlich ist in dem Fall auch noch ein Schleifbock. Eine Motorradhebebühne stellt zudem eine nicht zu unterschätzende Arbeitserleichterung dar.
Auf die Reifenmontage wird hier nicht eingegangen, da der Reifenhändler die Räder Ihrer **Suzuki** schonender behandelt, als dies bei einem Reifenwechsel in Eigenregie vonstatten geht. Im Zeitalter der Schlauchlos-Reifen ist es ohne Profi-Ausrüstung de facto nicht möglich, einen Reifen zu wechseln. So eine Pelle 'runterkriegen geht vielleicht noch, aber die neue draufkriegen kostet Blut, Schweiss und Tränen!

1.1 Suzuki-Spezialwerkzeug

Folgende Arbeiten erfordern **Suzuki**- oder »Universal«-Spezialwerkzeug (Bilder Seite 8):

→ **Bild 1**: Ventilfederspanner
zum Ausbau der Ventile/Ventilfedern
→ **Bild 2**: Rotorabdrücker und
Bild 3: Rotorhalter
zum Ausbau des Generatorrotors
→ **Bild 4**: Kupplungsnabenhalter
zum Ausbau des Kupplungskorbs (nicht erforderlich zum Wechseln der Kupplungsfedern oder -beläge)
→ **Bild 5**: Ölfilterschlüssel
zum Ölfilterwechsel

TIPP Diese Werkzeuge (»Spezial« und »Universal«-Werkzeug) sind ausser beim freundlichen **Suzuki**-Vertreter zum Teil auch bei Motorrad-Ausstattungs- und Zubehörhandelsketten erhältlich.

Störungssuche

Keine Klagen über die Zuverlässigkeit von **Suzukis** Vierventil-Vierzylinder! Störungen sind bei richtiger Pflege nicht zu erwarten, kommen aber natürlich dennoch gelegentlich vor.
Die folgende Liste soll helfen, Fehler zu lokalisieren. Jedoch ist die Liste nicht erschöpfend (leider!), da nicht jede mögliche Ursache für die aufgeführten Störungen angegeben werden kann. Sie kann lediglich als Hilfe zur Erleichterung der Störungssuche bei häufiger vorkommenden Störungen dienen.

2.1 Schmiersystem

2.1.1 Ölstand zu niedrig, hoher Ölverbrauch

- Öl läuft aus, Dichtungen lassen durch
- Kolbenringe verschlissen
  → *siehe Kapitel 12 ab Seite 84*
- Ventilführungen abgenutzt
  → *siehe Kapitel 11 ab Seite 74*

2.1.2 Öl verschmutzt

- Öl oder Ölfilter nicht rechtzeitig gewechselt
  → *siehe Kapitel 3.9 ab Seite 29*
- Zylinderkopfdichtung schadhaft
  → *siehe Kapitel 11 ab Seite 74*
- Kolbenringe verschlissen
  → *siehe Kapitel 12 ab Seite 84*

2.1.3 Öldruck zu niedrig

- Ölstand zu niedrig
  → *siehe Kapitel 3.9 ab Seite 29*
- Überdruckventil geöffnet oder festgeklemmt
  → *siehe Kapitel 3.9 ab Seite 29*
- Ölpumpe verschlissen/Öl läuft aus
  → *siehe Kapitel 16 ab Seite 104*

2.1.4 Öldruck zu hoch

- Überdruckventil geschlossen oder festgeklemmt
  → *siehe Kapitel 3.9 ab Seite 29*
- Ölfilter, Öltunnel oder -bohrung verstopft
  → *siehe Kapitel 3.9 ab Seite 29*
- Falsche Ölviskosität
  → *siehe Kapitel 3.9 ab Seite 29*

2.1.5 Kein Öldruck

- Ölstand zu niedrig
  → *siehe Kapitel 3.9 ab Seite 29*
- Ölpumpe defekt
  → *siehe Kapitel 16 ab Seite 104*
- Internes Ölleck

2.2 Kraftstoffsystem

2.2.1 Motor wird durchgedreht, springt aber nicht an

- Kein Kraftstoff im Tank
- Kraftstoff gelangt nicht zum Vergaser
- Motor mit Kraftstoff überflutet (»abgesoffen«)
- Kein Funke an den Zündkerzen
  → *siehe Kapitel 3.5 ab Seite 21*
- Kraftstoff-Filter verstopft
- Luftfilter zugesetzt
  → *siehe Kapitel 3.4 ab Seite 20*
- Ansaugen von Nebenluft
  → *siehe Kapitel 4 ab Seite 46*
- Falsche Choke-/Gasdrehgriff-Betätigung

2.2.2 Motor springt schlecht an oder geht sofort wieder aus

- Falsche Choke-Betätigung
- Versagen der Zündanlage
  → *siehe Kapitel 7 ab Seite 59*
- Vergaser defekt
  → *siehe Kapitel 4 ab Seite 46*
- Kraftstoff verschmutzt
- Ansaugen von Nebenluft
  → *siehe Kapitel 4 ab Seite 46*
- Leerlaufdrehzahl falsch eingestellt
  → *siehe Kapitel 3.8 ab Seite 27*

2.2.3 Unruhiger Leerlauf

- Zündsystem/Vergaser-Einheit defekt
- Leerlaufdrehzahl falsch eingestellt
  → *siehe Kapitel 3.8 ab Seite 27*
- Vergaser nicht synchronisiert
  → *siehe Kapitel 3.8 ab Seite 27*
- Kraftstoff verschmutzt

2.2.4 Zündaussetzer beim Beschleunigen

- Zündsystem defekt
- Falscher Elektroden-Abstand der Zündkerzen

2.2.5 Fehlzündungen

- Zündsystem defekt
  → *siehe Kapitel 7 ab Seite 59*
- Vergaser defekt
  → *siehe Kapitel 4 ab Seite 46*
- Defekte Zündkerzen
  → *siehe Kapitel 3.5 ab Seite 21*
- Vergaser zieht Neben- oder Falschluft
  → *siehe Kapitel 4 ab Seite 56*

2.2.6 Schlechte Leistung und hoher Verbrauch

- Zündsystem defekt
  → *siehe Kapitel 7 ab Seite 59*
- Luftfilter verschmutzt
  → *siehe Kapitel 3.4 ab Seite 20*

2.2.7 Zu mageres Gemisch

- Düsen verstopft
  → *siehe Kapitel 4 ab Seite 46*
- Tank-Belüftung verstopft, Belüftungsschlauch eingeklemmt
- Kraftstoffschlauch eingeklemmt
  → *siehe Kapitel 3.2 ab Seite 18*
- Ansaugen von Neben- oder Falschluft
  → *siehe Kapitel 4 ab Seite 46*

2.2.8 Zu fettes Gemisch

- Choke bei warmem Motor betätigt
- Luftfilter verschmutzt
  → *siehe Kapitel 3.4 ab Seite 20*

2.3 Kurbelgehäuse und Kurbelwelle

2.3.1 Übermässig starkes Geräusch

- Kurbelwellen-Hauptlagerzapfen oder Lager verschlissen (Rumpeln)
- Pleuellager verschlissen (Klopfen)
  → *siehe Kapitel 13 ab Seite 89*
  → *siehe Kapitel 14 ab Seite 94*

2.4 Zylinderkopf, Ventile und Zylinder

2.4.1 Zu niedrige oder ungleichmässige Kompression

- Ventile falsch eingestellt
  → *siehe Kapitel 3.6 ab Seite 23*
- Ventile verbrannt oder verbogen
- Falsche Ventilsteuerzeiten (Montagefehler)
- Ventilfeder gebrochen
- Zylinderkopfdichtung bläst durch
- Zylinderkopf verzogen oder gerissen
  → *siehe Kapitel 11 ab Seite 74*
- Ventilsitz undicht oder Ventilführung ausgeschlagen
  → *siehe Kapitel 11 ab Seite 74*
- Zylinder oder Kolbenringe verschlissen
  → *siehe Kapitel 12 ab Seite 84*

2.4.2 Zu hohe Kompression

- Übermässige Ölkohlebildung im Brennraum
  → *siehe Kapitel 11 ab Seite 74*

2.4.3 Starke Geräuschentwicklung

- Ventile falsch eingestellt
- Klemmendes Ventil oder gebrochene Ventilfeder
- Steuerkette zu locker oder verschlissen
- Steuerkettenspanner verschlissen oder beschädigt
- Kolben oder Zylinder verschlissen
- Übermässige Ölkohlebildung im Brennraum
  → *siehe Kapitel 11 ab Seite 74*

2.4.4 Starke Rauchentwicklung

- Zylinder oder Kolben verschlissen
- Kolbenringe falsch montiert/gebrochen
- Kolben oder Zylinderwand mit Riefen oder Schrammen

2.4.5 Überhitzen

- Übermässige Ölkohlebildung im Brennraum

2.5 Kupplung, Schaltung und Getriebe

2.5.1 Kupplung rutscht beim Beschleunigen

- Kein Spiel in der Betätigung
  → *siehe Kapitel 3.11 ab Seite 35*
- Feder erlahmt oder zu schwach
- Kupplungsbeläge verschlissen
  → *siehe Kapitel 8 ab Seite 61*

2.5.2 Kupplung rückt nicht aus

- Zu viel Spiel im Seilzug
  → *siehe Kapitel 3.11 ab Seite 35*
- Scheibe verzogen
- Druckmechanismus defekt
  → *siehe Kapitel 8 ab Seite 61*

2.5.3 Kupplung rupft

- Kupplungskorb/-Nabe riefig (eingeschlagene Nuten)
  → *siehe Kapitel 8 ab Seite 61*

2.5.4 Übermässig starker Hebeldruck

- Kupplungszug falsch verlegt, beschädigt oder verschmutzt
- Druckmechanismus beschädigt
  → *siehe Kapitel 8 ab Seite 61*

2.5.5 Getriebe schwer schaltbar

- Falsche Kupplungseinstellung, zu viel Spiel in Betätigung
  → *siehe Kapitel 3.11 ab Seite 35*
- Schaltgabeln/-welle verbogen
- Schaltwalze beschädigt
  → *siehe Kapitel 15 ab Seite 99*

2.5.6 Gänge springen heraus

- Schaltklauen verschlissen oder verbogen
- Schaltwelle verbogen
- Schaltwalzen-Anschlag defekt
- Führungsnuten der Zahnräder verschlissen
  → *siehe Kapitel 15 ab Seite 99*

2.6 Frontpartie

2.6.1 Lenkung schwergängig

- Lenksäulenmutter zu fest angezogen
- Lenkkopflager beschädigt
- Lenkkopflager defekt
  → *siehe Kapitel 3.14 ab Seite 37*
- Reifenluftdruck zu niedrig

2.6.2 Motorrad zieht nach einer Seite

- Gabelbeine falsch mit Öl befüllt
- Standrohr verbogen
- Vorderachse verbogen
- Rad falsch eingebaut
  → *siehe Kapitel 18 ab Seite 109*

2.6.3 Vorderrad flattert

- Rad verzogen
- Vorderradlager ausgeschlagen
- Reifen falsch montiert
- Reifen defekt
- Reifen unwuchtig
- Achsmutter nicht genügend angezogen
  → *siehe Kapitel 18 ab Seite 109*

2.6.4 Federung zu weich

- Gabelfedern ermüdet
- Zu wenig Gabelöl
- Falsche Gabelöl-Viskosität
  → *siehe Kapitel 18 ab Seite 109*

2.6.5 Federung zu hart

- Zu viel Gabelöl
- Falsche Gabelöl-Viskosität
  → *siehe Kapitel 18 ab Seite 109*

2.6.6 Geräusche beim Einfedern

- Gleitrohr abgenutzt
- Führungsbuchsen abgenutzt
- Zu wenig Gabelöl
- Vorderradgabel-Befestigungsteile lose
  → *siehe Kapitel 18 ab Seite 109*

2.7 Vorderradbremse

2.7.1 Schlechte Bremsleistung

- Luft im Hydrauliksystem
  → *siehe Kapitel 3.10.1 ab Seite 31*
- Abgenutzte Bremsklötze
  → *siehe Kapitel 3.10.2 ab Seite 33*
- Bremsklötze verschmutzt oder verglast
- Hydrauliksystem undicht

2.7.2 Handbremse rubbelt

- Bremsscheibe mit unzulässig hohem Schlag
  → *siehe Kapitel 17 ab Seite 105*
  → *und Kapitel 18 ab Seite 109*

2.7.3 Schlechte Bremsleistung

- Luft in der Bremsleitung
- Bremsbeläge abgefahren
- Bremsbeläge verglast
  → *siehe Kapitel 3.10 ab Seite 31*

2.7.4 Nachlassende Bremswirkung unter starker Belastung

- Bremsflüssigkeit überaltert
  → *siehe Kapitel 3.10.1 ab Seite 31*

2.8 Hinterrad, Bremse und Aufhängung

2.8.1 Trommeln oder seitliches Flattern des Rades

- Rad verzogen
- Radlager lose
- Reifen falsch montiert
- Reifen defekt oder unwuchtig
- Rad nicht festgezogen
- Schwingen-Lagerung zu viel Spiel/defekt
  → *siehe Kapitel 19 ab Seite 119*

2.8.2 Bremshebel wippt

- Bremsscheibe verzogen
  → *siehe Kapitel 18 ab Seite 109*

2.8.3 Federung zu weich

- Federn ermüdet
- Stossdämpfer falsch eingestellt oder defekt
  → *siehe Kapitel 19 ab Seite 119*

2.8.4 Geräusche beim Einfedern

- Stossdämpfergehäuse klemmt
- Befestigungsteile lose
- Schwingenlagerung verschlissen
  → *siehe Kapitel 19 ab Seite 119*

2.8.5 Schlechte Bremsleistung

- Bremsbeläge verölt, verglast oder abgefahren
  → *siehe Kapitel 3.10.2 ab Seite 33*

2.9 Batterie und Batterieaufladung

2.9.1 Kein Strom bei eingeschalteter Zündung

- Batterie leer/zu niedriger Säurestand
- Zu geringe spezifische Dichte
- Störung im Ladekreis
- Batteriekabel abgetrennt
- Hauptsicherung durchgebrannt
- Zündschalter defekt
  → *siehe Kapitel 6 ab Seite 54*

2.9.2 Schwacher Strom bei eingeschalteter Zündung

- Batterie nicht aufgeladen
- Zu niedriger Säurestand
- Zu geringe spezifische Dichte
- Störung im Ladesystem
- Batterieanschluss lose
  → *siehe Kapitel 3.15 ab Seite 38*

2.9.3 Schwacher Strom bei laufendem Motor

- Batterie nicht ausreichend geladen
- Zu niedriger Säurestand
- Eine oder mehrere tote Zellen
  → *siehe Kapitel 3.15 ab Seite 38*
- Störung im Ladekreis
  → *siehe Kapitel 6 ab Seite 54*

2.9.4 Zeitweilig aussetzender Strom

- Lose Kabelanschlüsse (Wackelkontakte)
- Kurzschluss in der Anlage
  → *Kabelbaumstecker trennen, bis entsprechender Kabelbaumabschnitt lokalisiert ist*

2.9.5 Störung im Ladekreis

- Kabel oder Anschluss lose, gerissen oder kurzgeschlossen
- Regler/Generator defekt
  → *siehe Kapitel 6 ab Seite 54*

2.10 Zündsystem

2.10.1 Motor wird durchgedreht und springt nicht an

- Kein Funke an den Zündkerzen
- Zündgeberspulen defekt
- Kabel zwischen Zündkerzen oder Zündgeberspulen und Zündbox/-Spule ungenügend angeschlossen, gerissen oder kurzgeschlossen
  → *siehe Kapitel 7 ab Seite 59*

2.10.2 Kein Funke an den Zündkerzen

- Kurzschlussschalter auf OFF
- Kabel schlecht angeschlossen, gerissen oder kurzgeschlossen zwischen Generator und Zündspule, Zündgeberspule und Kurzschluss-Schalter, Zündgeberspule und Zündspule, Zündgeberspule und Zündschloss oder zwischen Zündspule und Zündkerze
- Zündschloss defekt
- Zündspule/Zündgeberspule defekt
  → *siehe Kapitel 7 ab Seite 59*

2.10.3 Motor springt an, läuft aber stotternd oder dreht nicht hoch

- Defekt im Primärzündstromkreis
- Zündspule/Zündkerze defekt
- Loses oder blankes Kabel
- Wackelkontakt oder loses Kabel in einem Schalter
- Defekt im Sekundär-Zündstromkreis
- Hochspannungskabel defekt
- Falscher Zündzeitpunkt
- Zündgeberspule defekt
  → *siehe Kapitel 7 ab Seite 59*
- Defekt im Kraftstoffsystem

2.11 Starter

2.11.1 Startermotor dreht sich nicht

- Batterie entladen
  → *siehe Kapitel 3.15 ab Seite 38*
- Zündschalter defekt
- Startknopf/Leerlaufschalter defekt
- Starter-Relaisschalter defekt
  → *siehe Kapitel 5 ab Seite 51*
- Kabel lose oder abgetrennt

2.11.2 Startermotor dreht den Motor nur langsam durch

- Zu schwache Batterie
- Hoher Widerstand im Schaltkreis
- Startermotor klemmt, defekt
  → *siehe Kapitel 5 ab Seite 51*

2.11.3 Startermotor läuft, ohne den Motor durchzudrehen

- Freilauf/Zwischenzahnrad defekt
- Zahnräder des Startermotors defekt
  → *siehe Kapitel 9 ab Seite 68*

Wartung

Wer lange Freude am zuverlässigen Funktionieren seiner Maschine haben will, kommt um regelmässige Wartungsarbeiten nicht herum. Die **Suzuki GSX-750** ist jedoch einfach im Grundaufbau, so dass die Pflegedienste keinen grossen Werkzeug- und Zeitaufwand erfordern. Die *Wartungsintervalle 3.1* müssen bei normaler Fahrweise nicht sklavisch eingehalten werden. Während einer Urlaubsfahrt kann die fällige Inspektion auch einmal um 500 Kilometer hinausgeschoben werden.
Anders sieht es bei häufigen Kurzstreckenfahrten oder bei dauernden Regenfahrten aus. Eine Fahrerin oder ein Fahrer mit Durchblick werden erkennen, ob sie ihre Maschine erschwerten Bedingungen aussetzen und die höher beanspruchten Baugruppen deshalb vorzeitig überprüfen.
Auch bei Wartungsarbeiten gilt:
Ohne gutes Werkzeug in den benötigten Grössen fängt man mit dem Schrauben gar nicht erst an. Arbeiten an der hydraulischen Scheibenbremse sollten allerdings aus Sicherheitsgründen nur bei entsprechenden Vorkenntnissen selbst durchgeführt werden, ansonsten ist das Motorrad in einer Fachwerkstatt besser aufgehoben.

Bild 6 und **Bild 7** zeigen Seitenansichten der Maschine, die letzte Unklarheiten darüber ausräumen, wo sich was befindet.

Bild 6
Seitenansicht von links

3.1 Tabelle für periodische Wartung

Intervall/km		1000	6000	12000	18000	24000
Zeit/Monate		**1**	**6**	**12**	**18**	**24**
Auspuffkrümmermuttern		A	A	A	A	A
Zylinderkopfmuttern		A	A	A	A	A
Luftfilter	**Alle 3000 km reinigen**	–	–	E	–	E
Ventilspiel		P	–	P	–	P
Zündkerzen		–	P	E	P	E
Motoröl		E	E	E	E	E
Motorölfilter		E	–	–	E	–
Benzinschläuche	**Alle 4000 km erneuern**	–	P	P	P	P
Vergaser-Synchronisierung		–	–	P	–	P
Motorleerlaufdrehzahl		P	P	P	P	P
Gasseilzugspiel		P	P	P	P	P
Kupplungsseilzugspiel		P	P	P	P	P
Antriebskette	**Alle 1000 km reinigen/schmieren**	P	P	P	P	P
Bremsflüssigkeit	**Alle 2 Jahre erneuern**	P	P	P	P	P
Bremsschläuche	**Alle 4 Jahre erneuern**	–	P	P	P	P
Reifen		–	P	P	P	P
Lenkung		P	–	P	–	P
Teleskopgabel		–	–	P	–	P
Hinterradaufhängung		–	–	P	–	P
Fahrgestellschrauben						
Fahrgestellmuttern		A	A	A	A	A

A	Anziehen
E	Erneuern
P	Prüfen und gegebenenfalls einstellen, reinigen, schmieren bzw. erneuern
R	Reinigen

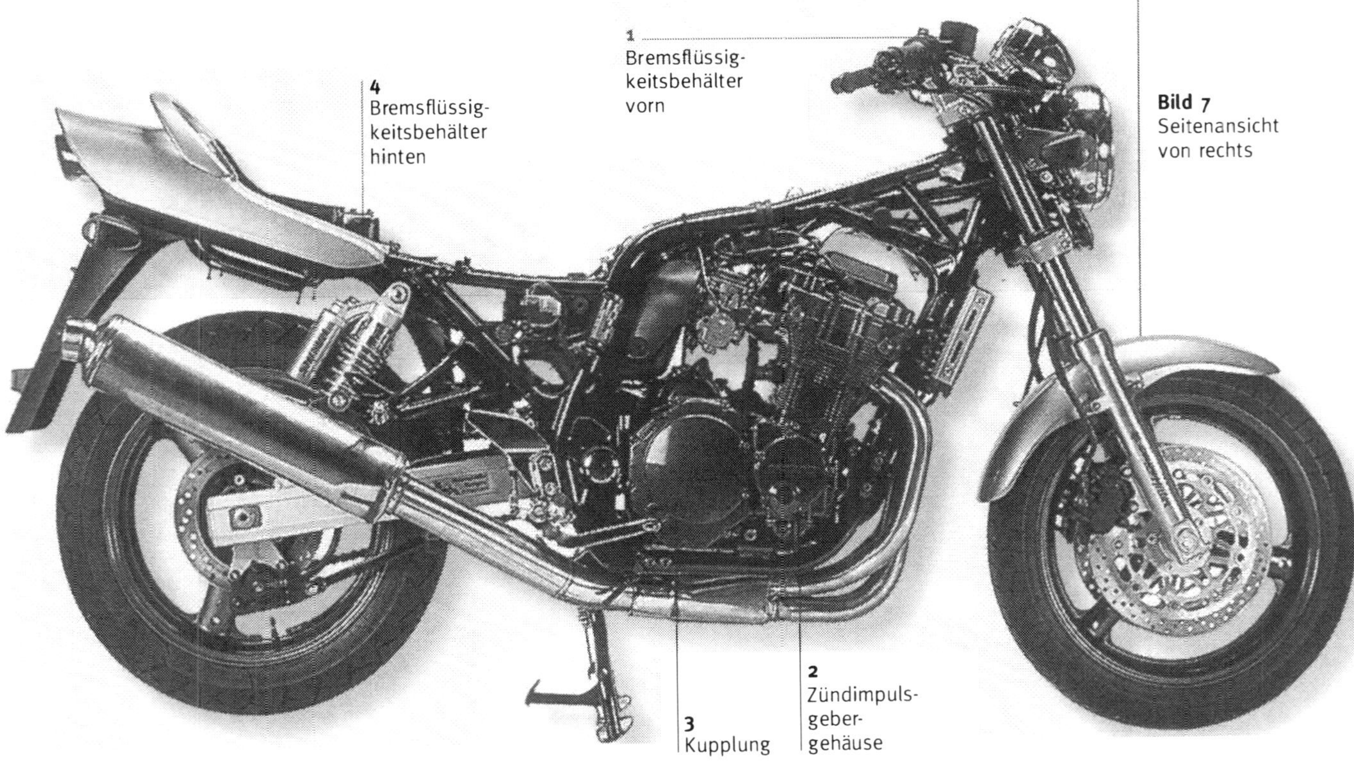

Bild 7
Seitenansicht von rechts

3.2
Sitzbank- und Tank-Ausbau

TIPP *Ausbau dieser Teile ist nicht grundsätzlich Voraussetzung zu jeder Wartungsarbeit. Die betreffenden Abschnitte enthalten einen Verweis auf dieses Kapitel.*

- Demontageanweisungen gelten sinngemäss für die linke und die rechte Seite.
- Mit Zündschlüssel Sitzbankschloss entriegeln und Sitzbank abnehmen.
- **Bild 8**: Befestigungsschrauben der Seitendeckel ausdrehen, Nippel an Deckelinnenseite aus Aufnahmen ausklinken und Verkleidung abnehmen.
- **Bild 9**: Die Befestigungsschrauben des Soziushaltegriffs ausdrehen und Griff abnehmen.
- **Bild 10** und **Bild 11**: Befestigungsschrauben des Heckbürzels vorne und seitlich ausdrehen und Heckbürzel abnehmen.
- **Bild 12**: Sitzbank-Verriegelungszug abnehmen.
- **Bild 13**: Steckerverbindung des Brems-/Rücklichts trennen.
- Um den Kraftstofftank abzubauen, Kraftstoffhahn auf *off* drehen.
- **Bild 14**: Zwei Befestigungsschrauben ausdrehen.
- **Bild 15**: Kraftstoffschlauch ① und Unterdruckschlauch ② vom Kraftstoffhahn abziehen.
- **Bild 16.1**: Tank etwas anheben und nach hinten herausziehen, und an Unterseite

Bild 8
Seitenverkleidung
Pfeil Befestigungsschraube
Kreise Befestigungsnippel

Bild 9
Kreise Befestigungsschrauben

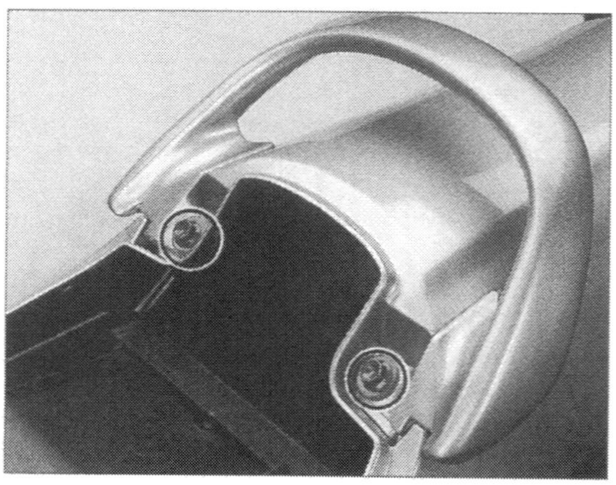

Bild 10 ➤
Heckverkleidung
Kreise Befestigungsschrauben

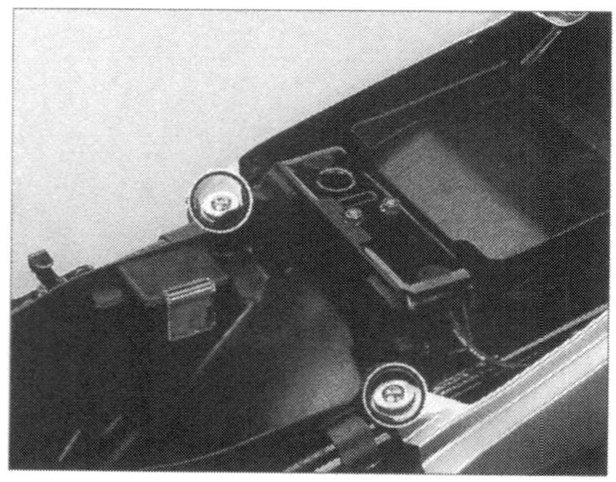

Bild 11
Heckverkleidung
Kreise Befestigungsschrauben

Bild 12 ➤
Pfeil Verriegelungszug

Stecker des Kraftstoffstandgebers ① und Tankentlüftungsschlauch ② abziehen.

- Tank aus Halterung am Rahmen herausführen.
- **Bild 16.2**: Falls Kraftstoffstandgeber, Schalter der Tankanzeige oder Kraftstoffhahn ausgebaut werden soll, an Tankunterseite entsprechende Befestigungsschrauben ausdrehen.
- Tank in umgekehrter Reihenfolge montieren.
- Auf sauberen Sitz der Federschellen an den Schläuchen achten.

TIPP Zur Montage-Erleichterung vordere Tankgummihalterungen leicht fetten.

Bei laufendem Motor Schlauchverbindungen auf Dichtheit kontrollieren. *Siehe auch Kapitel 3.3.*

Unterdruck-Ventil prüfen: Unterdruckpumpe an Unterdruckanschluss des Kraftstoffventils anschliessen. Mit Pumpe Unterdruck erzeugen und in Kraftstoffauslass Luft einblasen.

- **Bild 17**: Bei geöffneter Membran muss am Kraftstoffeinlass Luft austreten.
- Defektes Kraftstoffventil durch Neuteil ersetzen.

Bild 13
Pfeil Bremslicht-/Rücklichtstecker

Bild 14
Kreise Tankbefestigungsschrauben

◄ **Bild 15**
1 Kraftstoffschlauch
2 Unterdruckschlauch
Kreise Benzinhahn-Befestigungsschrauben

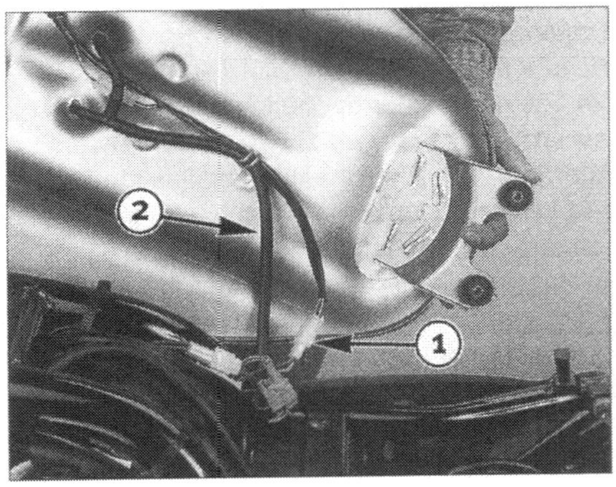

Bild 16.1
1 Stecker der Tankanzeige
2 Entlüftungsschlauch

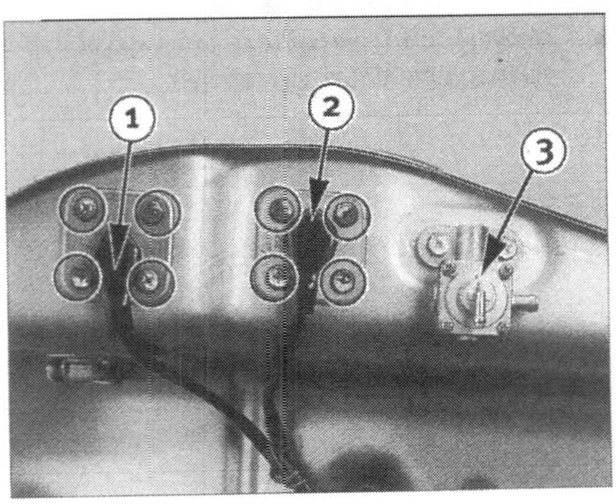

◄ **Bild 16.2**
Tankunterseite
1 Kraftstoffstandgeber
2 Schalter der Tankanzeige
3 Kraftstoffhahn
Kreise Befestigungsschrauben

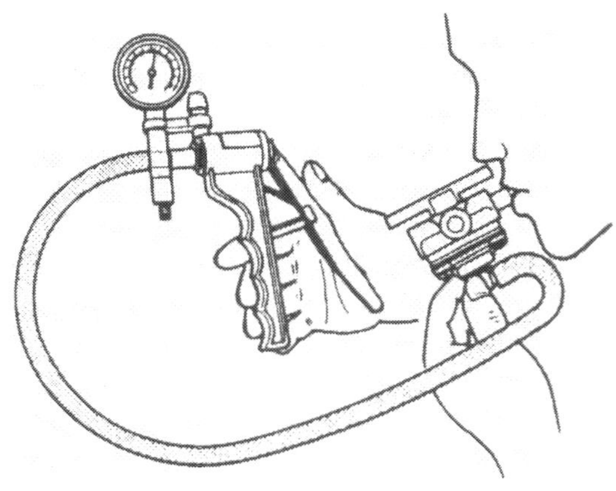

Bild 17
Kraftstoffventil prüfen

3.3 Kraftstoff-Leitungen und -Filter

Kraftstoffschläuche haben die unangenehme Eigenschaft, im Laufe der Zeit zu verhärten und dann einzureissen. Die Schläuche (auch Unterdruckschlauch, Motorgehäuse-Entlüftung usw.!) lassen sich jedoch bei gelegentlicher Verkleidungs- oder Tankdemontage auf Beschädigung und Undichtheit kontrollieren.

TIPP *Im Zweifelsfall einen angefressenen Schlauch lieber auswechseln, denn das Gummiröhrchen platzt garantiert während der nächsten Nachtfahrt auf der Autobahn.*

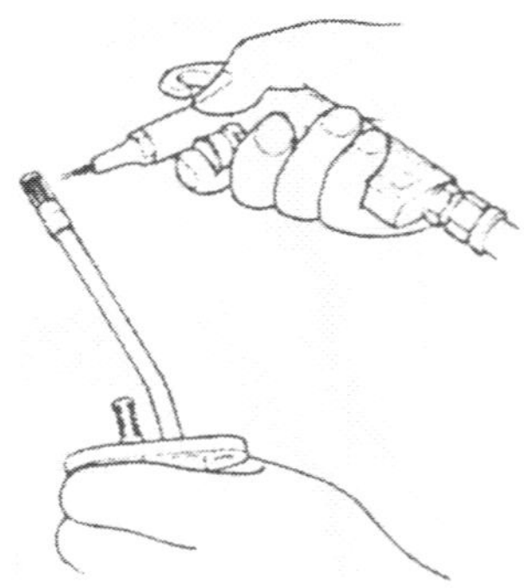

Bild 18
Kraftstoff-Filter reinigen

Kraftstoff-Filter
Wenn die brave GSX 750 plötzlich unsauber am Gas hängt oder bei höheren Drehzahlen aussetzt, kann das am zugesetzten Kraftstoff-Filter liegen. Im Tankinneren abgeplatzte Lackpartikelchen oder Verunreinigungen im Sprit sammeln sich im feinen Geflecht.
Im Regelfall den Filter alle 30000 km reinigen; bei ungünstigen Kraftstoffverhältnissen alle 15000 km reinigen.

- Tank abbauen (*Kapitel 3.2*) und Kraftstoff in geeignetes Gefäss ablassen oder Tank so platzieren, dass beim Ausbau des Hahns kein Kraftstoff auslaufen kann.
- **Bild 16.2**: Zwei Befestigungsschrauben ausdrehen und Kraftstoffhahn vom Tank abnehmen.
- **Bild 18**: Filtersieb mit weichem Pinsel auswaschen oder mit Druckluft ausblasen. Bei starker Verschmutzung Tank mit Lösungsmittel ausschwenken.
- Kraftstoffhahn mit neuer, leicht gefetteter Dichtung, Befestigungsschrauben mit neuen, leicht gefetteten O-Ringen wieder anbringen. Schläuche anschliessen, Kraftstoffhahn öffnen und auf Dichtheit kontrollieren.

3.4 Luftfilter

Die Luftfilterreinigung steht laut *Wartungsplan* alle 6000 Kilometer an (eine Erneuerung alle 18000 km oder bei Beschädigung).

Bild 19 ➤
Ablagefach abnehmen

- Tank und Sitzbank ausbauen (*Kapitel 3.2*).
- **Bild 19**: Ablagefach abnehmen.
- **Bild 20**: Befestigungsschrauben ausdrehen und Filterelement entnehmen.
- **Bild 21**: Filterelement mit Druckluft von aussen ausblasen. Falls beschädigt, Neuteil montieren.
- **Bild 22**: Den Verschluss-Stopfen am Luftfilter-Absetzschlauch abnehmen und Kondensflüssigkeit in geeignetes Auffanggefäss ablassen.
- **Bild 20**: Beim Einbau des Filterelements muss Pfeil-Markierung nach oben zeigen.

⚠ Auf sauberen Sitz im Gehäuse achten.

- Deckel- und Tankmontage in umgekehrter Ausbaureihenfolge vornehmen.

3.5 Zündkerzen

Die vier Funkenspender unterziehen sich alle 6000 km einer Inspektion und werden alle 12 000 km erneuert. Um das Kerzenbild aussagefähig beurteilen zu können:

- ■ Motor 10 km im mittleren Drehzahlbereich warmfahren.
- ■ Motor schon beim Ausrollen des Motorrads abschalten.
- ⚠ Längeres Laufen des Motors im Standgas vor Abstellen des Motors macht die richtige Kerzenbild-Beurteilung unmöglich (→ Kerze russt ein)!
- ■ Zündkerzenstecker abziehen.
- ⚠ Zündkerzentaschen vor Ausdrehen der Zündkerzen mit Druckluft ausblasen, damit kein Schmutz in Brennraum gelangen kann.
- ■ Zündkerzen ausdrehen.
- ⚠ Bei der empfohlenen Standard-Zündkerze bleiben die Elektroden so heiss, dass Russablagerungen stets verbrennen, jedoch so kühl, dass Motor und Kerze selbst nicht beschädigt werden. Diese Temperatur liegt im Bereich von 400 – 800°C. Sie kann nach Zustand und Farbe der Keramikisolation am Umfang der Mittelelektrode beurteilt werden. Wenn die Keramikisolation sauber ist und rehbraunen Farbton zeigt, ist die Kerze mit richtigem Wärmewert im Einsatz.
- ■ Bei weissem bis aschgrauem Bild ist das Kraftstoff/Luftgemisch zu mager, der Motor läuft zu heiss.
- ■ Bei dunkelbraunem bis schwarzem Kerzenbild ist das Gemisch zu fett (was auch vom zugesetzten Luftfilter herrühren kann).
- ■ Schwarz verrusste, feuchtglänzende Kerzen deuten auf verschlissene Ventilführungen oder abgenutzte Kolbenringe, durch die Öl in den Verbrennungsraum gelangen kann.
- ■ Bei den entsprechenden Russablagerungen springt auch kein Funke mehr am Spalt über, und es entsteht eine Kurzschlussbrücke zwischen den Elektroden oder auf Keramikisolation. Durch trockene Russablagerungen auf der Kerze können zudem die Elektroden rotglühend werden, wodurch unkontrollierte Frühzündungen entstehen. Diese machen sich durch Klopfen (bei niedrigen Drehzahlen und hoher Motorbelastung gut zu hören) oder Klingeln (bei hoher Drehzahl und kaum zu hören) bemerkbar und führen dazu, dass schliesslich ein Loch in den Kolben gebrannt wird.

Bild 20
Kreise Befestigungsschrauben des Luftfilterelements

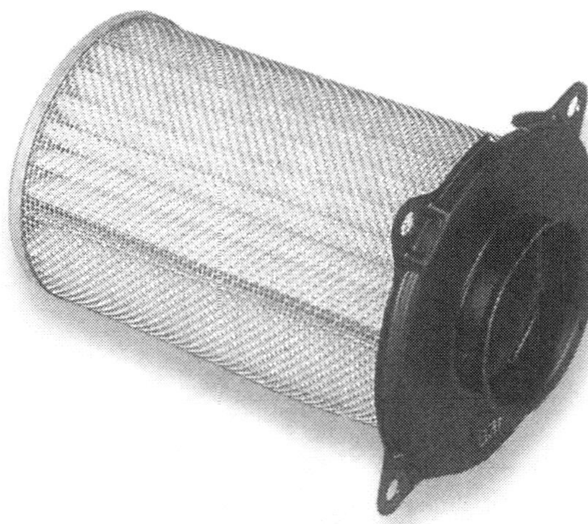

Bild 21
Luftfilterelement

Bild 22
Pfeil Luftfilterabsetzschlauch

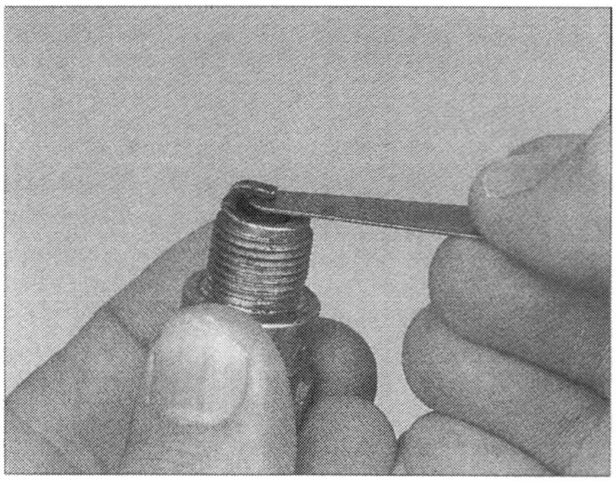

Bild 23
Elektrodenabstand messen

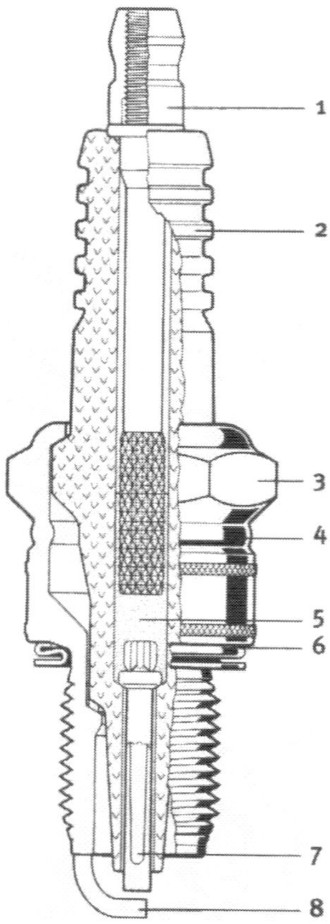

Bild 24
Zündkerze
Elektroden-Abstand
0,6 – 0,7 mm

1 Anschlussmutter (entfernen)
2 Isolierkörper (Al_2O_3-Keramik)
3 Gehäuse
4 Warmschrumpfzone
5 Leitendes Glas
6 Dichtring
7 Mittelelektrode
8 Masseelektrode

👁 Mit Messingdrahtbürste Kerze reinigen und Isolator auf Risse oder Absplitterungen untersuchen. Dichtring muss einwandfreie Planflächen aufweisen, bei Beschädigung Dichtring erneuern.

- **Bild 23**: Elektrodenabstand mit Fühlerlehre messen.
  Bild 24: Sollwert 0,6 – 0,7 mm.

⚠ Elektrode möglichst wenig nachbiegen, Bruchgefahr im Betrieb!

Standardzündkerzen
NGK CR9EK
Nippon Denso U27ETR

TIPP Falls die Zündkerzen ständig verrussen (schlechter Leerlauf und Zündaussetzer beim Beschleunigen) und zugesetzter Luftfilter bzw. falsche Vergasereinstellung ausgeschlossen werden können, empfehlen sich.

Zündkerzen mit niedrigerem Wärmewert
NGK CR10EK
Nippon Denso U31ETR

TIPP Falls bei häufigem und längerem Volllastbetrieb (Autobahnhatz) die Kerzen einen zu hellen Farbton aufweisen, nach eigenem Ermessen Kerzen mit höherem Wärmewert verwenden, welche die Temperatur besser abführen und entsprechend kühler bleiben.

Zündkerzen mit höherem Wärmewert
NGK CR8EK
Nippon Denso U24ETR

⚠ Zündkerze gefühlvoll von Hand einschrauben, unbedingt darauf achten, dass schon der erste Gewindegang richtig greift. Eine schräg angesetzte Kerze ruiniert mit ihrem harten Stahlgewinde das weiche Gewinde im Aluminium-Zylinderkopf schon nach halber Umdrehung.

- Erst bei richtigem Sitz Kerze mit Kerzenschlüssel anziehen (12 Nm):
  Alte Kerze (alter Dichtring) nach Aufsitzen ⅛ Umdrehung anziehen.
  Neue Kerze (neuer Dichtring) nach Aufsitzen ¼ Umdrehung anziehen.
- Kerzenstecker aufsetzen (Zündkabel gemäss Beschriftung) und Tank wieder anbringen.

3.6 Zylinderkopfmuttern anziehen und Ventilspiel-Einstellung

TIP *Zylinderkopfmuttern alle 6000 km nachziehen.*

Ein gewisses Spiel zwischen Nocken und Ventil ist nötig, damit die Ventile den Brennraum bei allen Betriebstemperaturen dicht abschliessen. Das Ventilspiel wird mittels Einstellschrauben an den Schlepphebeln eingestellt.

- Das Ventilspiel nach 1000 km, dann alle 12 000 km kontrollieren und gegebenenfalls einstellen.
- ⚠ Ventilspiel bei kaltem Motor (unter 35°C/handwarm) kontrollieren und einstellen!
- Tank und Sitzbank abbauen (*Kapitel 3.2*).
- Zündkerzenstecker abziehen und Zündkerzen ausdrehen.
- TIPP Zur Arbeitserleichterung nach eigenem Ermessen Gasseilzüge, Zündspulen, Entlüftungsschlauch und Ölzuleitungen abnehmen.
- *Schweiz:* Sekundärluftsystem abnehmen (*siehe Kapitel »Kabel und Züge«*).
- **Bild 25** und **Bild 26**: Ölzuleitungen (Innensechskant SW 5) abnehmen. Die Zylinderkopfdeckelschrauben (SW 6) schrittweise ausdrehen und Deckel abnehmen. Entlüftungsdeckel nur bei Motorausbau abnehmen.

Zylinderkopfmuttern anziehen

- **Bild 27**: Zylinderkopfmuttern schrittweise um halbe Umdrehung in umgekehrter Anzugsreihenfolge lösen, dann schrittweise in der angegebenen Reihenfolge anziehen (38 Nm).
- **Bild 28**: Anschliessend Zylinderkopfschraube A (10 Nm) und -mutter (9 Nm) anziehen.

Ventilspiel prüfen

- **Bild 29**: Rechts Zündkontrolldeckel abnehmen und Kurbelwelle am SW 19 Sechskant im Uhrzeigersinn auf OT drehen.
- **Bild 30**: T-Marke steht mittig auf Zündimpulsgeber-Spule.
- **Bild 31**: Markierungen ① an rechter Nockenwellenseite weisen nach aussen.
- **Bild 33**: In dieser Stellung Spiel der Ventile C (Ein- und Auslass Zylinder 1, Auslass Zylinder 2 und Einlass Zylinder 3) messen.
- ⚠ Kolben steht nur jede zweite Umdrehung im Kompressions-OT!
- ⚠ **Bild 32**: Kolben steht im Verbrennungs- oder Kompressions-OT, wenn <u>*an allen Ventilen*</u>

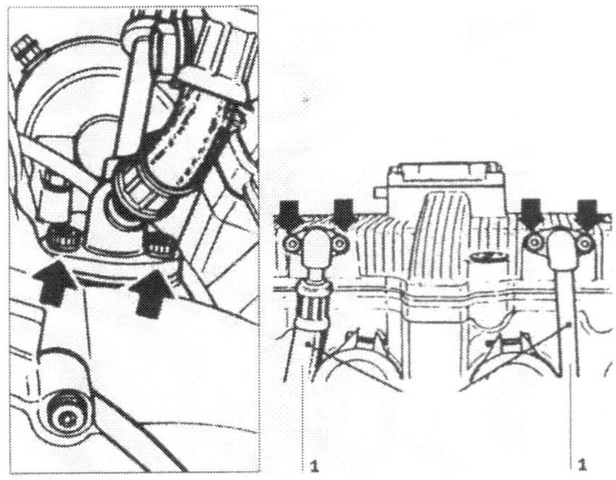

Bild 25
Pfeile Befestigungsschrauben der Ölleitungen
1 Ölleitungen

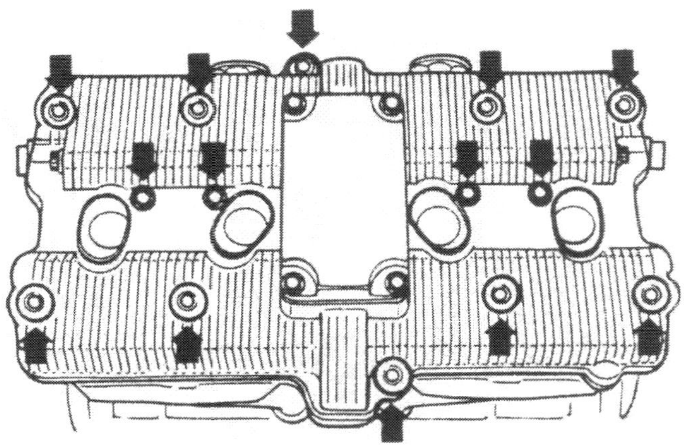

Bild 26
Pfeile Deckelschrauben

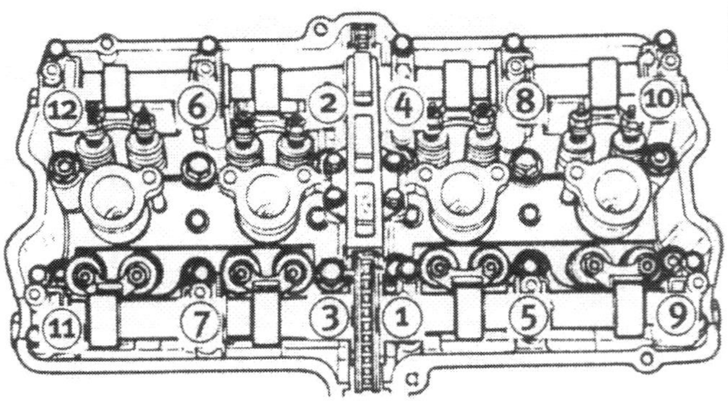

Bild 27
Anzugsreihenfolge der Zylinderkopfmuttern

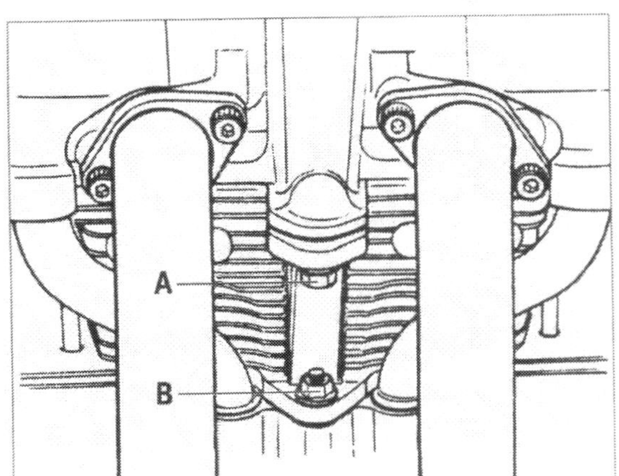

Bild 28
A Zylinderkopfschraube (10 Nm)
B Zylindermutter (9 Nm)

Bild 29
Kreise Befestigungsschrauben des Zündkontrolldeckels

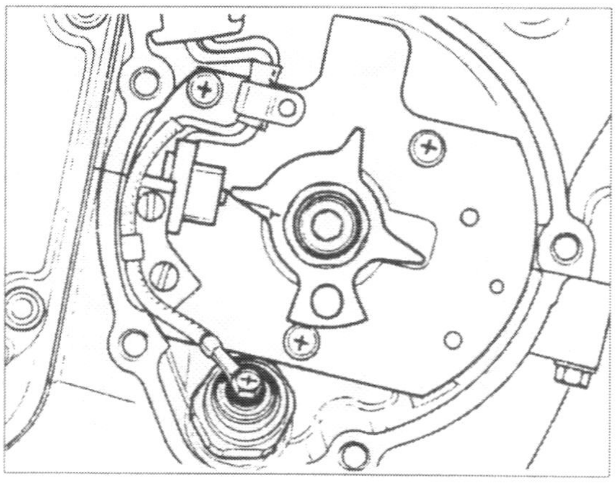

Bild 30
T-Markierung mittig auf Pick-Up

des betreffenden Zylinders Spiel spürbar ist und alle Nocken vom Schlepphebel wegweisen, Stellung »A« oder »B«).

Bild 34: Mit Fühlerlehre Spiel zwischen Schlepphebel und Ventilschaft »erfühlen« (Fühlerlehrenblatt muss satt passen).

Ventilspiel-Sollwert	
Einlass	0,10 – 0,15 mm
Auslass	0,18 – 0,23 mm

- **Bild 34**: Falls Ventilspiel nicht korrekt, das heisst kein fester Schiebesitz spürbar, Gegenmutter SW 10 lösen und Einstell schraube mit speziellem Ventileinstell schlüssel am Vierkant nachsetzen. Falls Ventilspiel zu eng, Einstellschraube entsprechend lockern und wieder anziehen.
- Einstellschraube festhalten und geölte Gegenmutter wieder anziehen.
- ⚠ Auf gleichmässige Einstellung der Ventilpaare achten!
- Zur <u>*Ventilspielmessung der übrigen Zylinder*</u> Kurbelwelle aus oben beschriebener Stellung im Uhrzeigersinn um 360° drehen. **Bild 30**: T-Marke steht dann mittig auf Zündimpulsgeber-Spule.

Bild 31
1 Markierungen zeigen nach aussen

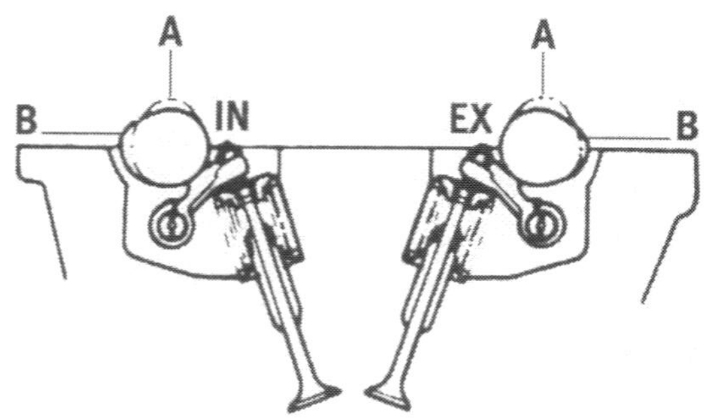

Bild 32 ➤
Nockenstellung A oder B zur Ventilspielkontrolle

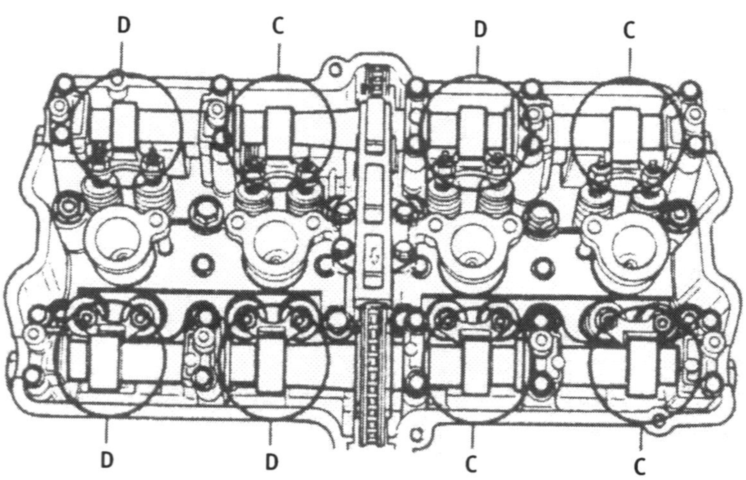

Bild 33
Ventilspielkontrolle

Bild 35: Markierungen ① an rechter Nockenwellenseite weisen nach innen.

Bild 33: In dieser Stellung Spiel der Ventile D (Einlass Zylinder 2, Auslass Zylinder 3, Ein- und Auslass Zylinder 4) messen.

- Kurbelwelle zwei Mal um 360 Grad drehen und Markierungs-Übereinstimmung und Ventilspiel nochmals prüfen. Gegebenenfalls Einstellung wiederholen.
- **Bild 36**: Flüssige Dichtmasse (3 Bond-Silikondichtmasse o.Ä.) auf Kurbelgehäuse-Passflächen des Zündgebergehäuses dünn auftragen und Deckel mit neuer Dichtung anbringen.
  Bild 37: Auf Lage der Dichtscheibe achten.
- Dichtung des Zylinderkopfdeckels vor Einbau auf Beschädigung überprüfen, gegebenenfalls auswechseln.
- **Bild 38**: Flüssige Dichtmasse (3 Bond-Silikondichtmasse o.Ä.) auf Nockenwellen-Lagerbohrungen auftragen.
- Zylinderkopfdeckel mit fett- und ölfreien Dichtflächen montieren.
- **Bild 39**: Die neuen Dichtgummis der Befestigungsschrauben ① und ② leicht ölen.
- **Bild 40**: Schrauben ① mit 16 Nm, Schrauben ② mit 14 Nm eindrehen.

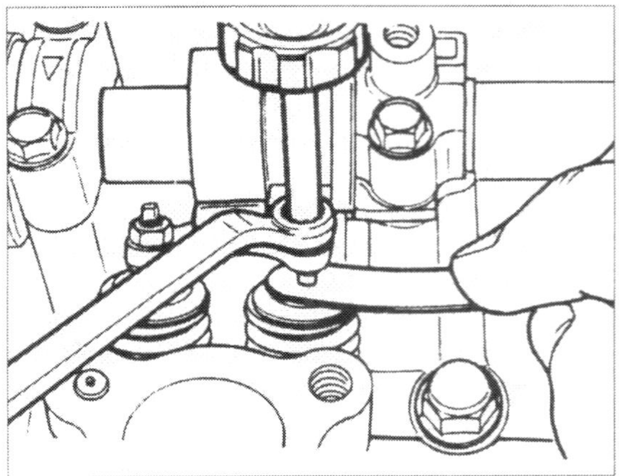

Bild 34
Ventilspiel einstellen

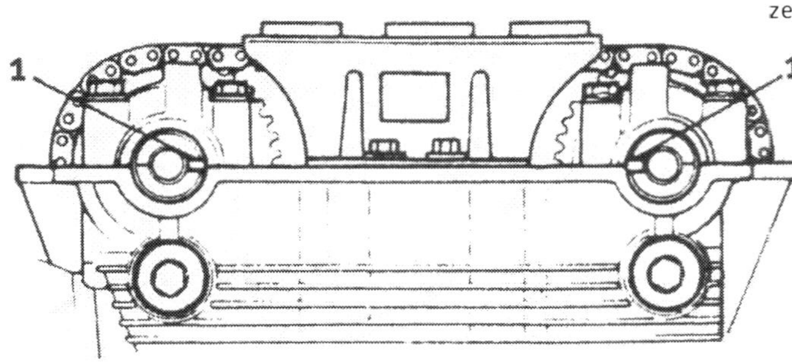

Bild 35
1 Markierungen zeigen nach innen

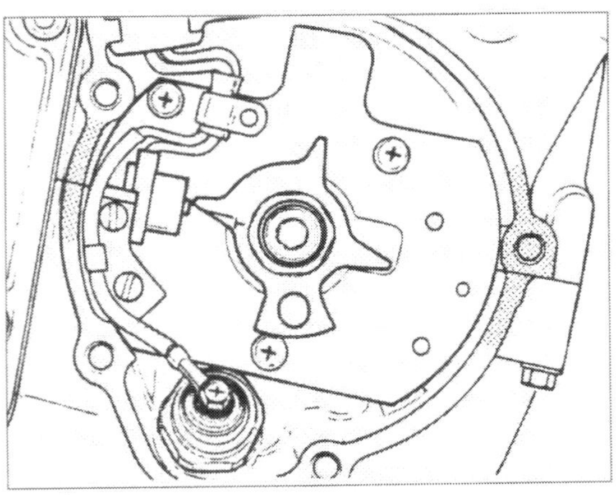

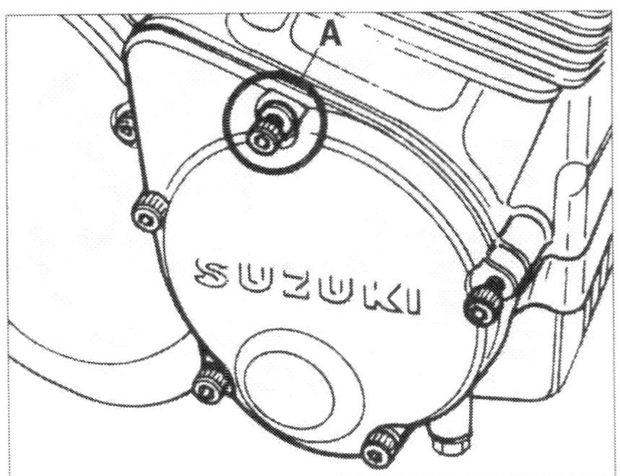

◄ Bild 36
Flüssige Dichtmasse auftragen

Bild 37
A auf Dichtscheibe achten

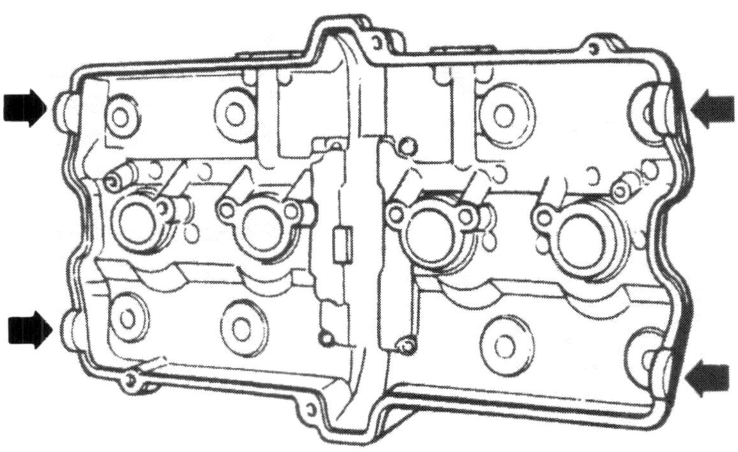

Bild 38
Pfeile Flüssige Dichtmasse auf Nockenwellen-Lagerbohrungen auftragen

- **Bild 41**: Ölzuleitungen am Zylinderkopfdeckel mit neuen, geölten O-Ringen »A« und »B« anbringen (10 Nm).
- *Schweiz:* Sekundärluftsystem wieder anbringen
(*siehe Kapitel »Kabel und Züge«*).
- Zündkerzen wieder eindrehen (*Kapitel 3.5*) und Zündkerzenstecker aufsetzen.
- Falls demontiert, Zündspulen, Züge und Schläuche in umgekehrter Ausbau-Reihenfolge wieder anbringen.

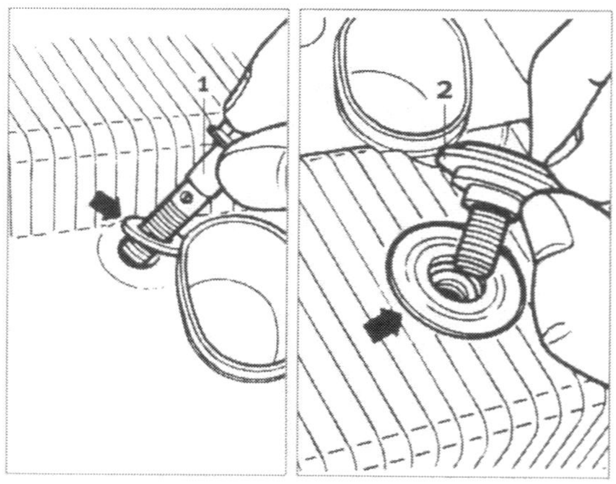

Bild 39
Pfeil Zylinderkopf-Deckelschrauben ① und ② mit neuen Dichtungen anbringen

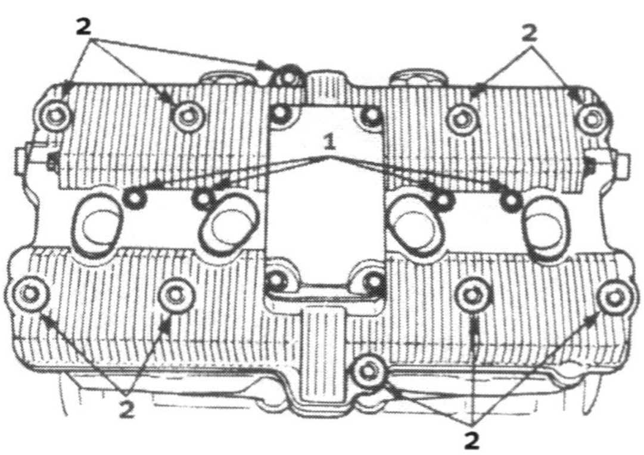

Bild 40
Anzugsmomente
1 16 Nm
2 14 Nm

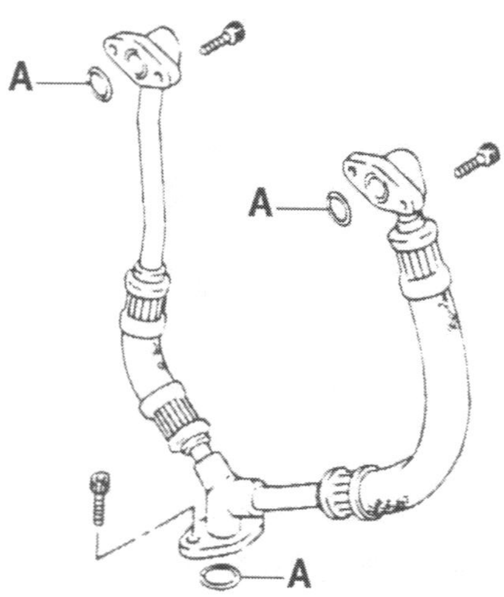

Bild 41
A Neue geölte O-Ringe

3.7 Kompression

Der Kompressionsdruck lässt Rückschlüsse auf das Innenleben des Zylinders zu. Ob eine Motorrevision droht, kann häufig anhand einer Kompressionsdruckprüfung festgestellt werden.

⚠ Kompression bei korrektem Ventilspiel und normaler Betriebstemperatur messen.

- Alle Zündkerzen herausdrehen.
- Kompressionsmessgerät anschliessen.
- Gasgriff voll öffnen und Motor mit Starter durchdrehen, bis Anzeige des Kompressionsmessers nicht mehr weiter steigt (normalerweise nach etwa 10 Sekunden).

Kompressionsdruck-Sollwert	
Standard	10,0 – 15,0 kg/cm^2
Minimum	8,0 kg/cm^2

- Zu geringer Druck deutet auf undichte Ventile, zu enges Ventilspiel, undichte Zylinderkopfdichtung, verschlissenen Kolben, Kolbenringe oder Zylinder. Zu hohe Kompression wird meist von Ölkohleablagerungen im Brennraum verursacht.
- Um bei zu niedriger Kompression die Fehlerquelle einzukreisen, Öl durch Kerzenloch des betreffenden Zylinders möglichst gleichmässig auf Zylinderwand spritzen.
- Kompri-Test wiederholen.
- Erhöhte Werte lassen auf verschlissene Kolben-Ringe oder Zylinderlaufbahn schliessen.
- Gleichbleibender Wert lässt auf verschlissenen Zylinderkopf (Ventil, -sitz und -führungen) schliessen. Werkstatterfahrung lässt es wahrscheinlicher erscheinen, dass letzterer Fall zuerst eintritt. Und zwar in der Regel (wenn man dafür überhaupt eine Regel aufstellen kann) nach einer Laufleistung von weit über 50 000 km, wobei sie dann natürlich nicht schlagartig ihren Dienst einstellen, sondern lediglich die Verschleissgrenzen für Ventilsitzbreite und Ventilführungsspiel erreichen, aber auch mit deutlichen Rauchzeichen (und natürlich auch weniger Druck auf der hinteren Walze) auf ihren Zustand aufmerksam machen.

3.8 Leerlaufdrehzahl, Drosselklappen-Betätigung und -Abgleich

Für optimale Leistungsfähigkeit der Maschine ist es unerlässlich, dass die Zylinder absolut synchron arbeiten. Schon geringste Unterschiede bewirken, dass besser gefütterte Zylinder benachteiligte «mitschleppen» müssen.

- Maschine so aufstellen, dass sicheres Arbeiten gewährleistet ist.
- Getriebe auf *Neutral* schalten.

Drosselklappenbetätigung

Unregelmässigkeiten bei der Feindosierung der Motordrehzahl haben wesentlichen Einfluss auf die Fahrsicherheit und müssen unbedingt sofort behoben werden.

- Der Gasdrehgriff muss sich bei allen Lenkerstellungen leicht öffnen lassen und selbsttätig in seine Ausgangsposition zurückkehren – und zwar kräftig zuschnappend.
- Ist dies auch bei gut geschmierten Gaszügen nicht der Fall, Züge auf Beschädigung (Knicke, Abrieb o.Ä.) untersuchen und im Zweifelsfall <u>*immer*</u> auswechseln.
- Dazu Gegenmuttern der Spieleinsteller am Drehgriff lockern und Einsteller auf grösstmögliches Spiel eindrehen.
- Am Gasdrehgriffgehäuse zwei Kreuzschlitzschrauben ausdrehen, Gehäusehälften trennen und vom Lenker abnehmen. Nippel aus Aufnahme ausfädeln.
- Neue Seilzüge in möglichst grossen Radien verlegen, um Knicke zu vermeiden und Nippel in Aufnahmen einfädeln (*siehe Kapitel »Kabel und Züge« ab Seite 126*).
- **Bild 42.1**: Drehgriffgehäuse leicht gefettet wieder schliessen. Darauf achten, dass Zapfen der unteren Gehäusehälfte ① in Lenkerbohrung ② eingreift.
- **Bild 42.2**: Gegenmutter des Schliesserzugs ① lösen und Einsteller ganz eindrehen. Gegenmutter des Öffnerzugs ② lösen und Einsteller ein- oder ausdrehen, bis sich am Drehgriffumfang ein Leerweg von 2,0–4,0 mm ergibt.
- Einsteller des Öffnerzugs festhalten und Gegenmutter wieder eindrehen.
- Gasdrehgriff in Leerlaufstellung halten und Einsteller des Schliesserzugs langsam bis auf Widerstand ausdrehen.
- Einsteller des Schliesserzugs festhalten und Gegenmutter wieder eindrehen.
- Lenker bei im Leerlauf tuckerndem Motor von Anschlag zu Anschlag schwenken; Leerlaufdrehzahl darf sich nicht verändern.
- Grössere Einstellungen nach Abnahme des Tanks an unterer Seilzugaufnahme vornehmen. Zuvor Einsteller am Gasdrehgriff ganz eindrehen. Gegenmutter lösen und Einsteller ein- oder ausdrehen, bis Spiel im Sollwertbereich liegt.
- Als letzte Kontrolle nochmals Lenker bei im Leerlauf tuckerndem Motor von Anschlag zu Anschlag schwenken → Leerlaufdrehzahl darf sich nicht verändern.

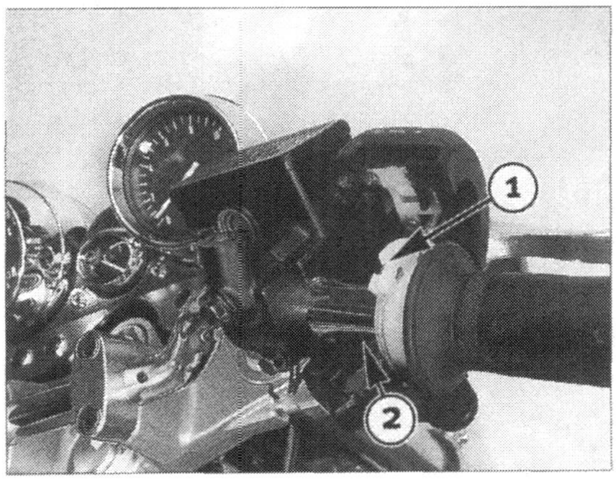

Bild 42.1
Seilzüge wechseln
1 Nippel
2 Lenkerbohrung

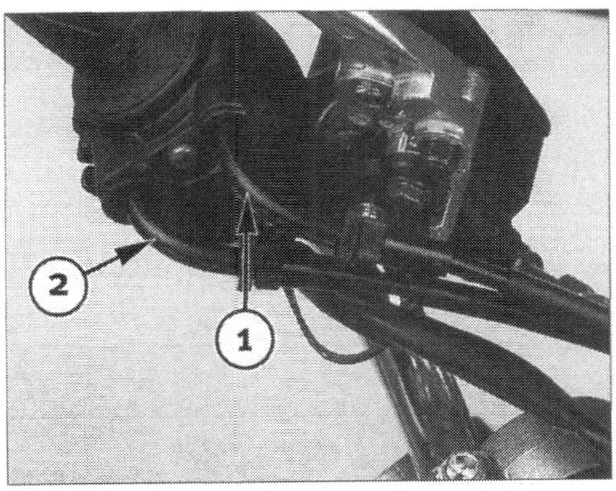

Bild 42.2
»Desmodromische« Drosselklappenbetätigung
1 Schliesserzug
2 Öffnerzug

Bild 43.1
Untere Einsteller
1 Öffnerzug
2 Schliesserzug

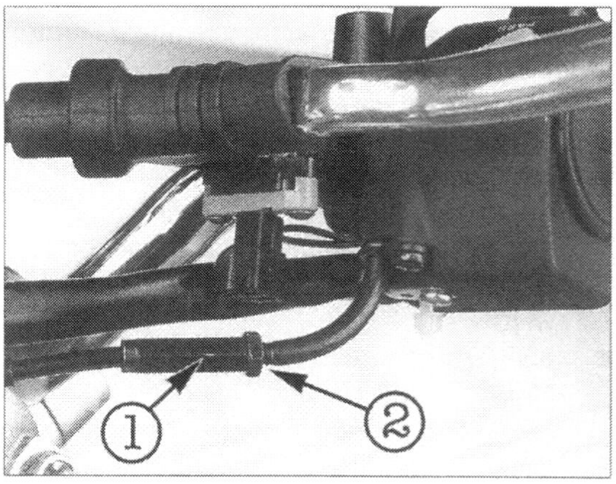

Bild 43.2
Chokeseilzugspiel
1 Einsteller
2 Gegenmutter

Bild 44
Pfeil Leerlaufeinsteller

Bild 45
Gummikappen bzw. Unterdruckschläuche abnehmen

Bild 46
Vergaserabgleich (hier bei ausgebauter Vergaserbatterie zwecks besserer Darstellbarkeit)
1 – 4 Vergaser
A, B, C Abgleichschrauben

- **Bild 43**: Grössere Einstellungen an unteren Einstellern vornehmen.

Chokeseilzugspiel

- **Bild 43.2**: Chokeseilzugspiel am Einsteller ① nach Ausdrehen der Gegenmutter ② einstellen. Gegenmutter anziehen. Bei ungleichmässiger Betätigung Seilzug schmieren.

Leerlaufdrehzahl

⚠ Leerlauf-Einstellung erfolgt bei betriebswarmem Motor und korrekt eingestelltem Ventilspiel.

⚠ In geschlossenen Räumen für ausreichende Belüftung sorgen! Die Abgase enthalten giftiges, geruchloses Kohlenmonoxid, das Bewusstlosigkeit verursachen und zum Tod führen kann.

- **Bild 44**: Leerlaufdrehzahl durch Ein- oder Ausdrehen der Drosselklappen-Anschlagschraube auf 1100 – 1300/min (*Schweiz:* 1150 – 1250/min) einstellen.
- Falls grössere Korrektur vorgenommen wurde, Seilzugspiel nochmals kontrollieren, gegebenenfalls erneut einstellen.

Vergaserabgleich

⚠ Abgleich-Einstellung erfolgt bei betriebswarmem Motor und korrekt eingestelltem Ventilspiel.

- **Bild 45**: Zum Vergaserabgleich Tank abnehmen und Unterdruckschläuche bzw. Gummikappen abziehen. Unterdruck-Messuhren anschliessen.
- Kraftstoff-Versorgung mit gegebenenfalls längeren Schläuchen improvisieren (Unterdruckschlauch an Kraftstoffhahn anschliessen, Unterdruck anlegen, das heisst ansaugen und Schlauch luftdicht abklemmen).
- Betriebswarmen Motor starten und mit Standgas laufen lassen. Gleichlauf an den Unterdruck-Messuhren kontrollieren.
- **Bild 46**: Durch Drehen der Abgleichschrauben nach rechts oder links (ausprobieren). Gleichlauf zwischen Zylinder 1 und 2 einstellen. Dann Vergaser 3 mit Vergaser 4 abgleichen. Abschliessend Vergaser 2 mit Vergaser 3 abgleichen.
  Zwischendurch immer mal wieder am Gasdrehgriff zupfen und wieder zuschnappen lassen. Dabei Unterdruckwerte im Auge behalten.
- Leerlaufdrehzahl nochmals kontrollieren.
- Unterdruckschläuche wieder anbringen.
- Tank und Verkleidung montieren.

3.9 Motoröl, Ölfilter und Öldruck

Das Öl ist sozusagen der Lebenssaft für jedes Triebwerk. Klar, dass da der Pegelstand regelmässig (täglich!) kontrolliert wird.

- Betriebswarmen Motor abstellen und die Maschine auf ebenem Untergrund auf geeignetem Montageständer sicher aufbocken.
- Einige Minuten warten und Ölstand am Kontrollfenster beobachten.

Bild 47: Ölstand muss über »L«-Markierung am Kontrollfenster stehen.

- Gegebenenfalls Öl bis zur »F«-Markierung (nicht darüber!) am Kontrollfenster auffüllen.

Ein Ölverbrauch von 0,15 l/1000 km wird als normal angesehen.

- Alle 6000 km bedarf das Öl einer Erneuerung, mindestens aber einmal im Jahr; bei ausschliesslichem Kurzstreckenbetrieb oder bei Temperaturen unter 0 °C alle 3000 km oder 6 Monate.
- Das Ölfilter hat die Aufgabe, kleinste Partikelchen aus dem Motoröl herauszufiltern. Sobald der Motor läuft, befindet sich das Öl in dauerndem Kreislauf vom Ölsumpf zum Motor und seinen Schmierstellen und tropft dort ab in den Ölsumpf, um wieder durch das Filter zu den Schmierstellen gedrückt zu werden.

⚠ Ölfilter deshalb bei jedem dritten Ölwechsel erneuern (alle 18 000 km).

⚠ Motoröl bei betriebswarmer Maschine ablassen, damit sich die Metallabriebsteilchen noch in der Schwebe befinden und noch nicht abgesetzt haben.

- Das Motorrad auf den Hauptständer stellen, geeignetes Auffanggefäss (vier Liter Fassungsvermögen) unterschieben.

Bild 48: Ölablassschraube ausdrehen.

⚠ Finger nicht am heissen Öl verbrühen! Öl läuft erst im Schuss, nach einiger Zeit nur noch tröpfchenweise. Geduldig warten, bis der letzte Tropfen den Weg ins Auffanggefäss gefunden hat.

TIPP Ablassschrauben sind mit Alu- oder Kupferdichtring versehen, der bei mindestens jedem zweiten Ölwechsel erneuert wird.

- Ablassschraube mit Dichtscheibe eindrehen.
- **Bild 49**: Auffangwanne unter Ölfilter stellen.
- **Bild 50**: Ölfilter mit passend grosser Zange oder mit Ölfilterschlüssel »A« ausdrehen (bei Ausbau im Gegenuhrzeigersinn drehen).

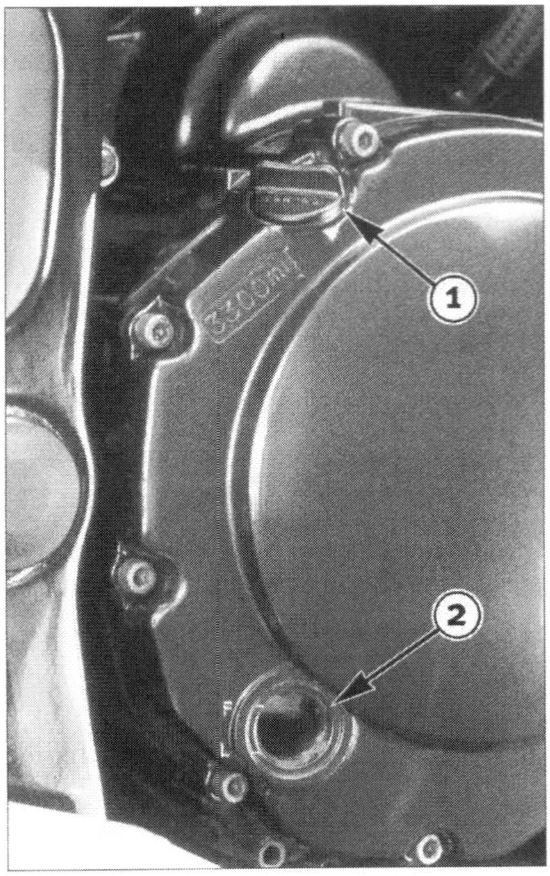

Bild 47
Ölstand muss über L-Markierung stehen
1 Einfüllöffnung
2 Kontrollfenster

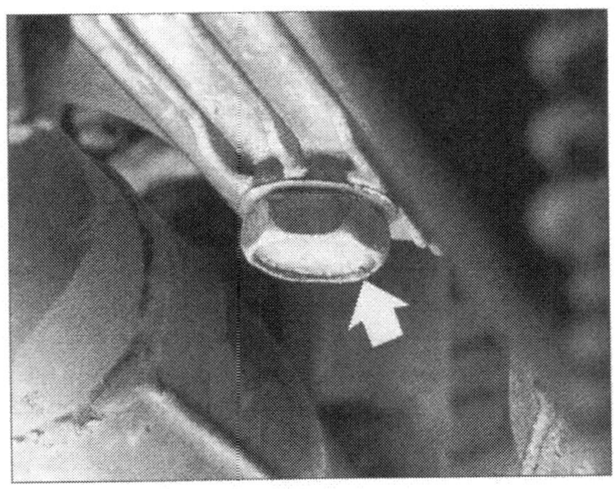

Bild 48
Pfeil Ölablassschraube

Bild 49
Einbaulage des Ölfilters
Kreise Ölkühlerschläuche
Pfeil Ölfilter

Vorsicht! ⚠
Aufgepasst!

- **Bild 51**: Neuen Ölfilter mit leicht geöltem O-Ring von Hand eindrehen, bis Filterdichtung Passfläche berührt, dann mit Ölfilterschlüssel zwei Umdrehungen anziehen.
- **Bild 47**: Am Einfüllstutzen ① einfüllen: 3,5 Liter Motoröl (ohne Filterwechsel 3,3 Liter, nach Motorüberholung 4,7 Liter) SAE 10W 40, 20W 50, 15W 40, 15W 50, 10W 50 oder 10W 30 der API-Qualitätsklasse SF oder SG.
- Motor mehrere Minuten im Leerlauf laufen lassen (Ölfilter muss sich erst füllen) und wie oben beschrieben kontrollieren.

⚠ Motoröl nie über *max* auffüllen!

⚠ Altöl nicht weggiessen (!), sondern an einer Sammelstelle (in jeder grösseren Stadt zu finden) oder an einer Tankstelle abliefern!

⚠ Jeder Ölverkäufer ist zur Zurücknahme von Altöl verpflichtet!

Bild 50
Ölfilter ausdrehen

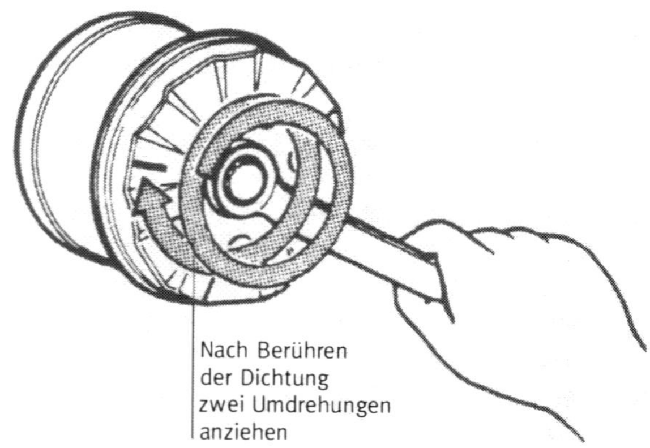

Bild 51 ➤
Ölfiltermontage

Bild 52
Kreis Öldruckmessanschluss

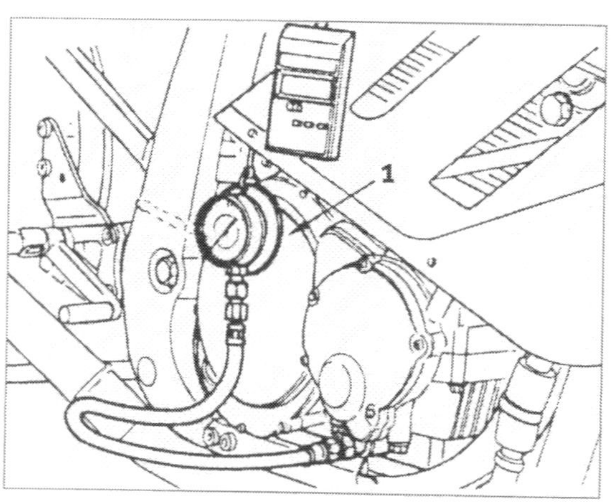

Bild 53
Öldruckmesser anschliessen (hier GSX-R)
1 Druckmesser

Öldruck

- Der Öldruck wird zum einen bei kaltem Motor gemessen, um das Ansprechen des Überdruckventils zu kontrollieren, zum anderen bei betriebswarmer Maschine, um Zustand der Ölpumpe und Kurbelwellenlager zu prüfen (bei zu grossem Kurbelwellenlager- oder Pleuellagerspiel baut sich bei gleitgelagerten Motoren nur ungenügender Druck auf).

Öffnungsdruck des Überdruckventils bei kalter Maschine messen.

- **Bild 52** und **Bild 53**: Ölkanalverschlussschraube ausdrehen. Öldruckmesser mit einem passenden Adapter montieren.
- Kalten Motor starten und Öldruck bei verschiedenen Drehzahlen beobachten. Bei 60° C Öltemperatur muss der Öldruck bei 3000/min zwischen 3,0 und 6,0 kg/cm² betragen.
- Falls angegebene Werte überschritten werden, hängt Überdruckventil in geöffnetem Zustand fest, das heisst Ölwanne entfernen und Ventil ausbauen).
- Falls Öldruck wesentlich unter Richtwert liegt, müssen Ölpumpe und das Überdruckventil kontrolliert werden.

TIPP Fingerzeig
Exakt messen

3.10 Bremsanlage

3.10.1 Bremsflüssigkeit

Mag man einem Motorrad kurzzeitig einen defekten Auspuff oder auch mal ein durchgebranntes Blinkerbirnchen zubilligen – beim Thema Bremsen gibt es keine Kompromisse. Hier muss bei jedem Fahrmeter die hundertprozentige Leistungsfähigkeit sichergestellt sein. Auf die Wirkung der Bremsanlage der GSX 750 kann sich der Motorradfahrer verlassen. Damit das immer so ist, sollten Wartungsarbeiten an der Bremshydraulik nur bei fundierten Vorkenntnissen vorgenommen werden. Beim geringsten Zweifel am eigenen Können ist die Fachwerkstatt die bessere Wahl.

- Am Bremsflüssigkeits-Behälter Pegelstand kontrollieren. Behälter muss dabei waagerecht stehen.
- ⚠ **Bild 54** und **Bild 55.1**: Falls sich Pegel der »*Lower*«-Marke bzw. unterer Markierung nähert, zuerst Belagstärke der Bremsklötze kontrollieren! Bremsbelagverschleiss wird mit nachfliessender Bremsflüssigkeit ausgeglichen!
- ⚠ **Bild 55.2**: Bremsbeläge vor Erreichen der Verschleissnut im Satz auswechseln.
- TIPP Beläge lieber zu früh als zu spät (mit zerschrappter Bremsscheibe) auswechseln!
- Bremsleitung auf Beschädigung und richtige Lage prüfen.
- ■ Alle Schraubverbindungen der Bremsleitungen abwischen.
- Bremse mit Kraft betätigen und etwa halbe Minute unter Druck halten. Danach Bremsleitungen, insbesondere die Verbindungen, auf undichte Stellen absuchen.
- ■ Hydraulikflüssigkeit ergänzen:
- ⚠ Da sich Hydraulikflüssigkeit hygroskopisch verhält, das heisst Wasser anzieht (→ Siedepunkt sinkt, Dampfblasenbildung), muss Behälter immer gut verschlossen sein. Keinesfalls dürfen Verunreinigungen, Schmutz oder Wasser in Behälter gelangen.
- ⚠ Beim Öffnen des Deckels muss Behälter waagerecht stehen, damit keine Bremsflüssigkeit überschwappt, die sich aggressiv verhält und Lack angreift.
- ■ **Bild 56.1**: Deckelschrauben des Vorratsbehälters ausdrehen und Deckel mit Membran abnehmen. Am hinteren Vorratsbehälter zuvor Ablagefach ausbauen (*siehe Kapitel 3.2*).

Bild 54
Bremsflüssigkeitsbehälter vorn

Bild 55.1
Bremsflüssigkeitsbehälter hinten

Bild 55.2
Bremsbeläge hinten
Pfeil Verschleissnut

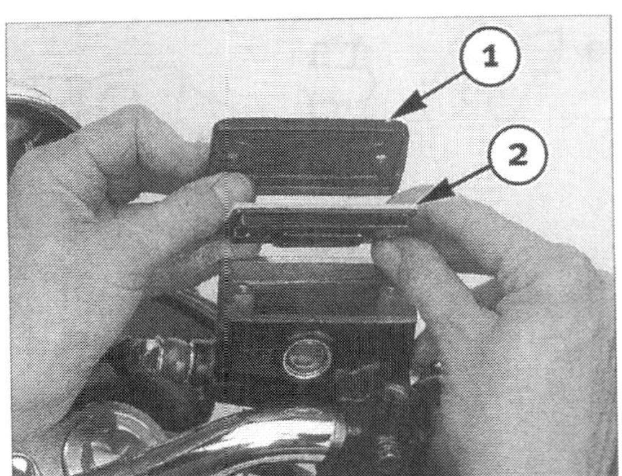

Bild 56.1
Bremsflüssigkeitsbehälter vorn
1 Deckel
2 Membran

Bild 56.2
Bremsflüssigkeit absaugen

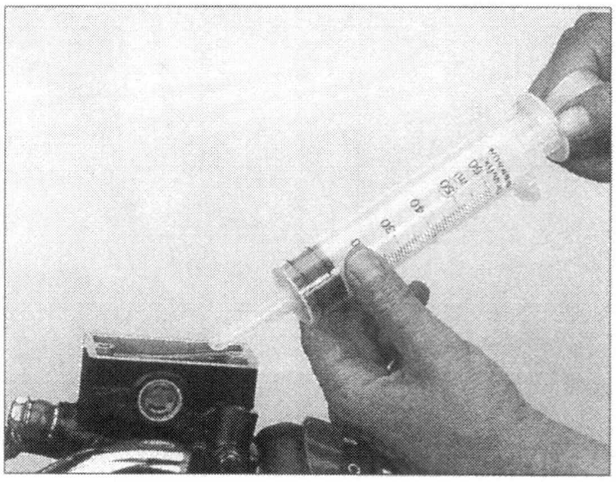

Bild 57.1
Entlüftungsventil aufdrehen

Bild 57.2
Bremssystem entlüften
1 Hebel/Pedal anziehen
2 Ventil öffnen ($^1/_3$ bis $^1/_4$ Umdrehung)
3 Hebel/Pedal herauslassen

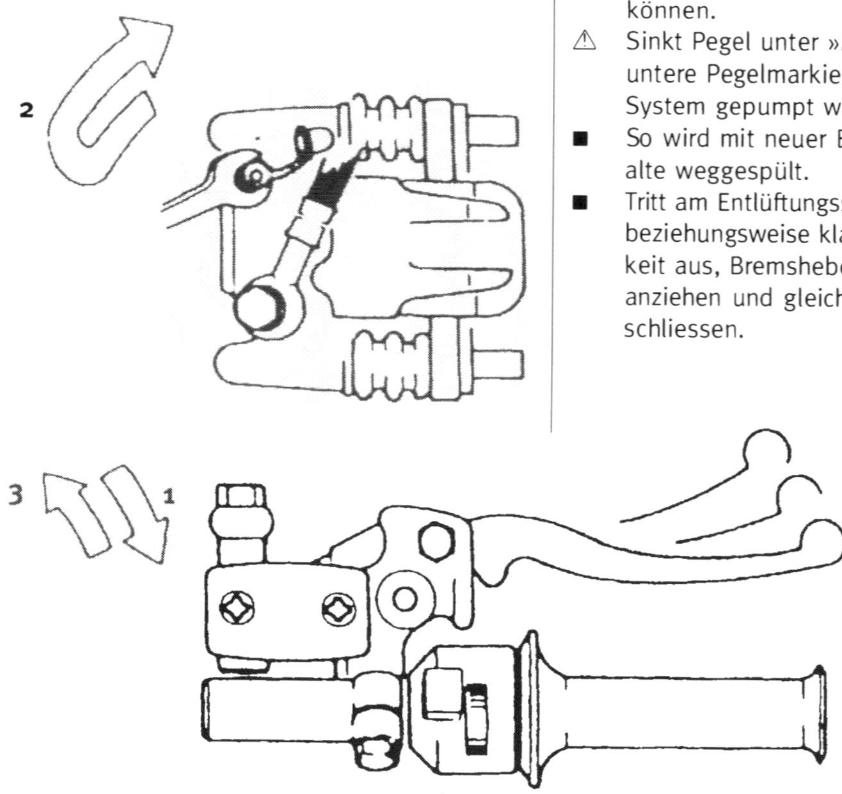

- Pegelstand bis zur oberen Markierung auffüllen. Nur Bremsflüssigkeit der Qualität DOT 4 verwenden!

⚠ Einmal jährlich *Bremsflüssigkeit erneuern*:

- Deckel des Bremsflüssigkeitsbehälters samt Membran entfernen.
- **Bild 56.2**: Alte Bremsflüssigkeit aus Behälter absaugen (zum Beispiel mit Einwegspritze aus der Apotheke).
- Frische Bremsflüssigkeit auffüllen.
- **Bild 57.1**: Einen passenden, durchsichtigen Schlauch, der im Auffanggefäss endet, über Entlüftungsventil am Bremszylinder stülpen.
- Hebel bzw. Pedal anziehen/niederdrücken bis Widerstand spürbar.
- **Bild 57.2**E: Etlüftungsventil mit $^1/_3$ bis $^1/_4$ Umdrehung öffnen und sofort wieder schliessen. Hebel wieder freigeben.
- Pumpbewegungen am Hebel/Pedal fördern Flüssigkeit zum Auffanggefäss.

TIPP Schön langsam pumpen und Hebel zwischendurch immer einige Sekunden in Ruhestellung belassen, um zu gewährleisten, dass sich System luftfrei füllt.

- Währenddessen in Behälter am Lenker zügig Bremsflüssigkeit nachgiessen, damit keine Luftbläschen ins System gelangen können.

⚠ Sinkt Pegel unter »*Lower*«-Marke bzw. untere Pegelmarkierung, kann Luft ins System gepumpt werden.

- So wird mit neuer Bremsflüssigkeit die alte weggespült.
- Tritt am Entlüftungsschlauch keine Luft beziehungsweise klare, neue Bremsflüssigkeit aus, Bremshebel noch einmal langsam anziehen und gleichzeitig Entlüftungsventil schliessen.

3.10.2
Bremsbeläge

Auch die beste Bremse funktioniert nur mit ordentlichen Belägen. Deshalb ist die regelmässige Kontrolle der Belagstärken so wichtig.

Kontrolle der Belagstärke durch Sichtprüfung:

- Bremse betätigen, damit Beläge an Scheibe anliegen.
- Von unten bzw. hinten in Bremssattel peilen und Belagstärke schätzen.

⚠ Mindestbelagstärke 1,0 mm (Verschleissanzeigenut muss noch sichtbar sein.

⚠ Bremsbeläge nur im Satz wechseln.

Bremsbeläge wechseln

TIPP Bremssattel und Bremsscheibe mit beiden Händen umfassen und Bremssattel gegen Bremsscheibe drücken. Dadurch werden Bremskolben in Sattel hineingeschoben und Platz gemacht für neue dicke Bremsbeläge.

⚠ Bremse bei ausgebautem Bremssattel/Belägen nicht betätigen! Kolben fahren sonst ungehindert aus und müssen mühselig wieder in Sattel eingedrückt werden, eventuell können Kolben sogar vollständig aus ihrem Zylinder im Sattel herausfahren (gibt eine hübsche Bremsflüssigkeitssauerei)!

Ausbau

Vorderradbremse

- **Bild 58**: Bremsattel-Befestigungsschrauben ausdrehen und Bremssattel abnehmen.
- **Bild 59**: Sicherungssplint ① entfernen, Belagstift ② abnehmen und Beläge ausbauen.

Hinterradbremse

- **Bild 60.1**: Abdeckkappe abnehmen. Sicherungsspange ② (eine Spange für beide Belagstifte), Belagstifte ③ und -Federn ④ entfernen, Beläge samt Distanzblechen ausbauen.

Einbau

Vorderradbremse

- **Bild 60.2** und **Bild 61**: Belagfeder einsetzen und neue Beläge montieren. Beläge müssen sauber in Führung sitzen.
- Bremssattel auf Bremsscheibe aufsetzen und am Träger bzw. Tauchrohr festschrauben (39 Nm).

Bild 58
Vorderradbremse
1 Entlüftungsventil
2 Befestigungs-schrauben

Bild 59
Vorderradbremse
1 Splint
2 Belagstift
3 Belagfeder

Bild 60.1
Hinterradbremse
1 Befestigungs-schrauben
2 Sicherungsspange
3 Belagstift
4 Feder

Bild 60.2
Belagfeder einsetzen

Vorsicht! ⚠
Aufgepasst!

Bild 61
Vorderradbremse
Pfeil Beläge müssen sauber in Führung sitzen

Hinterradbremse

- **Bild 62**: Auf richtige Einbaulage der Belagbleche achten.

⚠ Durch Pumpen am Bremshebel Druck im System aufbauen. Erst wenn Druckpunkt deutlich fühlbar ist, ist Bremse betriebsbereit!

3.10.3 Bremslicht-Einstellung

- Fahrzeug so aufbocken, dass Hinterrad frei kommt und kontrollieren, ob sich Hinterrad ohne Bremsschleifen drehen lässt.
- Bremslicht so einstellen, dass Licht aufleuchtet, bevor Bremswirkung einsetzt.
- **Bild 63**: Zur Einstellung das Schaltergehäuse festhalten und Einstellmutter ein- oder ausdrehen.

⚠ Bremslichtschalter-Gehäuse nicht drehen (Kabel verdrillt sonst), sondern Einstellung wie oben beschrieben an der Einstellmutter vornehmen.

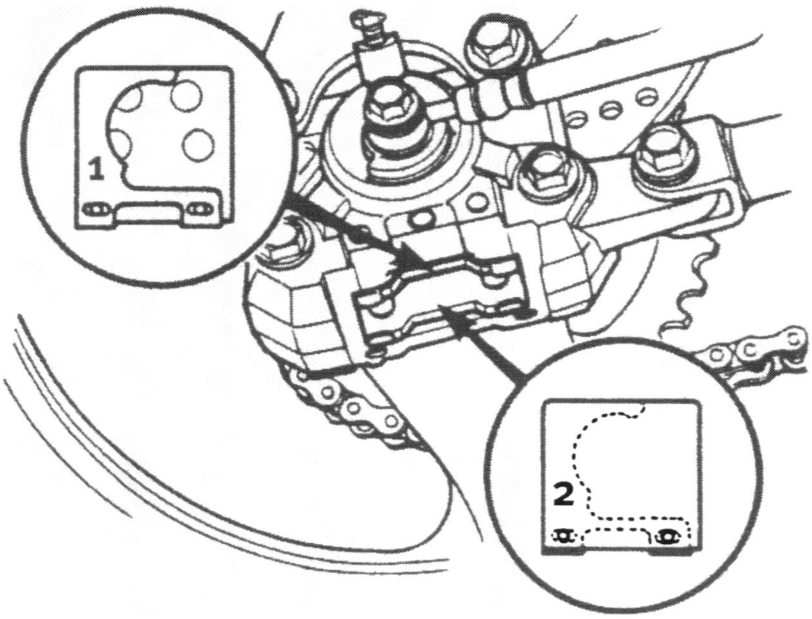

Bild 62
Hinterradbremse
1 Belagblech aussen
2 Belagblech innen

3.10.4 Bremspedallage

Bremspedal so einstellen, dass Tritthöhe ca. 50 mm unter Fussrastenoberkante liegt.

- **Bild 64**: Gegenmutter ② lockern, Pedallage am Einsteller ① durch Ein- oder Ausdrehen einstellen und Gegenmutter ② wieder anziehen (18 Nm).

Bild 63
Bremslichtschalter
1 Gehäuse
2 Einsteller

Bild 64
Bremspedallage einstellen
1 Einsteller
2 Gegenmutter

3.11 Kupplung

Um zu verhindern, dass die Kupplung bei Belastung ungewollt durchrutscht, wird am Handhebel ein Sicherheitsspiel (Leerweg) eingestellt. Es soll an der Spitze des Kupplungshebels etwa 10 – 15 mm betragen.

- **Bild 65**: Korrekturen mit Einstellschraube ① am Kupplungsseilzug nach Lösen der Gegenmutter ② vornehmen.
- **Bild 66**: Grössere Einstellungen am unteren Einsteller ① nach Lockern der Gegenmutter ② vornehmen. Wenn Spiel immer noch ausserhalb Toleranz (auch nach Ritzel- bzw. Kettenwechsel) Kontermutter ③ lösen und Einstellschraube ④ 2 bis 3 Umdrehungen ausdrehen, bis auf Widerstand wieder eindrehen, anschliessend ¼ bis ½ Umdrehung ausdrehen und mit Kontermutter sichern.

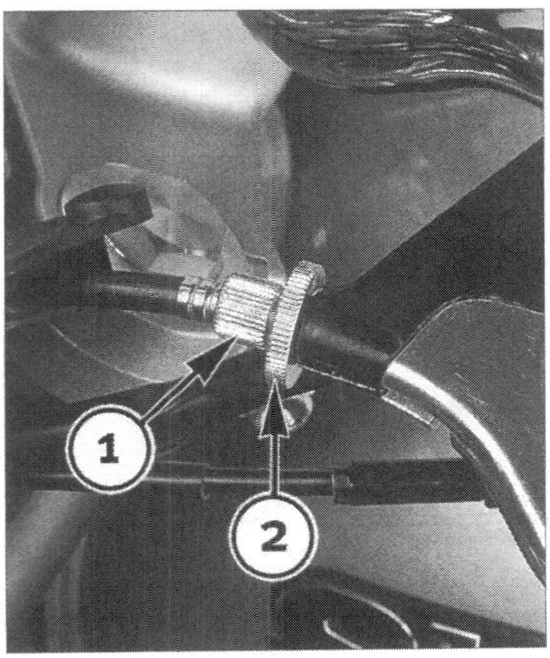

Bild 65
Oberer Kupplungseinsteller
1 Einsteller
2 Gegenmutter

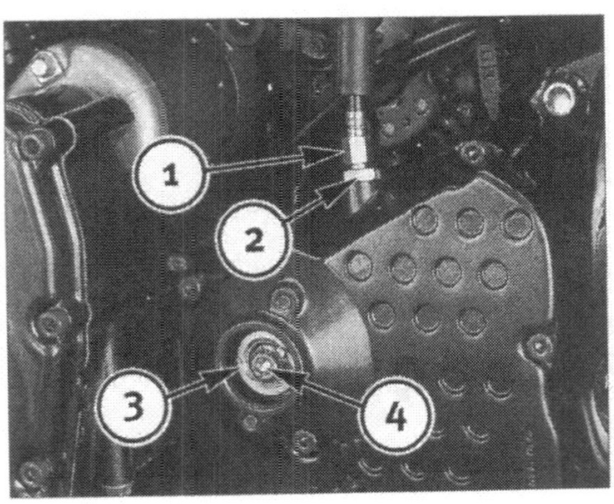

◄ Bild 66
Unterer Einsteller
1 Einsteller
2 Gegenmutter
3 Gegenmutter
4 Einstellschraube

3.12 Antriebskette

Die Antriebskette ist eigentlich das Teil am Motorrad, dem man seinen Pflegezustand auf den ersten Blick ansieht. Doch wird die als lästig empfundene Kettenpflege häufig sträflich vernachlässigt, obwohl sie doch wesentlichen Einfluss auf die Fahrleistungen eines Motorrades hat.

⚠ Antriebskette niemals bei laufendem Motor prüfen oder einstellen. Kette nicht mit Hochdruckreiniger (Dampfstrahler) reinigen, da das Wasser an den O-Ringen vorbei zwischen die Bolzen/Rollen dringt.

- Auffanggefäss für abspritzende Reinigungsflüssigkeit unter Kette unterstellen (Reifen mit alter Pappe o.Ä. abdecken). Je nach Verschmutzungsgrad Kette mit Spray-Öl (Castrol 4in1 o.Ä.) oder Diesel-Kraftstoff und hartem Pinsel reinigen. Anschliessend Kette mit handelsüblichem O-Ringkettenspray balsamieren und einziehen lassen. Überschüssiges Spray abwischen.
- Zum Prüfen von Kettendurchhang und Länge Motorrad in *Neutral* schalten und auf Seitenständer stellen.

(Exakt messen) **Bild 67**: Um Kettenlänge zu messen, Achsmuttern ① lösen und Spannerschrauben ② gleichmässig anziehen, bis Kette ganz gespannt ist.

- **Bild 68**: Die Länge über 21 Nietbolzen (20 Abstände) messen: Verschleissgrenze 319,4 mm. Durchhang in der Mitte zwischen Motorritzel und Kettenblatt an mehreren Stellen der Kette prüfen, um Stelle mit straffster Kettenposition zu finden (Kette längt sich meist ungleichmässig).
- **Bild 69**: Kette soll so viel Durchhang haben, dass sie an straffster Stelle von Hand 20 bis 30 mm auf- und abbewegt werden kann.

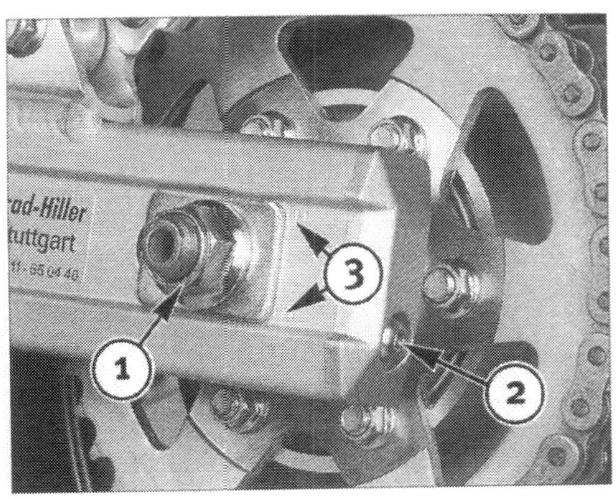

Bild 67
Antriebskette einstellen
1 Achsmutter
2 Einstellschraube
3 Einstell-markierungen

- Einstellschrauben ② auf beiden Seiten um gleiche Anzahl von Umdrehungen weiterstellen, bis Kette korrekten Durchhang erreicht.
- Kettendurchhang darf keinesfalls weniger als 20 mm betragen: Gefahr durch stossartige Drücke für Getriebe-Abtriebslager!

👁 **Bild 67**: Darauf achten, dass die Einstellmarkierungen ③ links und rechts übereinstimmen.

- Hinterachsmutter anziehen (100 Nm) und Einstellschrauben leicht anziehen. Einstellschrauben gegenhalten und Gegenmutter anziehen.
- Als letzte Kontrolle Motorrad vom Ständer nehmen und aufsitzen. Auch jetzt darf die Kette keinesfalls voll gespannt sein.
- **Bild 70**: Falls Kette bei korrektem Durchhang mehr als 4 mm vom Kettenblatt abgezogen werden kann, ist Kette übermässig gelängt und muss erneuert werden. O-Ring-Ketten besitzen kein lösbares Kettenschloss, und zum Wechseln muss entweder Schwinge ausgebaut werden oder die Kette getrennt werden. Deshalb:

TIPP Alte Kette mit Winkelschleifer auftrennen und Kette mit EK-Enuma-Schraubschlössern (erhältlich im Fachhandel) vernieten.

- Austauschkette: RK50MFOZ1.

👁 Gleichzeitig Zähne der Kettenräder auf Abnutzung und Beschädigung untersuchen.

- Falls verschlissen, beide Kettenräder zusammen mit Kette im Satz wechseln (vorderes Kettenrad: *Kapitel 10.1 Motor*, hinteres Kettenrad: *Kapitel 19.1 Heckpartie*).

⚠ Niemals neue Kette mit alten Kettenrädern oder umgekehrt kombinieren, da sich Teile gegenseitig extrem schnell verschleissen.

Bild 68
Kettenlänge messen

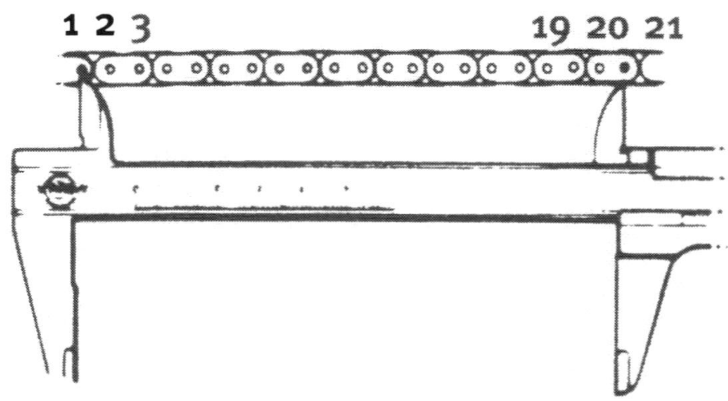

Bild 69
Kettendurchhang messen
Pfeil Abstand 20–30 mm

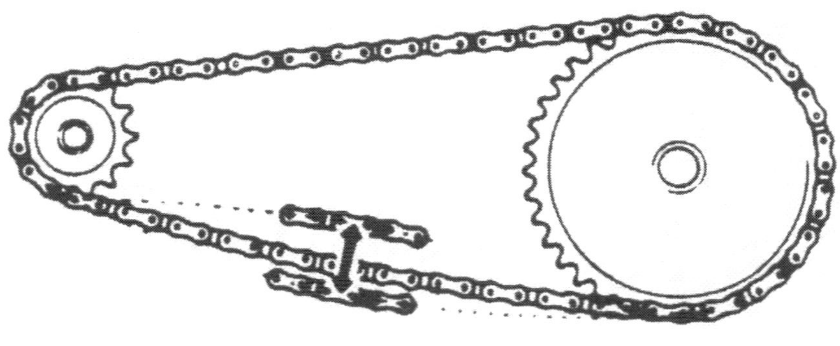

Bild 70
Kette und Kettenräder, ab 4 mm Luft im Satz erneuern

3.13 Federung

Das Federungssystem eines Zweirads ist bei seiner besonders kleinen Anzahl von Rädern vor besonders grosse Aufgaben gestellt. Und funktionierende Federelemente sind natürlich nicht nur eine Frage des Fahrgenusses, sondern auch der Fahrsicherheit.

Teleskopgabel

Die Ölfüllung der Telegabel ist als Dauerfüllung disponiert und wird nur alle 30 000 km bzw. alle drei Jahre gewechselt (*Kapitel 18.2 Frontpartie*).

- Wirkung der Telegabel durch mehrmaliges Einfedern prüfen, wobei sich zeigt, ob Tauchrohre etwa durch verspannten Einbau an freier Beweglichkeit gehindert sind.
- Wellendichtringe und Staubkappen der Telegabel dürfen keine Undichtheiten zeigen. Sonst defekte Teile erneuern, *siehe Kapitel 18, Seite 109*.
- Federung (vorn bei angezogener Bremse) eindrücken und ausfedern lassen.
- Einfedern geht schneller als Ausfedern.
- Fahrzeug darf nicht nachschwingen.

Hinterrad-Federung

- Wirkung der Federbeine durch mehrmaliges Einfedern prüfen. Dabei zeigt sich, ob die Schwinge an freier Beweglichkeit gehindert ist.
- Dämpferstangen der Federbeine dürfen keine Undichtheit zeigen. Sonst defekte Federbeine (im Satz wechseln!) erneuern, wie in *Kapitel 19, Seite 119* beschrieben.
- Fahrzeugheck eindrücken und ausfedern lassen.
- Fahrzeugheck darf nicht nachschwingen.
- Einfedern geht bei korrekter Dämpferwirkung schneller als Ausfedern!
- Alle Befestigungen auf Festsitz prüfen. Darauf achten, dass sie weder beschädigt noch verzogen sind.
- Hinteres Federbein kann mit Hakenschlüssel am Federbein auf Beladung und Fahrervorlieben eingestellt werden.
- **Bild 71**: Federvorspannung am oberen Ende des Federbeins mit Hakenschlüssel einstellen:

Grösste Vorspannung »hart«:	*Stellung 5*
Standard »mittel«:	*Stellung 3*
Kleinste Vorspannung »soft«:	*Stellung 1*

3.14 Lenkkopflager

Wenn das Motorrad in langgezogenen Kurven nicht mehr den gewohnt sauberen Strich ziehen will, und wenn es beim kurzen Antippen der Vorderradbremse verdächtig im Lenker knackt, dann hat das Lenkkopflager zuviel Spiel.

TIPP Zu lose eingestelltes Lager verursacht Flattern bei höheren Geschwindigkeiten.

TIPP Zu stramm angezogenes Lager verursacht Fahrzeugpendeln bei niedrigen Geschwindigkeiten.

Bild 71
Einstellung der Federvorspannung

Bild 72
Obere Gabelbrücke
1 Obere Klemmschraube
2 Untere Klemmschrauben

Zum Prüfen des Lagers:

- Maschine auf Hauptständer so aufbocken, dass Vorderrad freikommt.

Den Lenker von Anschlag zu Anschlag schwenken und auf ungleichmässige Bewegung oder Rastung in Lenkbewegung achten. Darauf achten, dass Seilzüge oder Kabelstränge den Lenkereinschlag nicht behindern.

Falls sich der Lenker ungleich bewegt, schleift, oder Vertikalspiel aufweist, Lager nachstellen.

⚠ Rastet Lenker in Mittelstellung ein → Lenkkopflager defekt, Lager ersetzen (*Kapitel 18 Frontpartie*).

Falls Lager beim Vor- und Zurückdrücken der Standrohre (Vorderrad frei) knackt, (Vertikalspiel), Lager nachstellen.

- Tank zur Sicherheit abnehmen (*Kapitel 3.2*).
- **Bild 72**: Gabelklemmschrauben ① (links und rechts) der oberen Gabelbrücke lockern.
- **Bild 73**: Lenkschaftmutter ① lockern. Einstellmutter ② mit Hakenschlüssel um den Bruchteil einer Umdrehung anziehen (gegebenenfalls lockern), bis kein Spiel mehr spürbar ist, aber Lenkung noch leichtgängig ist.

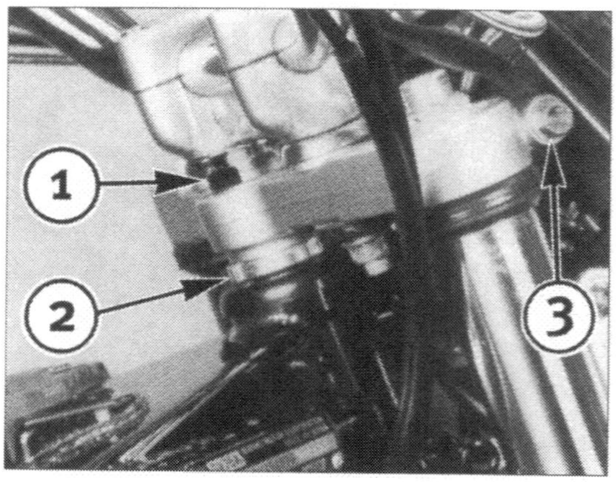

Bild 73
Obere Gabelbrücke
1 Lenkschaftmutter
2 Einstellmutter
3 Gabelklemmschraube

- **Bild 73**: Lenkschaftmutter ① wieder anziehen (65 Nm).
- Klemmschrauben der oberen Gabelbrücke wieder anziehen (23 Nm).
- Gabelstandrohre müssen bündig mit der Brücken-Oberseite abschliessen.
- Lenklagerspiel noch einmal kontrollieren, gegebenenfalls erneut nachstellen.

3.15 Batterie

Selbstverständlich verfügt die GSX 750 über E-Starter – Komfort, an den man sich gern gewöhnt hat. Deshalb muss die Batterie optimal funktionieren, um auch bei kalter Witterung ausreichend Energie zu liefern.

⚠ **Bild 74**: Die GSX-Batterie ist wartungsfrei (→ Maintainance Free – MF), deshalb nicht versuchen die Verschlussstopfen zu entfernen. Dementsprechend kann der Batteriesäurestand auch nicht geprüft werden, und es muss auch kein destilliertes Wasser nachgefüllt werden.

- Dadurch, dass das beim Ladevorgang entstehende Gas (nur Sauerstoffgas, kein Wasserstoffgas – im Gegensatz zum herkömmlichen Batterietyp, wo beide Gase entstehen) mit dem geladenen aktiven Material auf der Minusplatte reagiert, wird es in Wasser zurückverwandelt, so dass letztlich kein Flüssigkeitsverlust entsteht.
  Damit verbunden ist die bessere Ausnutzung des Raums, denn es wird kein »Sicherheitspolster« an Ausdehnungsvolumen benötigt.

Bild 74.1 ➤
Einbaulage der Batterie
1 Minuspol
2 Pluspol

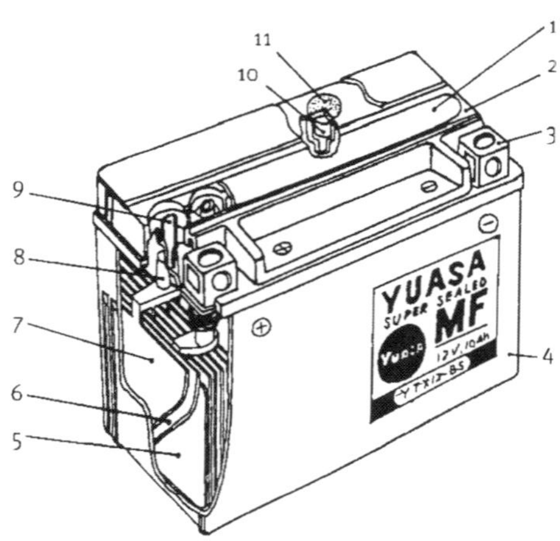

Bild 74.2
Wartungsfreie Batterie (MF – Maintainance Free)
1 Abdichtung
2 Deckel
3 Anschluss
4 Gehäuse
5 Positive Platte
6 Separator
7 Negative Platte
8 Anschluss
9 Einfüllverschraubung
10 Sicherheitsventil
11 Keramikfilter

Zur Sicherheit ist ein Ventil eingebaut, das bei Überdruck öffnet und bei Erreichen des Normaldrucks wieder schliesst. Zusätzlich ist unter dem Deckel auf dem Sicherheitsventil ein Keramikfilter angebracht. Dieser dient als Schutz gegen Entzündung oder Explosion durch Feuer von aussen.
Ein weiterer Vorteil des geschlossenen Batteriesystems ist die sofortige Verwendbarkeit – ohne Laden nach Erstbefüllung.

- Batterie laden, wenn Spannung unter 12,8 Volt liegt (mit Spannungsmesser prüfen).
- Batterie (unter Sitzbank) zum Laden ausbauen.
- Sitzbank abnehmen.
- ⚠ Zündung ausschalten. *Zuerst Masseleitung abklemmen* und isolieren.
- Plusleitung abnehmen und Batterie herausnehmen.
- ⚠ Maximaler Ladestrom darf 10% der Ladekapazität nicht überschreiten.
  Beispiel 12 Ah-Batterie:
  Ladestrom max. 1,2 Ampère,
  Ladezeit 5 – 10 Stunden.
- ⚠ Beim Laden der Batterie entsteht explosive Gasmischung (auch bei MF-Batterie!), die durch Funken entzündet werden kann. Also Funken oder offenes Feuer fernhalten und Raum gut belüften.
- Anschlusspole der Batterie mit Polfett (säurefrei) balsamieren.
- ⚠ Beim Einbau zuerst Plusleitung anschliessen, dann Massekabel.

3.16 Beleuchtung

Die Kontrolle der Beleuchtungs- und Signalanlage, obwohl keine periodisch wiederkehrende Wartungsarbeit, gehört zu den unbedingt sicherheitsrelevanten Tätigkeiten am Motorrad. Ein Beleuchtungs- und Blinkercheck ist schnell gemacht – Aufwand und Nutzen stehen für den Fahrer in äusserst günstiger Relation – und bringt ein unverzichtbares Sicherheitspolster.

3.16.1 Scheinwerfereinstellung und Leuchtmittelwechsel

Wesentlicher Sicherheitsfaktor bei Nachtfahrten ist ein korrekt eingestellter Scheinwerfer.

- Einstellung bei korrektem Reifenluftdruck und Federbeineinstellung auf Solobetrieb vornehmen.
- Motorrad auf Rädern stehend und mit Fahrer belastet im Abstand von 5 Meter (ab Vorderradmitte) vor heller Wand auf ebenem Boden aufstellen.
- **Bild 75**: Abstand vom Boden bis zur Scheinwerfermitte messen und auf Wand mit Kreuz (Kreide o.Ä.) markieren. 5 cm unter diesem Kreuz zweites Kreuz einzeichnen.
- Abblendlicht einschalten.
- Hell/Dunkel-Grenze soll in der Mitte des unteren Kreuzes beginnen, bis zur Höhe des oberen Kreuzes nach rechts ansteigen und dann wieder abfallen.
- **Bild 76.1**: Seitenverstellung des Scheinwerfers erfolgt durch Ein- oder Ausdrehen der Schraube ①.
  Bild 76.2: Höheneinstellung durch Schraube ②.

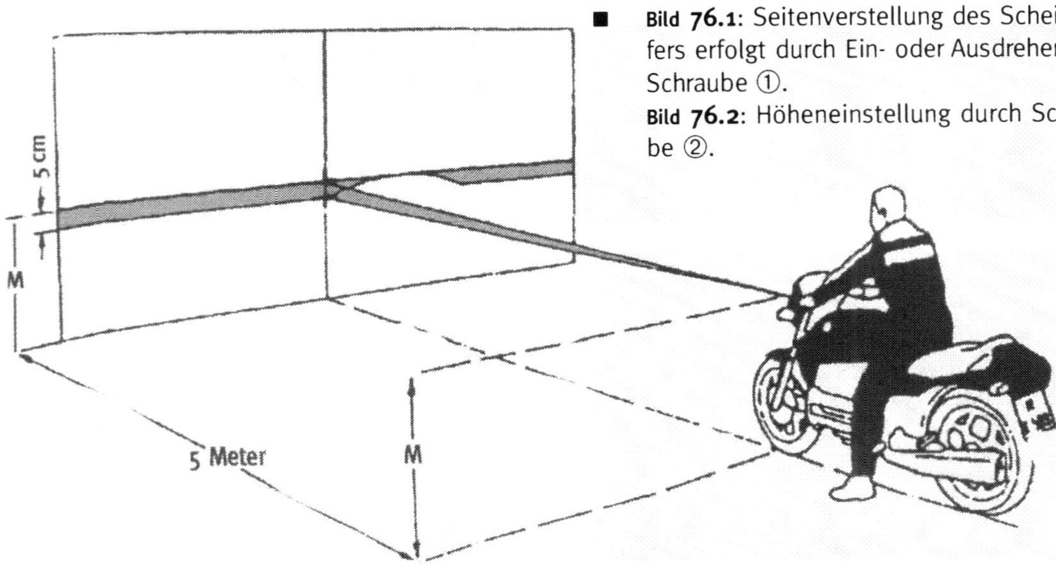

Bild 75
Scheinwerfer-einstellung

Bild 76.1
Scheinwerfereinstellung
1 Seiteneinsteller
Pfeil Befestigungsschraube

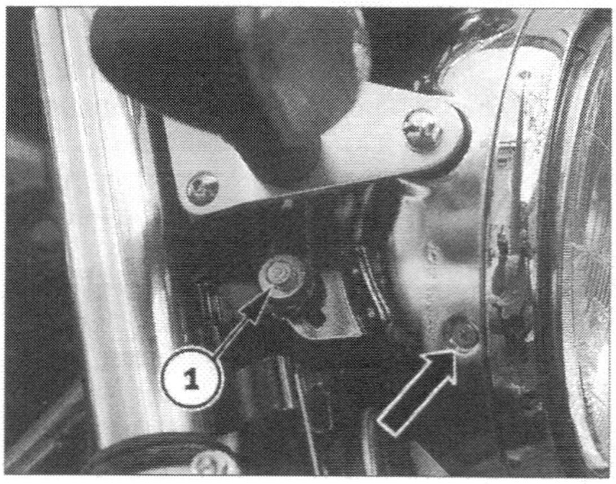

Bild 76.2
Scheinwerfereinstellung
1 Höheneinsteller
Pfeil Befestigungsschraube

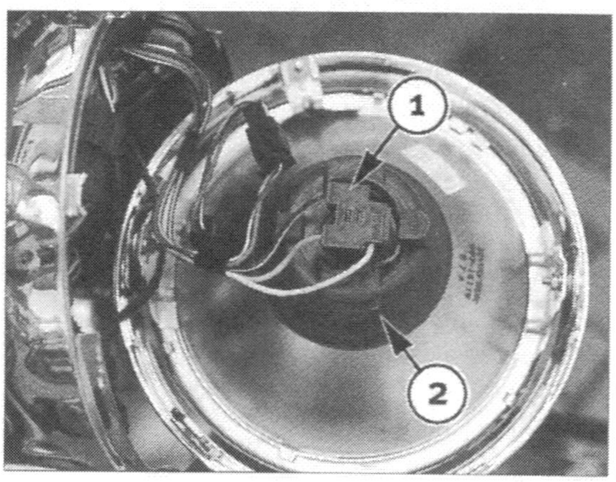

Bild 77
Lampenwechsel
1 Steckkontakt
2 Gummitülle

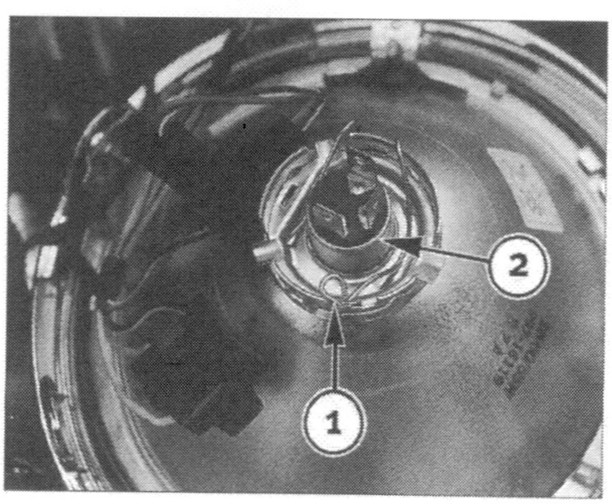

Bild 78
Lampenwechsel
1 Haltefeder
2 Glühbirne

Bild 79 ➤
Scheinwerfergehäuse

- Zum Wechseln der Scheinwerferbirne Befestigungsschrauben ausdrehen und Lampenring abnehmen.
- **Bild 77**: Steckkontakt ①und Gummitülle ② abziehen.

⚠ Glas der neuen Birne nicht mit Hand berühren, da sonst Lebensdauer und Leuchtkraft negativ beeinflusst werden können. Fingerabdrücke mit sauberem Putzlappen und Spiritus abwischen.

- **Bild 78**: Befestigungsfeder ① der Glühbirnenhalterung ausfedern und Birnchen ② entnehmen.
- **Bild 7**: Wiedereinbau in umgekehrter Reihenfolge.

👁 Auf richtigen Sitz der Gummitülle achten.

3.16.2 Blinker

Blinker sind bei der gegebenen Verkehrsdichte eine nicht mehr wegzudenkende Sicherheitseinrichtung.

- **Bild 80**: Zum Wechsel der Leuchtmittel Befestigungsschrauben des Blinkerglases ausdrehen.
- **Bild 81**: Defekte Blinkerlampen eindrücken und gegen Uhrzeigersinn drehen. Wiedereinbau erfolgt in umgekehrter Reihenfolge.

⚠ Glas der neuen Birne nicht mit Hand berühren, da sonst Lebensdauer und Leuchtkraft negativ beeinflusst werden können. Fingerabdrücke mit sauberem Putzlappen und Spiritus abwischen.

- **Bild 82**: Falls Blinkerrelais defekt, Relais (unter linkem Seitendeckel) aus Halterung abziehen und gegen Neuteil austauschen.

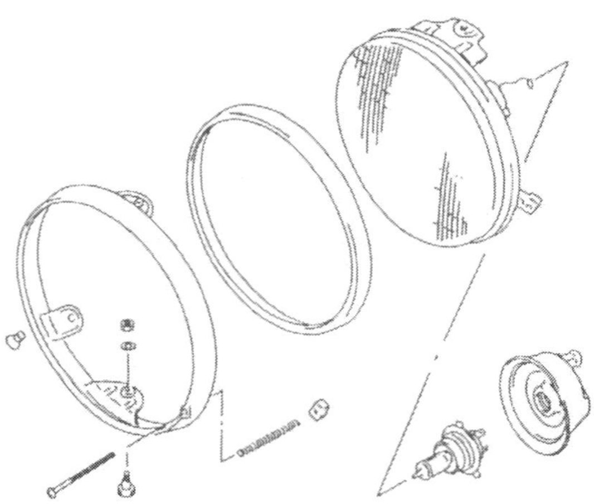

Bild 80
Blinker
Kreis Befestigungsschraube

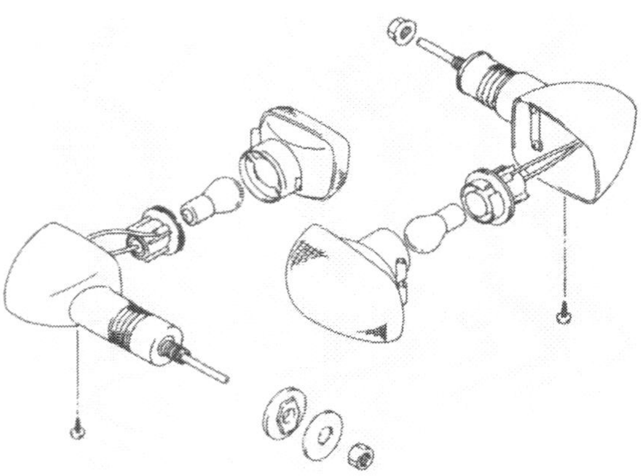

Bild 81
Blinkergehäuse
Blinkerbirne
12 Volt, 21 Watt

◄ **Bild 82**
1 Sicherungen
2 Blinker-/Seitenständerrelais
3 Stecker des Motor-Massekabels

◄ **Bild 83**
Rücklicht/Bremslicht
Kreise Befestigungsschrauben

3.16.3 Rücklicht/Bremslicht

Wesentlicher Sicherheitsfaktor bei Nachtfahrten ist ein funktionierendes Rücklicht. Das Bremslicht ist bei der gegebenen Verkehrsdichte eine nicht mehr wegzudenkende Sicherheitseinrichtung.

- **Bild 83**: Defekte Rücklicht-/Bremslampen nach Ausdrehen der Befestigungsschrauben des Lampenglases herausnehmen (Bajonettsitz: Lampe eindrücken und gegen Uhrzeigersinn drehen).

⚠ Glas der neuen Birne nicht mit Hand berühren, da sonst Lebensdauer und Leuchtkraft negativ beeinflusst werden können. Fingerabdrücke mit sauberem Putzlappen und Spiritus abwischen.

- **Bild 84**: Wiedereinbau erfolgt in umgekehrter Reihenfolge.

3.16.4 Kennzeichenleuchte

- Zum Auswechseln defekter Kennzeichen-Lampen Befestigungsmuttern an der Rückseite der Lampenhalterung ausdrehen. Lampenabdeckung und -glas abnehmen. Lampe eindrücken und gegen Uhrzeigersinn drehen (Bajonettsitz).
- Wiedereinbau erfolgt in umgekehrter Reihenfolge.

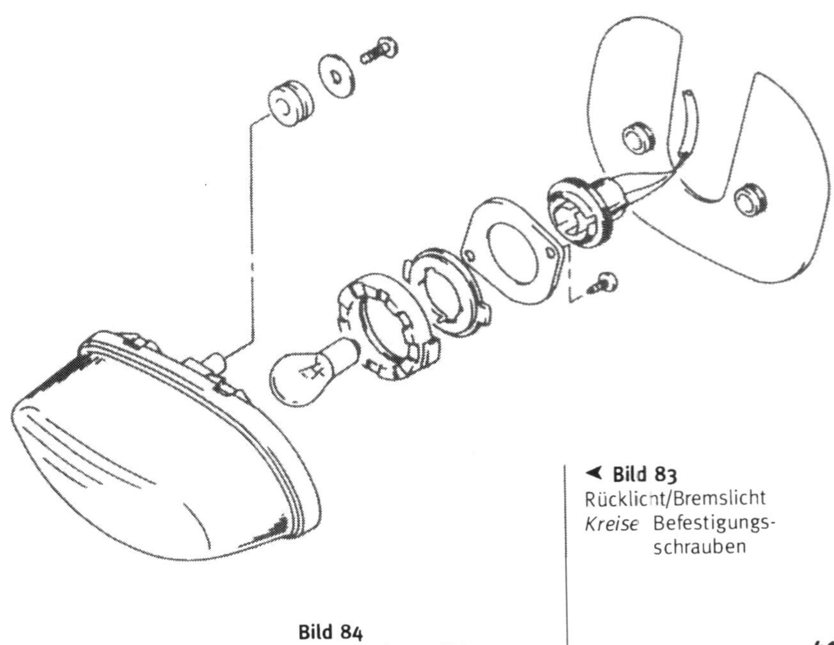

Bild 84
Rücklicht/Bremslicht

Vorsicht! ⚠
Aufgepasst! ◉

3.17 Sicherungen

- **Bild 85**: Sicherungen befinden sich unter linkem Seitendeckel.
- Sicherung mit Spitzzange aus Klemme

Bild 85
Sicherungen

ziehen und Reserve-Sicherung mit identischem Ampère-Wert (10 A oder 15 A) eindrücken.

⚠ Auf keinen Fall Sicherung mit höherem Ampère-Wert einsetzen!

- Falls Sicherung wiederholt durchbrennt, Fehler in elektrischer Anlage suchen und beheben.
- **Bild 82**: Die Hauptsicherung (30 A) befindet sich an rechter Seite der Batteriehalterung.
- Stecker abziehen und Sicherung mit Spitzzange herausziehen.

3.18 Seitenständer

◉ Federn auf Beschädigung und Ermüdung untersuchen.

◉ Seitenständer auf Leichtgängigkeit prüfen.

- Gelegentlich am Drehzapfen mit Motoröl abschmieren.
- **Bild 86**: Zapfen des Motorstoppschalters gelegentlich mit Sprayöl einnebeln, damit dieser nicht unaufgefordert seiner Arbeit nachgeht.

Bild 86
Pfeil Seitenständerschalter

TIPP Fingerzeig
Exakt messen

3.19 Muttern, Schrauben und Befestigungsteile

Im Lauf der Zeit kann es vorkommen, dass sich Muttern oder Schrauben am Motorrad durch feine Vibrationen lösen.

Deshalb nach jeweils 10 000 Kilometern im Rahmen einer Inspektion alle Fahrgestellmuttern und -schrauben auf vorgeschriebene Anzugsmomente kontrollieren.

3.20 Räder und Reifen

Reifen dürfen keine Risse oder sonstige Beschädigungen aufweisen. Reifenluftdruck bei kalten Reifen messen, siehe auch *Technische Daten* ab Seite 136.

Profiltiefe muss vorne mindestens 1,6 mm, hinten mindestens 2,0 mm betragen.

Räder auf Schlag prüfen (*Kapitel Front- und Heckpartie*).

3.21 Sekundärluftsystem

Bild 87: Das »Abgas-Nachverbrenner-System« (*Schweiz*-Version bläst Frischluft in die Auspuffanlage, um die Abgase sauberer zu verbrennen (tatsächlich werden die Abgase jedoch nur verdünnt, und es sei die Frage erlaubt, um wie viel geringer der *absolute* Schadstoffausstoss ist, wenn er verdünnt an die Umwelt abgegeben wird).

- Bei geschlossenem Gasdrehgriff im Schiebebetrieb riegelt Membranventil durch den im Ansaugtrakt herrschenden Unterdruck die Frischluftzufuhr ab, damit es nicht zu Auspuffpatschen kommt. Ein defektes Membranventil macht sich daher wie eine defekte Auspuffdichtung (oder ein durchgerosteter Auspuff) durch Auspuffpatschen bemerkbar.

Draufsicht

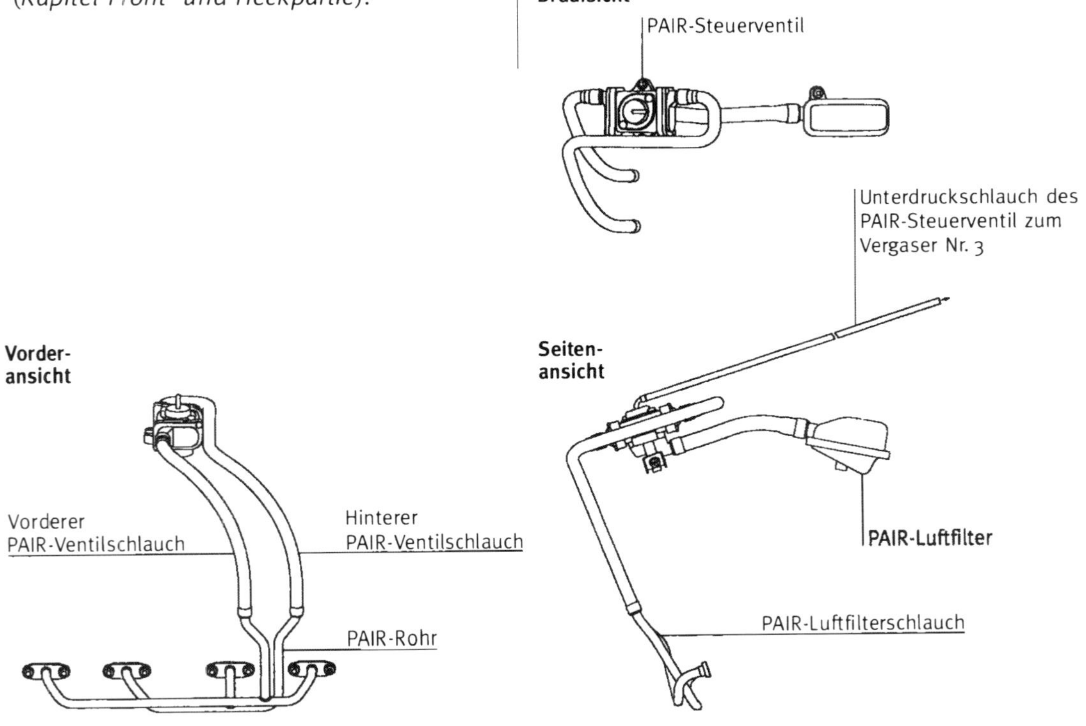

Bild 87
Sekundärluftsystem (Schweiz)

Baugruppen

Baugruppen

Ausbau

Wie in *Kapitel 3* gesehen, lassen sich alle routinemässigen Wartungsarbeiten bei eingebautem Motor erledigen. Lediglich Arbeiten an Kurbelwelle, Pleuel und Getriebe machen eine Motordemontage erforderlich.
Falls keine Motorhaltevorrichtung vorhanden ist und eine Totaldemontage ansteht, empfiehlt es sich, vor Motorausbau die Baugruppen Starter, Generator, Zylinderkopf, Kolben und Zylinder sowie Kupplung zu demontieren. Das senkt das Gewicht des Rumpfmotors und macht einen Helfer beim Herausheben des Motors zwar nicht überflüssig, aber er ist nicht mehr unabdingbar. Bei der Auflistung der Arbeitsgänge wird von einer Totaldemontage ausgegangen. Deshalb bei Kupplungstrouble getrost Arbeitsgang »Vergaserdemontage« auslassen.

Prüfen und Vermessen

Die ganze Arbeit des Zerlegens nützt wenig, wenn die Teile nur nach augenscheinlicher Begutachtung wieder zusammengebaut werden. Leider aber stösst der Privatmann beim Vermessen schnell an seine Grenzen, denn mit dem Mess-Schieber allein ist es nicht getan. Nicht viele haben ihre private Werkstatt mit Messuhr, Messdornen oder Mikrometern in verschiedenen Weiten ausgerüstet, und es muss jeder für sich entscheiden, ob sich die Anschaffung dieser teuren Geräte lohnt.
Mit richtigem Messen allein ist es auch nicht getan, wenn der Verschleiss noch in der Toleranz liegt, aber andere, nicht messbare Verschleisserscheinungen oder Beschädigungen vorliegen. Deshalb vertraut der Unerfahrene diese wichtige Arbeit der Werkstatt an.

Montage

Nun liegt der Vierzylinder also mit seinen Einzelteilen in Kisten, Kästen und Schubladen verpackt in der Werkstatt und wartet auf die Wiedererstehung. Liegt das passende Werkzeug bereit? Sind die benötigten Ersatz- und Verschleissteile vollzählig besorgt? Sind alle Teile korrekt vermessen und auf Verschleiss geprüft worden?
Solange das Motorrad noch zerlegt herumliegt, sollte man sich nochmal ins Gewissen reden, denn jetzt lassen sich die Teile am einfachsten auswechseln. Also alles noch kritischer als sonst begutachten!
Wenn zum Beispiel ein Getriebezahnrad leichte Pitting-Bildung an den Zahnflanken aufweist, würde es bestimmt nochmals 10 000 Kilometer schadlos seine Arbeit verrichten. Aber dann zerbröselt es garantiert während der Urlaubsfahrt in Spanien. Ein neues Zahnrad kostet nicht die Welt, teuer wird erst der Einbau. Wenn wirklich alles bereit liegt, kann die Schrauberei beginnen, damit Stunden später ein neuwertiges Motorrad aus der Werkstatt rollt.

Vergaser

Vorsicht! ⚠
Aufgepasst!

4.1
Ausbau

- Tank, Sitzbank und Seitenverkleidung abbauen (*Kapitel 3.2 und 3.4*).
- **Bild 88**: Beide Seitendeckel des Luftfiltergehäuses abnehmen.
- **Bild 89**: Befestigungsschrauben des Luftfiltergehäuses ausdrehen.
  Bild 89: Kabelschelle ① entfernen und Stecker des Drosselklappen-Sensors ② abziehen. Sensor nicht vom Vergaser abnehmen!
- **Bild 89**: Schlauchklemmen zwischen Vergaser und Ansaugstutzen bzw. Vergaser und Luftfiltergehäuse lösen und Gehäuse nach hinten schieben.
- **Bild 90**: Kraftstoff aus Schwimmerkammer nach Aufdrehen der Ablassschraube in geeignetes Auffanggefäss ablassen.
- Kraftstoff-, Entlüftungs- und Unterdruckschläuche abnehmen.
- **Bild 91**: Gasseilzug-Einsteller (am Lenker und an Vergasern) und Chokeseilzug-Einsteller -auf grösstmögliches Spiel einstellen und Gasseilzüge an Vergasern und Chokeseilzug aus Widerlager herausnehmen.

Bild 88
Pfeil Luftfilter-Seitendeckel

Bild 89
Kreis Befestigungsschraube des Luftfiltergehäuses
Pfeil Schlauchschellen
1 Kabelschelle
2 Stecker des Drosselklappen-Sensors

Bild 90
Pfeil Ablassschraube

Bild 91 ➤
Pfeil Untere Chokezugaufnahme

Bild 92
Choke-Verbindungsschiene
Kreise Befestigungsschrauben
Pfeil Feder

◄ **Bild 93**
Obere Vergaserhalteschiene
Kreise Befestigungsschrauben
1 Kraftstoffschlauch
2 Belüftungsschläuche
3 Unterdruckschlauch

Bild 94
Untere Vergaserhalteschiene
Kreise Befestigungsschrauben

- Vergaser-Batterie nach rechts herausziehen.
- Falls Vergaser getrennt werden sollen:
- **Bild 92**: Befestigungsschrauben der Chokeverbindung ausdrehen, Feder abnehmen und Schiene entfernen.
- **Bild 93** und **Bild 94**: Kraftstoff-, Entlüftungs- und Unterdruckschläuche abnehmen und Vergaser-Haltewellen ausbauen.
- **Bild 95**: Abgleichschrauben möglichst nicht lösen.
- **Bild 96**: Darauf achten, dass Federn der Abgleicheinrichtung nicht verloren gehen.
- Vergaser können zerlegt werden ohne sie zu trennen.
- **Bild 97**: Jeweils vier Schrauben von unten herausdrehen und den Schwimmerkammer-Deckel abnehmen.
- **Bild 98**: Schwimmerachse ① mit Zängchen oder von Hand herausziehen und Schwimmer ② mit Ventilkegel ③ von Hand entnehmen.
- **Bild 99**: Haupt- und Leerlaufdüse entfernen.
- **Bild 99**: Leerlaufgemisch-Einstellschraube ③ vorsichtig bis zum leichten Aufsitzen eindrehen. Dabei Umdrehungen mitzählen und notieren (zum Beispiel 2½).

Bild 95
Kreise Abgleichschrauben

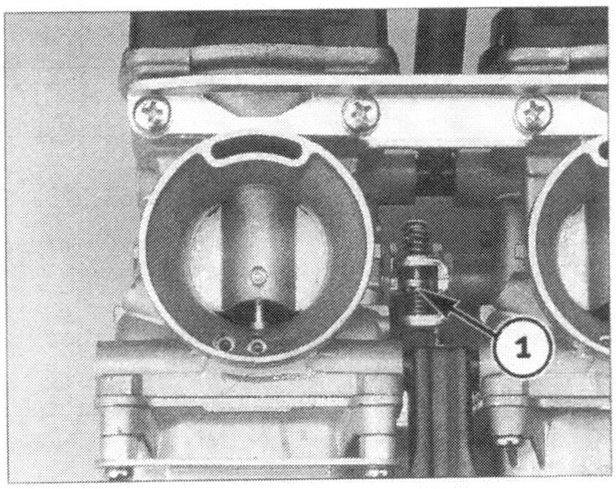

Bild 96
Abgleichschraube
1 Betätigungshebel

◄ **Bild 97**
Schwimmerkammerdeckel
Kreise Befestigungsschrauben

Bild 98
1 Schwimmerachse
2 Schwimmer
3 Ventilkegel

Bild 99
1 Hauptdüse
2 Leerlaufdüse
3 Leerlaufgemisch-Einstellschraube

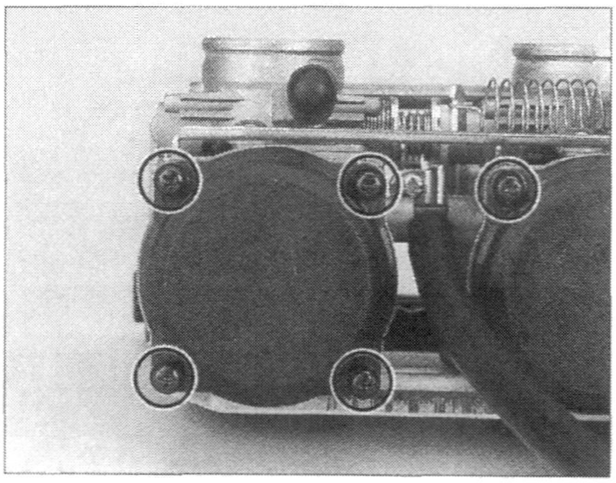

Bild 100
Vergaserdeckel
Kreise Befestigungsschrauben

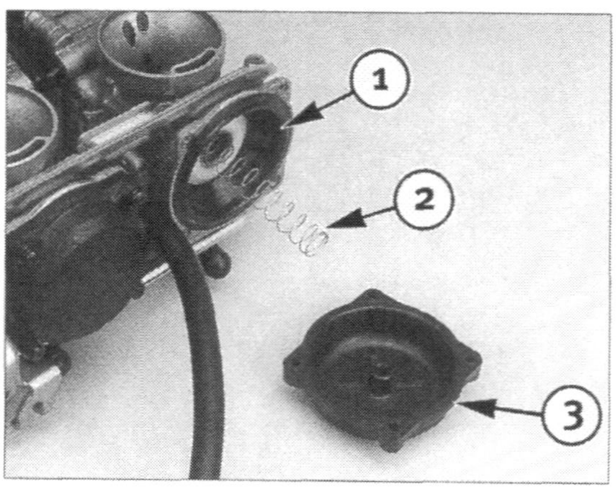

Bild 101
1 Feder
2 Membrankolben
3 Deckel

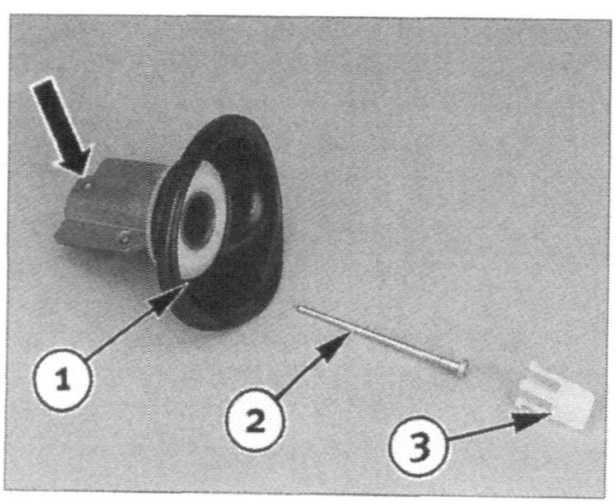

Bild 102
1 Membrankolben
2 Düsennadel
3 Halter
Pfeil Körnung

Bild 103 ➤
Pfeil Chokekolben

- Schraube nicht gegen Sitz anziehen (Beschädigungsgefahr). Schraube anschliessend herausdrehen.

👁 Auf Verbleib von Feder, Unterlegscheibe und O-Ring achten.

- **Bild 100**: Je vier Kreuzschlitzschrauben aus oberen Deckeln ausdrehen und Deckel abnehmen.
- **Bild 101**: Feder und Membrankolben entnehmen.
- **Bild 102**: Düsennadel mit Halter aus Kolben entnehmen.
- Nadeldüse/Mischrohr nach Ausdrehen des Mischrohrhalters nach unten entnehmen.
- **Bild 103**: Chokekolben nach Ausdrehen der Überwurfmutter ausbauen.
- Drosselklappensensor nur bei Widerstandswerten ausserhalb der Toleranz oder bei defektem Sensor abnehmen.
- **Bild 104**: Vor Ausbau Stellung des Drosselklappensensors markieren.

4.2 Prüfen und Vermessen

👁 Unterdruckkolben und Gleitbahn im Vergasergehäuse dürfen keine Riefen, Kratzer oder sonstige Beschädigungen aufweisen. Schieber muss im Vergasergehäuse ungehindert und satt auf- und abgleiten können – ohne übermässiges Spiel.
Falls schwergängig: erneuern. Aufwerfungen vorsichtig mit feinem Schmirgelleinen (600er oder 800er) glattbügeln.

👁 Düsennadel auf Verschleiss untersuchen, sie darf keine Verbiegung, Anlaufstellen (Fingernagelprobe) oder sonstige Beschädigungen aufweisen. Entsprechend darf Nadeldüse keine Anlaufstellen aufweisen. Gegebenenfalls Düsennadel und Nadeldüse im Satz erneuern.

- Membran darf keine porösen Stellen oder Risse haben (gegen starke Lichtquelle halten). Falls defekt: austauschen.
- Alle Düsen mit Druckluft durchblasen, keinesfalls mit Nadel oder Draht reinigen! Filtersieb am Schwimmerventil nicht mit Druckluft ausblasen, sondern mit weichem Pinsel auswaschen.
- Schwimmerventil-Kegel darf keine Riefen oder Kerben haben.
- Schwimmer auf Verformungen oder auf Kraftstoff im Inneren untersuchen.
- Leerlaufgemisch-Einstellschraube auf Verschleiss oder Beschädigungen untersuchen.

Schwimmerhöhe messen:

- **Bild 105**: Mit Schieblehre Höhe »A« messen, wenn Schwimmerarm Nadelventil berührt. Höhe »A«: 16 – 18 mm; gegebenenfalls Schwimmerzunge ① vorsichtig nachbiegen.

Drosselklappen-Sensor prüfen:

- **Bild 106**: Stecker abziehen und mit Taschenprüfer Widerstand zwischen Anschlussklemmen messen, Standardwert 1: 5 kΩ; Drosselklappe ganz öffnen und Widerstand zwischen Anschlussklemmen messen, Standardwert 2: 3,09 – 3,63 kΩ. Falls Widerstandwert deutlich ausserhalb der Toleranz liegt, Befestigungsschrauben lockern und Sensor drehen, bis sich Wert im Toleranzbereich bewegt.

4.3 Montage

- Vor Einbau der Düsen und Ventile sämtliche Durchlässe und Bohrungen mit Druckluft freiblasen. Chokekolben nicht zu fest in Gehäuse eindrehen.
- **Bild 108**: Nadeldüse ⑥ von unten mit kleinerem Durchmesser nach oben weisend in Gehäuse einsetzen und mit Halteschraube ⑦ befestigen.
- Haupt- und Leerlaufdüse eindrehen.
- Schwimmergestell mit vormontiertem Ventilkegel einsetzen.
- **Bild 107**: Schwimmergehäusedeckel mit neuem geöltem Dichtring, der sauber in Nut sitzt, versehen und mit vier Schrauben befestigen.
- Grundeinstellung der Leerlaufgemisch-Einstellschraube: Schraube bis zum lockeren Aufsitzen eindrehen (nicht gegen Sitz anziehen! Schraube wird beschädigt!). Dann um die beim Ausbau notierte Anzahl von Umdrehungen herausdrehen.

Bild 104
Drosselklappensensor
Pfeil Farbmarkierung
Kreise Befestigungsschrauben

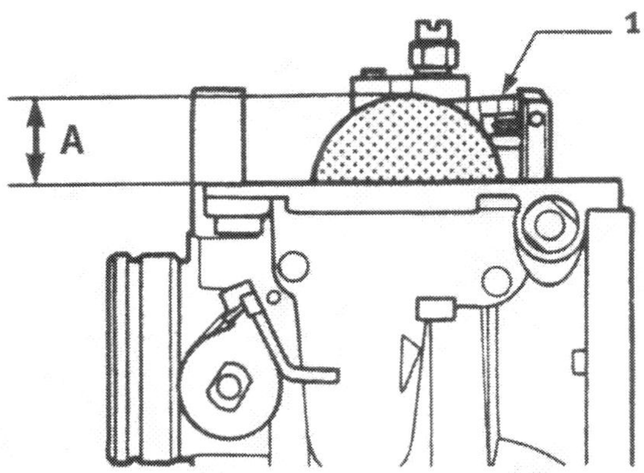

Bild 105
Schwimmerstand messen
1 Schwimmerzunge
A Schwimmerhöhe

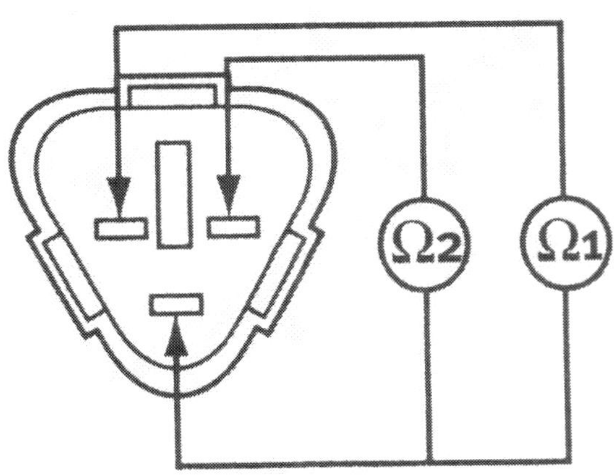

Bild 106
Widerstand an Drosselklappensensor messen
1 5 kΩ
2 3,09 – 3,63 kΩ

Vorsicht! ⚠
Aufgepasst!

Bild 107
Schwimmergehäusedeckel mit neuem geöltem Dichtring

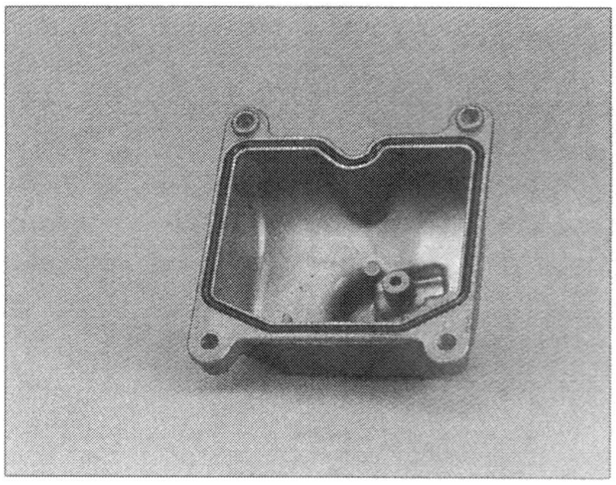

- **Bild 108**: Düsennadel ④ in Membrankolben ⑤ einsetzen und mit Halter ③ festlegen.
- Membrankolben so einsetzen, dass Membran sauber in Nut des Vergasergehäuses sitzt. Deckel mit Feder montieren.
- Vergaserbatterie wieder anbringen.

TIPP Falls Vergaser getrennt waren: Vergaser auf ebener Unterlage ausrichten, obere und untere Haltewelle und Chokebetätigungswelle anbringen. Luftfiltergehäuse und Schläuche wieder anbringen.

- Leerlauf-, Abgleich- und Seilzugeinstellung vornehmen, siehe *Wartungskapitel 3.8*.

Bild 108
Vergasereinzelteile

1 Deckel
2 Feder
3 Federsitz
4 Düsennadel
5 Membrankolben
6 Nadeldüse
7 Düsennadelhalter
8 Hauptdüse
9 Leerlaufdüse
10 Schwimmernadelventil
11 Schwimmer
12 Schwimmerachse
13 Leerlaufschraube
14 Chokekolben
15 O-Ring
16 Ablass-Schraube
17 Schwimmerkammer
18 Leerlaufeinsteller
19 Unterdruckanschluss
20 Abgleichschraube
21 Vergaserschiene oben
22 Belüftungsschläuche
23 Kraftstoffschlauch
24 Verbindungsstück
25 Chokeschiene
26 Feder
27 Vergaserschiene unten
28 Unterdruckschlauch

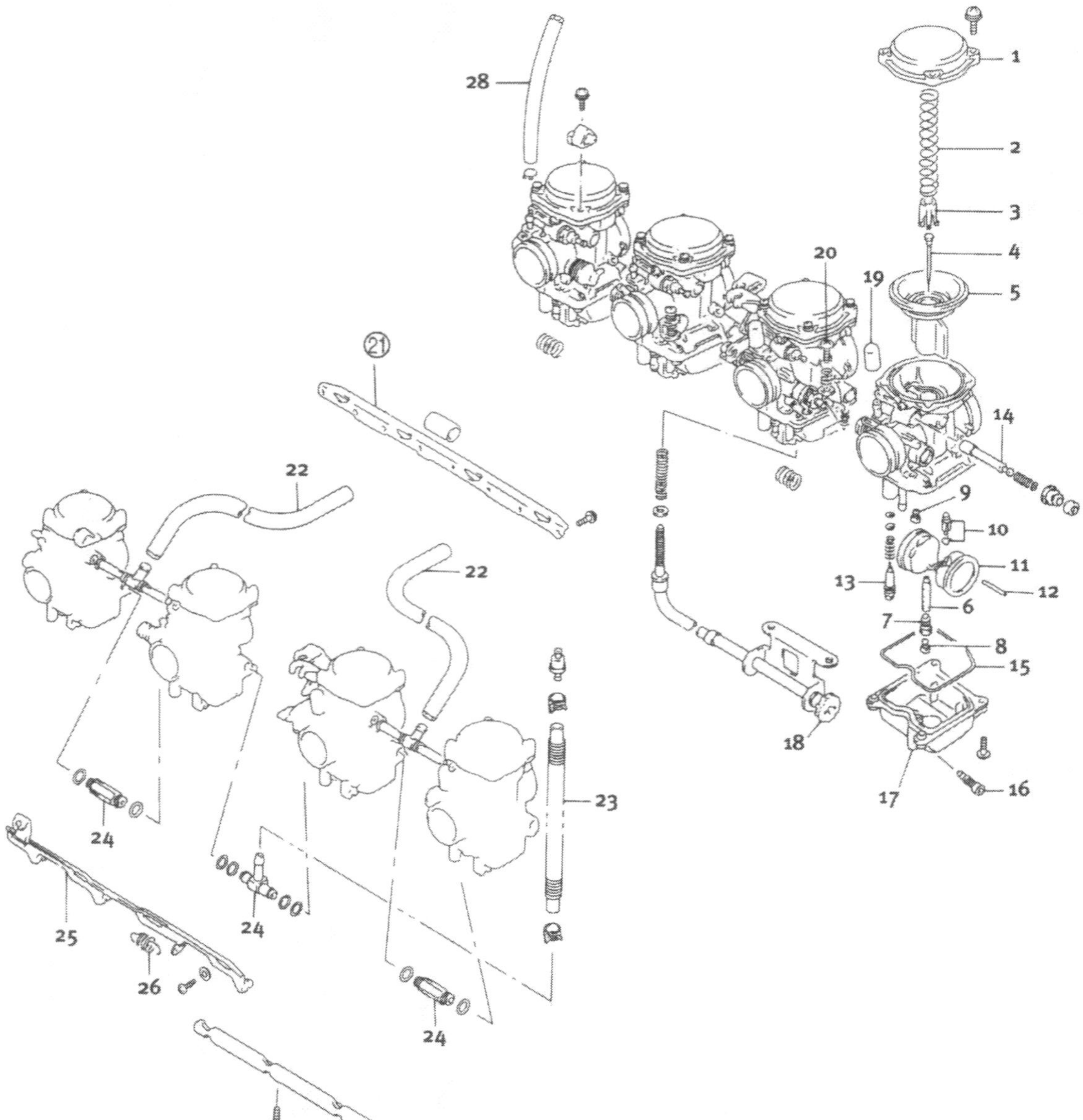

Starter

5.1 Ausbau

Der Starter kann bei eingebautem Motor ausgebaut werden.

⚠ Bei ausgeschalteter Zündung zuerst negatives Kabel der Batterie abklemmen, bevor Arbeiten am Starter vorgenommen werden.

- Ausbau des Generators – siehe *Kapitel 6*.
- **Bild 109**: Plus-Kabel von Starter trennen, zwei Befestigungsschrauben herausdrehen und Starter herausnehmen.
- Zwei Gehäuseschrauben ausdrehen, Rück- und Frontdeckel abnehmen.
- Anker vorsichtig herausführen.

⚠ Anzahl und die Lage der Belagscheiben notieren.

- Ausbau des Starterzwischenrads und des Starterfreilaufs – siehe *Kapitel 9*.

Bild 109
Starter
Pfeil Pluskabel
Kreise Befestigungsschrauben

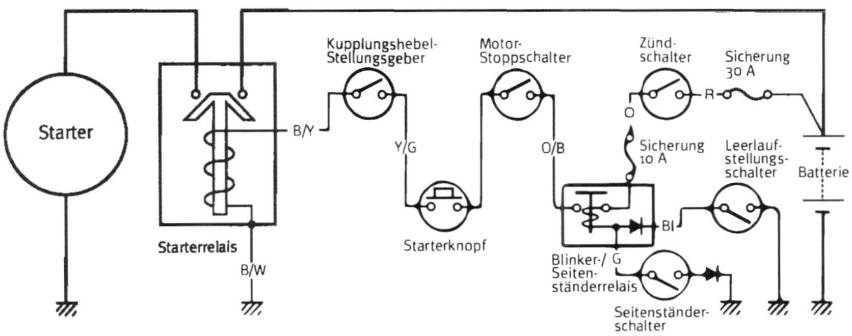

Bild 110
Startersystem

5.2 Prüfen und Vermessen

- **Bild 110**: Prinzipdarstellung des Startersystems.

👁 Profil- und O-Ringe auf Beschädigung überprüfen.

🔧 **Bild 111**: Bürstenlänge messen, Verschleissgrenze 6 mm.

🔧 **Bild 112**: Spalttiefe zwischen einzelnen Kollektorlamellen (Glimmerunterschneidung) muss mindestens 0,2 mm betragen. Gegebenenfalls mit Metallsägenblatt tiefer bringen. Anschliessend mit 400er Schmirgelleinen abziehen.

🔧 Es darf kein Stromdurchgang zwischen Kabelanschluss und Gehäuse bestehen. Stromdurchgang zur Minusbürste ist normal.

👁 **Bild 113**: Stromdurchgang zwischen einzelnen Kollektorlamellen ist normal, bei Stromdurchgang zwischen Kollektorlamelle und Ankerwelle Anker auswechseln.

👁 **Bild 114**: Kollektorlamellen dürfen keine Verfärbungen aufweisen; paarweise verfärbt deuten sie auf geerdete Ankerwicklungen hin. Zur Prüfung des Startmagnetschalters (Einbaulage unter rechter Seitenverkleidung) müssen, wie zu allen anderen aussagefähigen Messungen des Elektrik-Systems auch, die Stecker auf Wackelkontakte oder korrodierte Kontaktstifte untersucht werden. Minuskabel ① von Batterie abklemmen und Relaisdeckel ② abnehmen.

- **Bild 115**: Starterkabel ① und Batteriekabel ② abnehmen, dann Stecker ③ vom Relais abziehen.

🔧 **Bild 116**: 12-V-Batterie an Pole »A« und »B« anschliessen und Durchgang zwischen Plus- und Minuspol prüfen. Es muss Durchgang bestehen.

🔧 **Bild 117**: Widerstand der Spule messen: Standardwert 3–6 Ω.

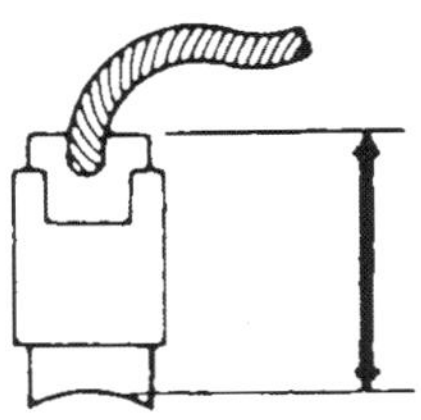

Bild 111
Bürstenlänge messen

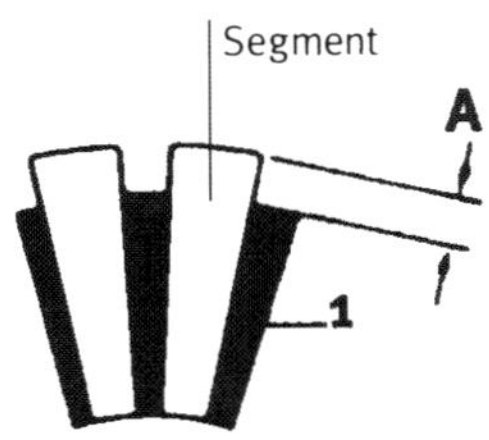

Bild 112
Glimmerunterschneidung messen
1 Glimmer
A Höhe

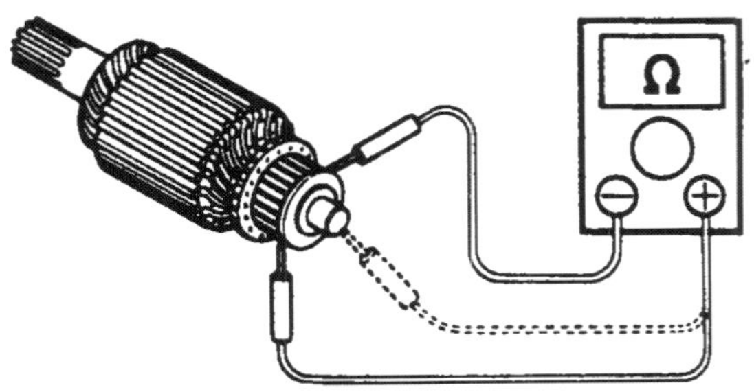

Bild 113
Anker auf Erdung und Stromunterbrechung prüfen

Vorsicht! ⚠
Aufgepasst!

Bild 114
Einbaulage Starterrelais
1 Minuskabel
2 Relaiskappe
3 Stecker des Seitenständerschalters
4 Stecker des Leerlaufschalters

Bild 115
1 Starterkabel
2 Batteriekabel
3 Relaisstecker

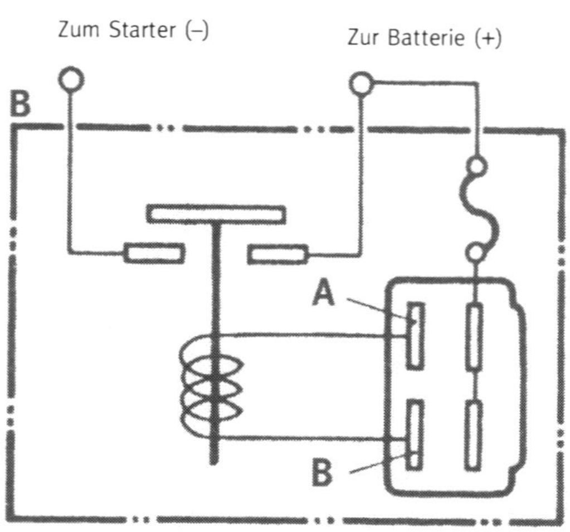

Bild 116
Durchgangsprüfung
A Pluspol
B Minuspol

5.3 Montage

Bild 118

TIPP Damit Anker ohne Beschädigung der Kohlebürsten montiert werden kann, Bürstenfedern und Bürsten beim Einführen des Ankers in Führungen eindrücken (geht am besten mit vier Händen).

- Anker mit der beim Ausbau notierten Anzahl von Beilagscheiben in Gehäuse einführen.
- Bürstenhalterplatte so in Gehäuse einsetzen, dass Markierungen fluchten.
- O-Ring geölt in Nut des Frontdeckels einsetzen, Starter an Motorgehäuse einbauen und anschliessen.

Bild 117
Spulen-Widerstandsmessung

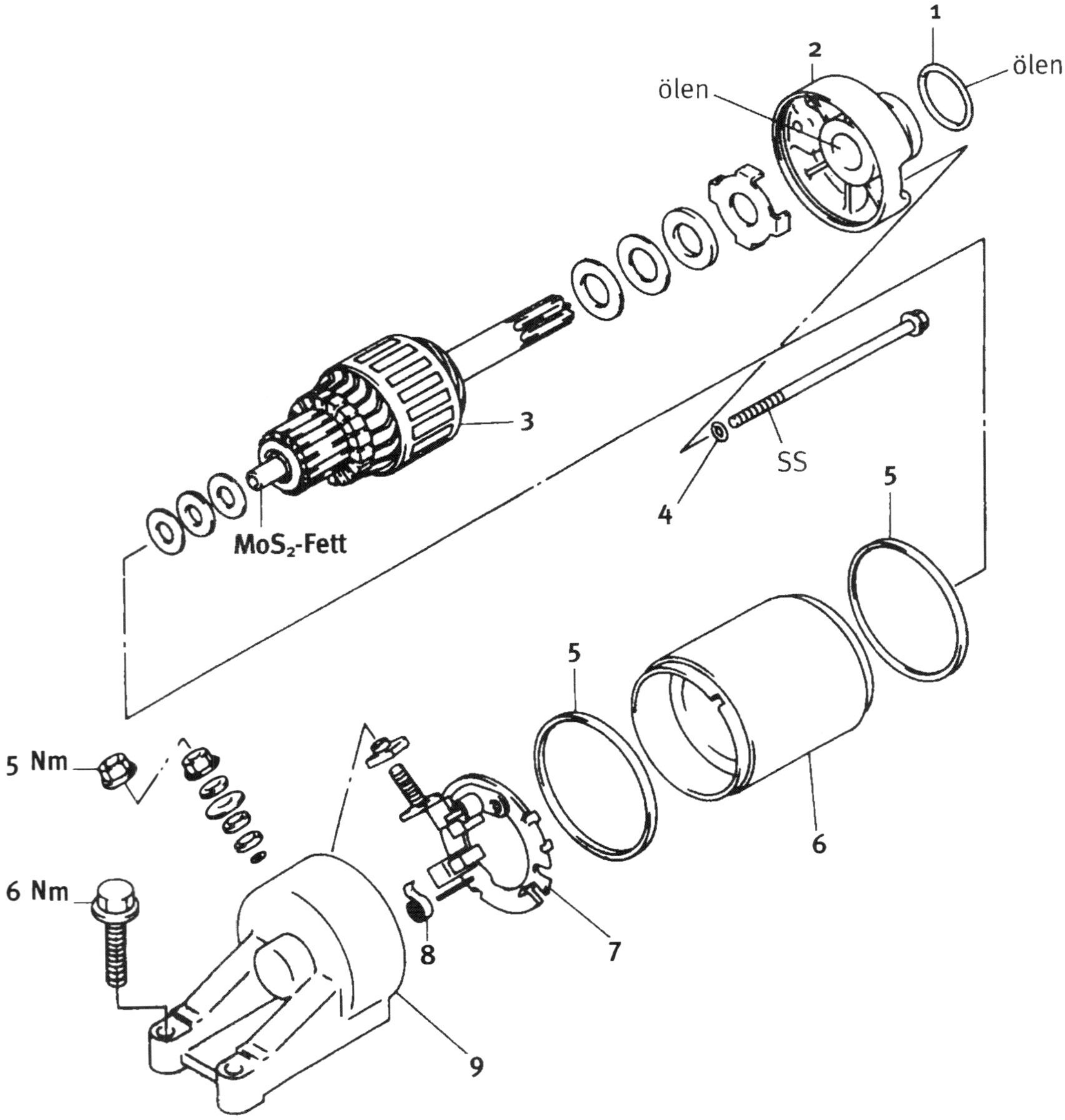

Bild 118
Starter-Einzelteile

1 O-Ring
2 Gehäusedeckel innen
3 Anker
4 O-Ringe (2 Stück)
5 O-Ringe (2 Stück)
6 Gehäuse
7 Bürstenhalter
8 Bürstenfeder (2 Stück)
9 Gehäusedeckel aussen
SS Schraubensicherung

Generator

6.1
Ausbau

- Generator muss zur Erneuerung von Regler und Kohlebürsten und zur Prüfung der Leistung nicht ausgebaut werden.
- **Bild 119**: Klemmschraube lösen und Schaltgestänge abnehmen. Sechs Innensechskantschrauben ausdrehen und Ritzelabdeckung abnehmen.
- Minuskabel von Batterie abnehmen.
- **Bild 120**: Starterkabel ①, Generatorkabel ② und Steckverbindung ③ abnehmen.

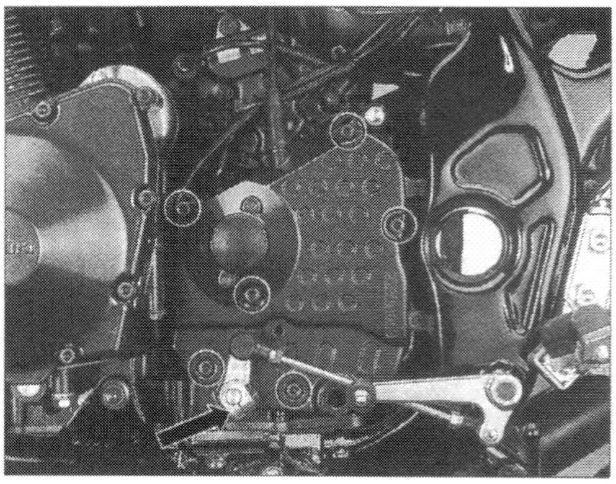

Bild 119
Pfeil Klemmschraube des Schaltgestänges
Kreise Deckelschrauben

Bild 120
1 Starterkabel
2 Generatorkabel
3 Stecker

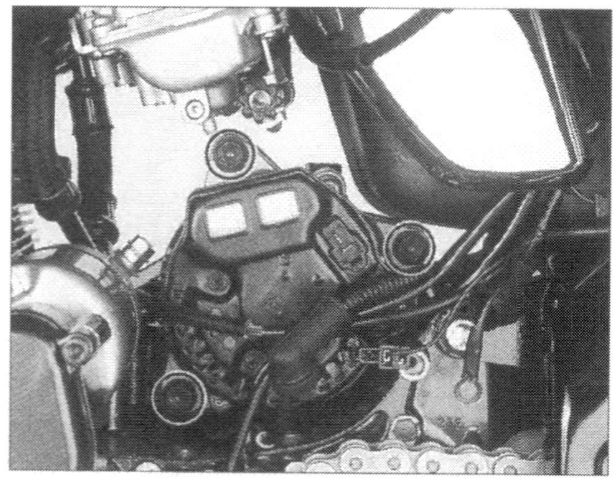

Bild 121 ➤
Kreise Generator-Befestigungsschrauben

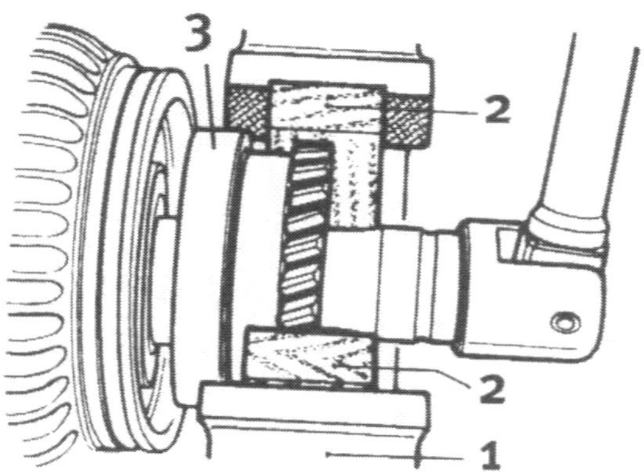

Bild 122
Abtriebsrad in Schraubstock einspannen
1 Schraubstock
2 Holzklötze
3 Dämpfergehäuse

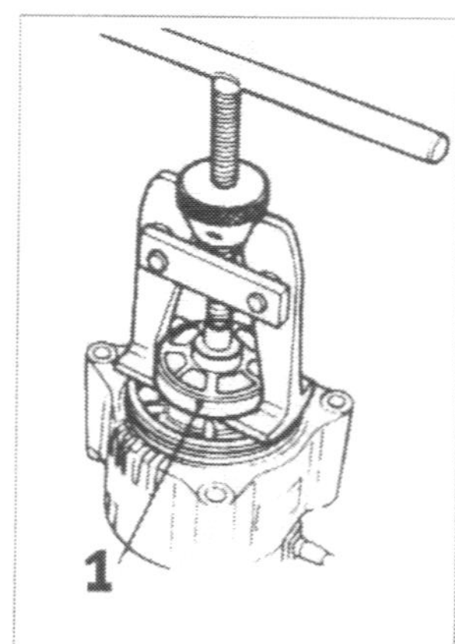

Bild 123 ➤
Dämpfergehäuse abziehen
1 Dämpfergehäuse

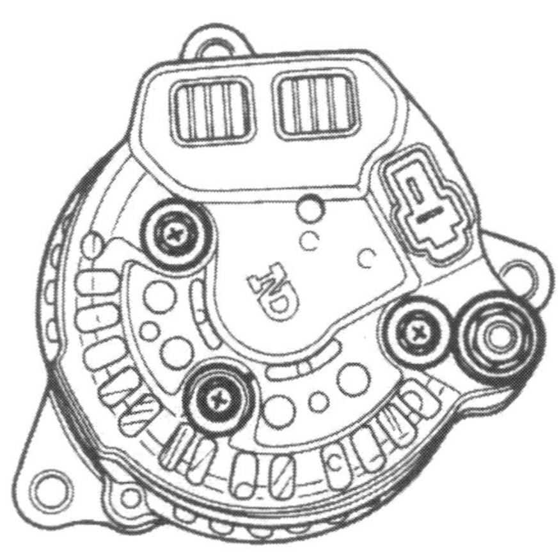

Bild 124
Gehäusemutter und Gehäuseschrauben

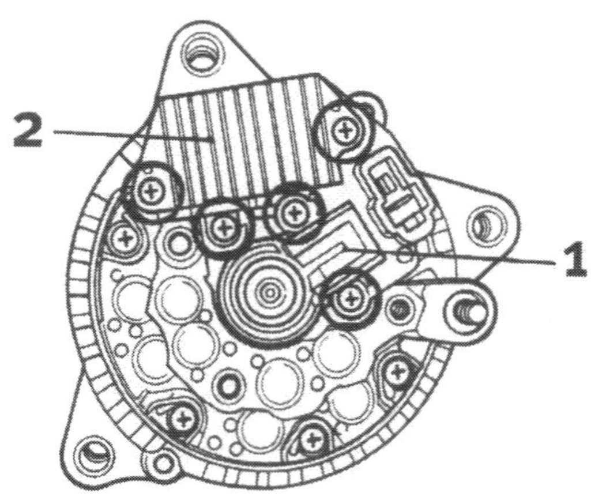

Bild 125 ➤
1 Bürstenträger
2 IC-Regler
Kreise Befestigungsschrauben

- **Bild 121**: Drei Befestigungsschrauben ausdrehen und Generator abnehmen.
- **Bild 122**: Generator-Abtriebsrad, zwischen zwei Holzklötze geklemmt, in Schraubstock einspannen und Befestigungsmutter ausdrehen.

⚠ Schraubstockbacken dürfen das Dämpfergehäuse nicht berühren!

- **Bild 123**: Dämpfergehäuse mittels Lagerabzieher vom Generator entfernen.
- **Bild 124**: Drei Gehäuseschrauben und eine Gehäusemutter ausdrehen und Lagerschild abnehmen.
- **Bild 125**: Bürstenhalter ① und IC-Regler ② ausbauen.
- **Bild 126**: Befestigungsschrauben der Statorwicklungsanschlüsse ausdrehen. Statorwicklungsanschlüsse mit Flachzange vorsichtig geradebiegen und Gleichrichter ausbauen.
- **Bild 127**: Zwei Befestigungsmuttern an Gehäuserückseite ausdrehen und Gehäusehälften trennen.

6.2 Prüfen und Vermessen

Vollständiger Stromlaufplan siehe Ausklappseite am Buchende.

Bild 128: Vor Prüfung des Ladesystems müssen die Stecker auf Wackelkontakte oder korrodierte Kontaktstifte untersucht werden.

Zur Messung der Regelspannung muss die Batterie in gutem Zustand (Batteriespannung mindestens 12,8 V) und Motor auf Betriebstemperatur sein.

- **Bild 129**: Voltmeter an Batterie (positive Messspitze an Pluspol; negative an Minuspol) anschliessen. Drehzahl allmählich erhöhen.
- Spannung muss sich bei 5000/min auf mindestens 13,5 Volt einregeln.
- **Bild 128**: Falls sich Regelspannung nicht einstellt und auch Ladespulen in Ordnung sind, Anschlüsse des Reglers kontrollieren. Gegebenenfalls Regler ersetzen.

Bild 130 und **Bild 131**: Widerstand der Statorspulenanschlüsse untereinander messen. Spulen sind in Ordnung, wenn Durchgang besteht (Sollwert 0,2 Ω).

Bürstenlänge muss mindestens 5 mm betragen.

Bild 132: Feldwicklungen des Generators sind in Ordnung, wenn kein Masseanschluss besteht und Stromdurchgang (Sollwert 4 Ω) zwischen Schleifflächen besteht.

TIP Verschmutzte Schleifring-Laufflächen mit 400er-Schmirgelleinen abziehen und mit sauberem, trockenem Tuch abwischen.

Bild 133: Aussendurchmesser des Schleifrings muss minimal 14,0 mm betragen.

Bild 134: Länge der Kohlebürsten messen. Verschleissgrenze 4,5 mm.

Bild 135: Zur Prüfung des Reglers ein Prüfkabel des Widerstandmessgeräts an Anschlüsse ①, das andere Prüfkabel an Massepunkte ② des Reglers legen. Nach jeder Messung Prüfkabel vertauschen. Bei einer der beiden Messungen muss jeweils Durchgang, bei anderer unendlich hoher Widerstand (kein Durchgang) angezeigt werden.

Bild 136: Vier weitere Messungen nach selbem Schema zwischen Anschlüssen ① und Anschlüssen P1, P2, P3 und P4 durchführen.

Bild 137: Durchgang am IC-Regler zwischen Anschlüssen »B« und »F« prüfen. Es darf nur in einer Richtung Durchgang bestehen.

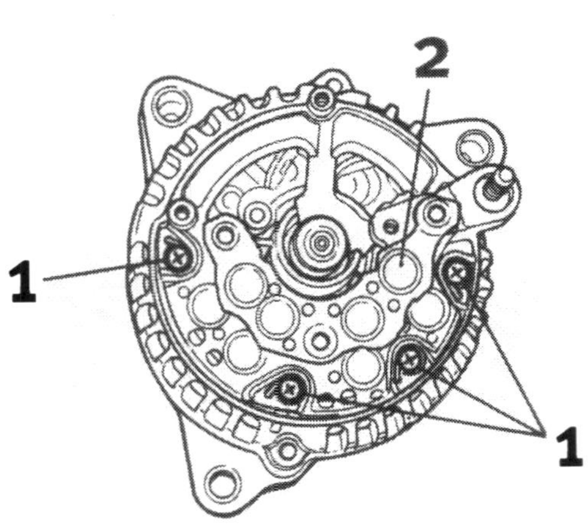

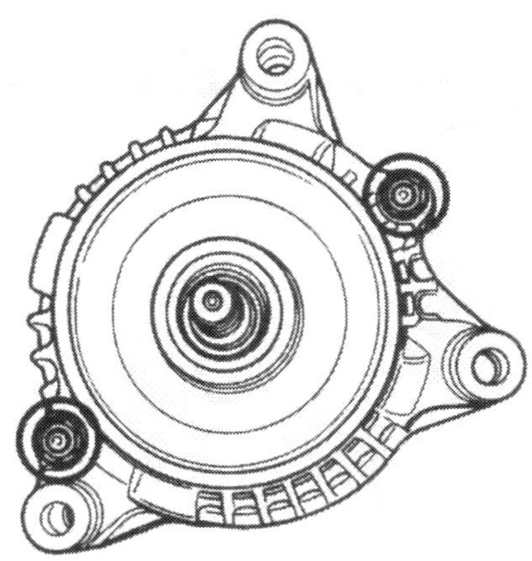

◄ **Bild 126**
1 Befestigungsschrauben der Statorwicklungsanschlüsse
2 Gleichrichter

Bild 127
Kreise Befestigungsmuttern an Gehäuserückseite

Bild 128
Ladesystem
1 Rotor
2 Rotorspule
3 Statorspule
4 Schleifringe
5 Bürsten
6 IC-Regler
7 Bürstenhalter
B Batterieanschluss
IG Zündungsanschluss
F Rotorspulenanschluss
P Statorspulenanschluss
E Masse

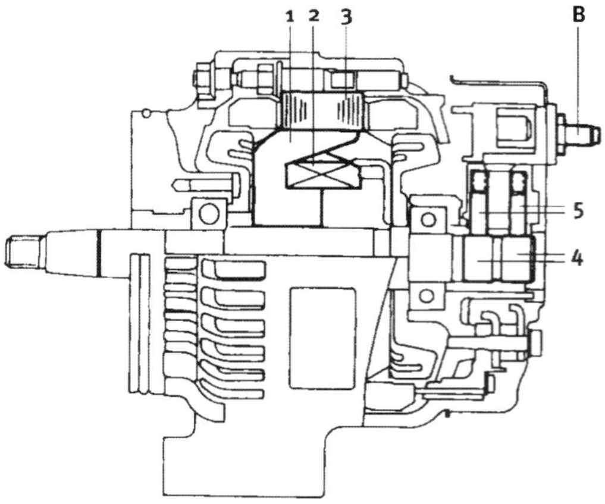

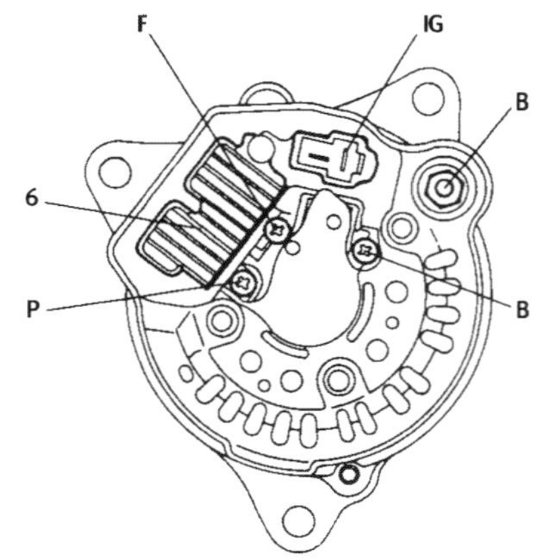

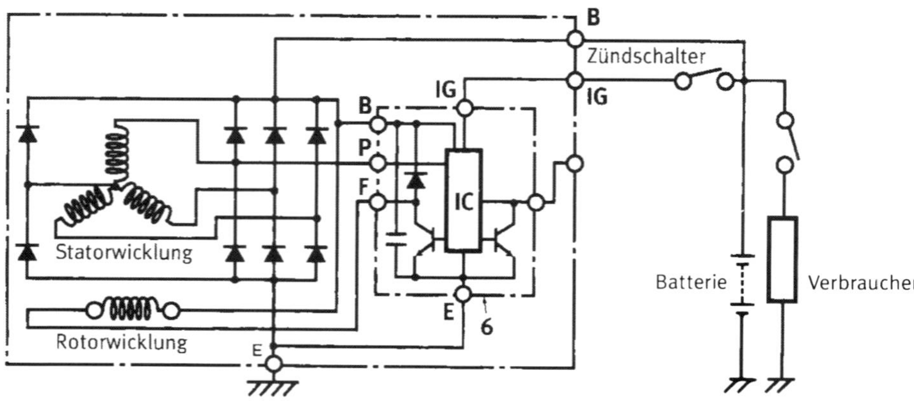

Bild 129
Ladeleistung-Prüfschema

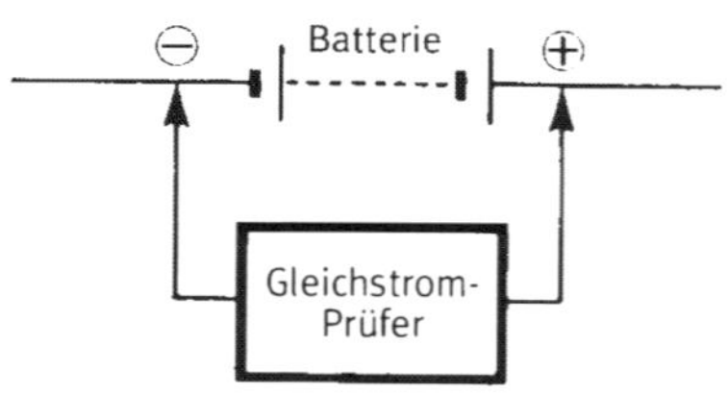

Bild 130 ➤
Statorspulenanschlüsse

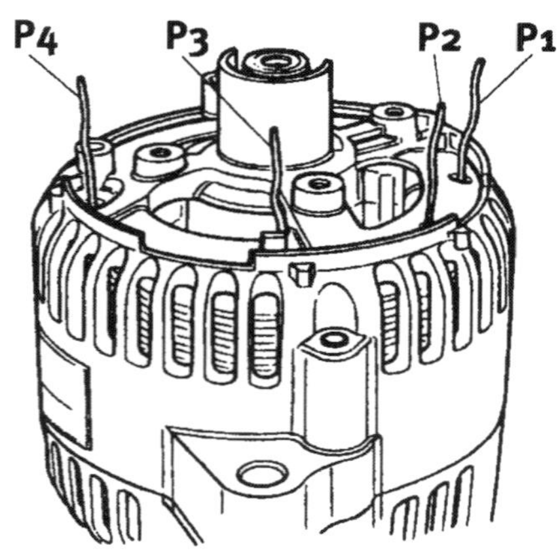

Bild 131
Widerstand der Statorspulen messen

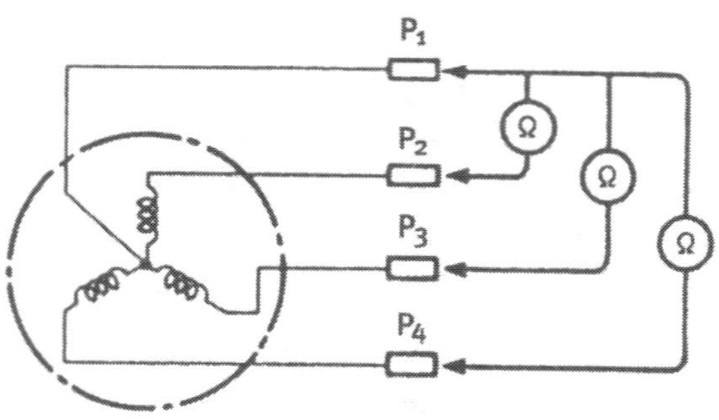

Bild 132
Stromdurchgang messen

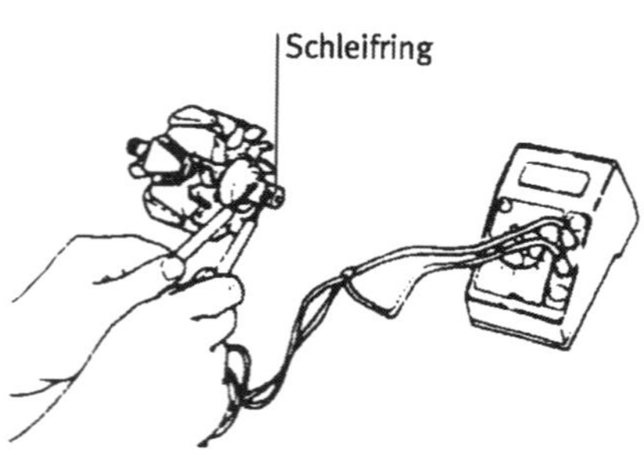

Bild 133 ➤
Schleifring-Durchmesser prüfen

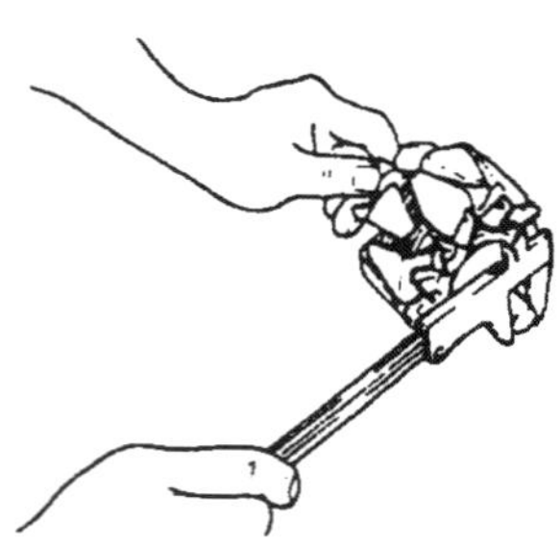

Bild 134 ➤➤
Länge der Kohlebürsten messen

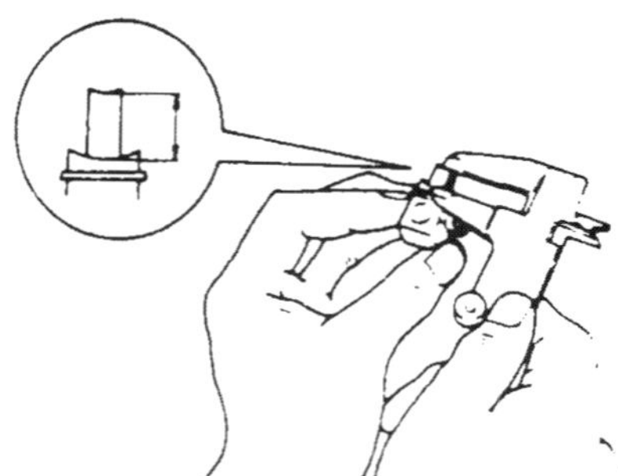

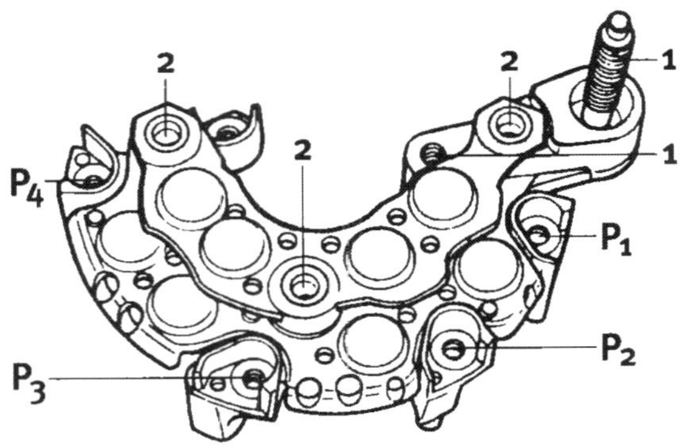

Bild 135
Gleichrichter-Anschluss-Belegung
1 Anschlussklemmen
2 Massepunkte

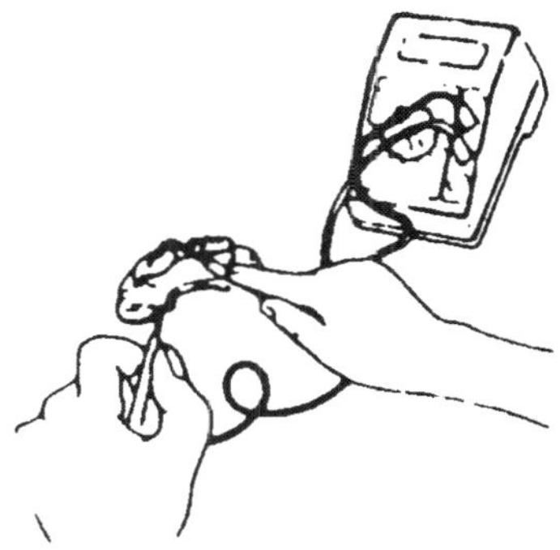

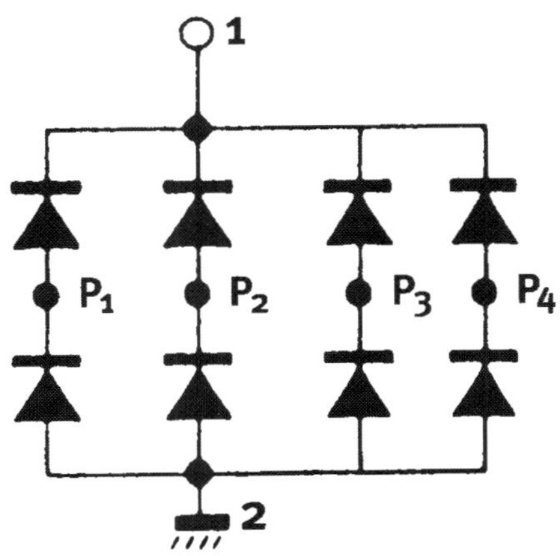

Bild 136
Gleichrichter-Prüfschema
1 Anschlüsse
2 Masse

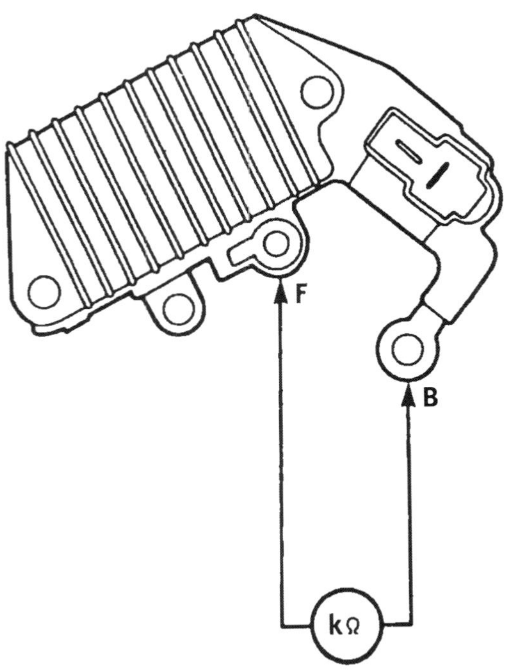

Bild 137
IC-Regler auf Durchgang prüfen
F Rotorspulenklemme
B Batterieklemme

Vorsicht! ⚠
Aufgepasst!

6.3 Montage
Bild 139

TIPP **Bild 138**: Vor Einbau des schleifringseitigen Lagers Nase des Spreizrings auf Mitte des Lageraussenrings ausrichten.

- Gleichrichter befestigen und Statorspulenanschlüsse anbringen.
- IC-Regler und Bürstenhalter anbringen. (Deckel aufsetzen und Befestigungsschrauben eindrehen.)
- Generator-Abtriebsrads montieren (60 Nm).
- **Bild 140**: Mutter des Abtriebsrads mit Körnerschlag sichern.
- Generator an Motorgehäuse anbringen. Dabei darauf achten, dass Rotor richtig in Antriebswelle eingreift und drei Befestigungsschrauben eindrehen.
- Starter- und Generatorkabel wieder anschliessen.

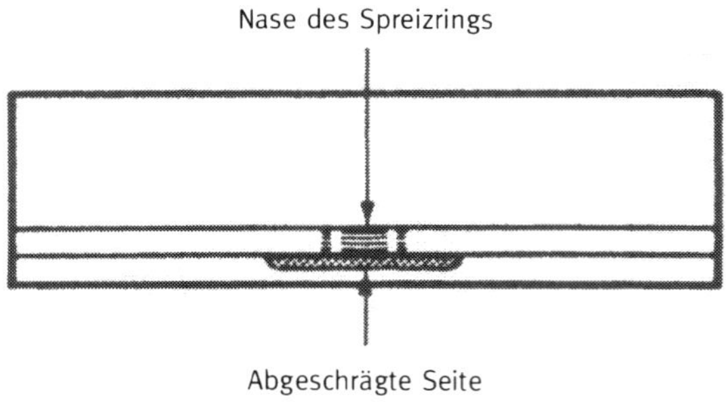

Bild 138
Lagereinbau

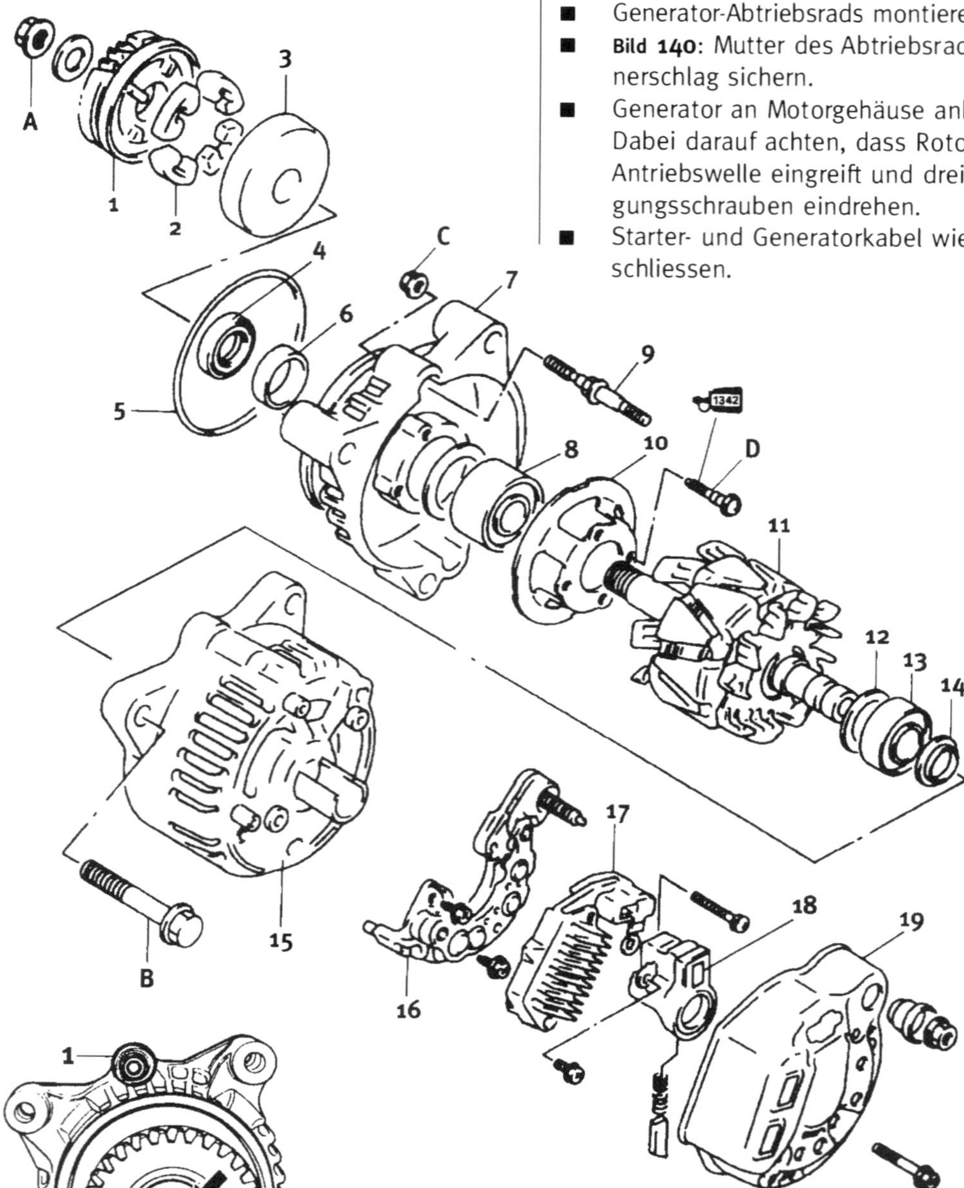

Bild 139
Generator-Bauteile

1	Abtriebsrad
2	Dämpfer (4 Stück)
3	Dämpfergehäuse
4	Dichtring
5	O-Ring
6	Distanzstück
7	Gehäuse
8	Lager
9	Gewindebolzen
10	Halterung
11	Rotor
12	Lagerdeckel Nr. 2
13	Lager (Schleifringseite)
14	Lagerdeckel Nr. 1
15	Generatorgehäuse
16	Gleichrichter
17	IC-Regler
18	Bürstenträger
19	Lagerschild
A	60 Nm
B	25 Nm
C	4,6 Nm
D	2,5 Nm

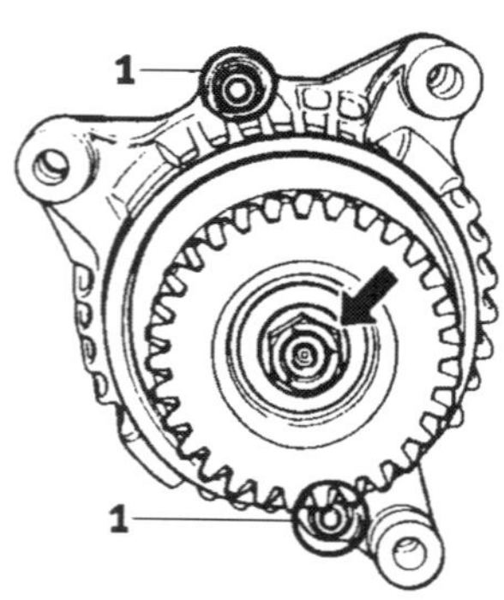

Bild 140
Generator montieren

1	Gehäusemuttern
Pfeil	Befestigungsmutter des Abtriebsrads

Zündsystem

7.1 Ausbau

- *Prinzipdarstellung des Zündsystems siehe* **Bild 141**
- *Einbaulage der Zündspulen siehe* **Bild 142**
- *Einbaulage der Zündbox siehe* **Bild 143**

- **Bild 144**: Zur Widerstandsmessung des Zündimpulsgebers Stecker trennen und Kabel freilegen.
- **Bild 266** und **Bild 267**: Ausbau von Zündimpulsgeberrotor und Zündimpulsgeberstator – *siehe Kapitel 13.1.*

7.2 Prüfen und Vermessen

Zur Prüfung der Primär-Spitzenspannung der Zündspulen bei voll geladener Batterie neue Zündkerzen in Zündkerzenstecker einstecken und an Kurbelgehäuse erden.

Bild 145: Multiprüfer mit Spannungsadapter an Anschlussstecker der Zündspule für Zylinder Nr. 1 und Nr. 4 (schwarzes Kabel) anschliessen. Getriebe in Leerlaufstellung bringen, Zündung einschalten und Kupplungshebel ziehen. Starter betätigen, Motor einige Sekunden durchdrehen lassen und Primär-Spitzenspannung messen. Vorgang mehrfach wiederholen, um höchsten Wert zu ermitteln. Wert muss über 140 V liegen. Anschliessend Vorgang bei Zündspule für Zylinder Nr. 2 und Nr. 3 (schwarzes Kabel mit weissem Kennfaden) wiederholen. Wert muss über 140 V liegen.

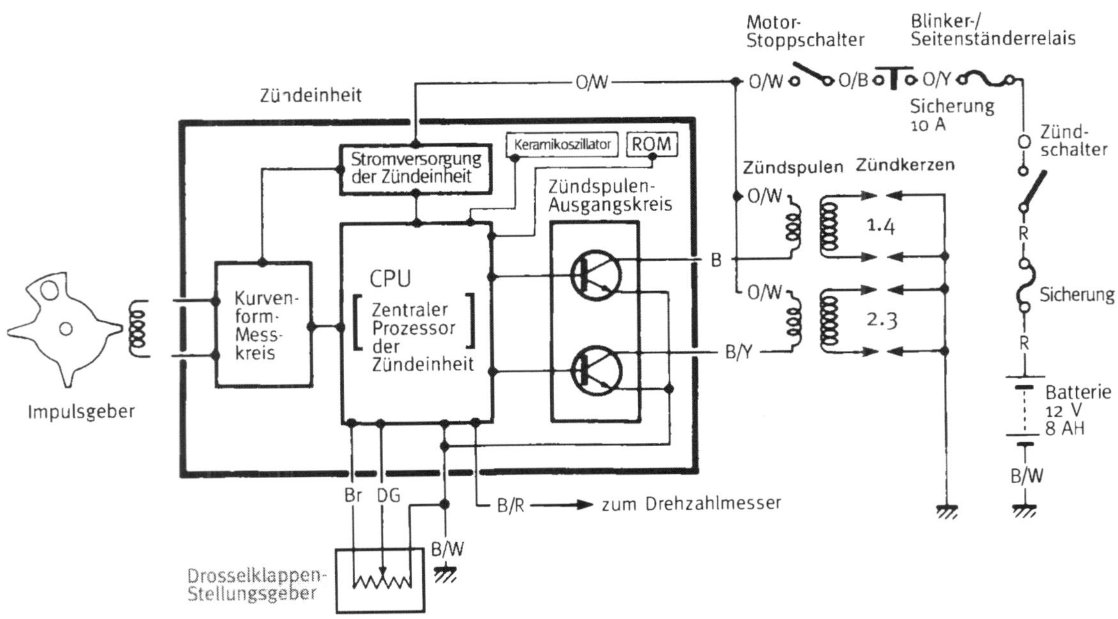

Bild 141
Zündsystem

Kabelfarben

G	Grün
S	Schwarz
O	Orange
R	Rot
Br	Braun
Dg	Dunkelgrün
O/W	Orange mit weissem Kennfaden
B/Y	Schwarz mit gelbem Kennfaden
O/Y	Orange mit gelbem Kennfaden
O/B	Orange mit schwarzem Kennfaden
B/R	Schwarz mit rotem Kennfaden
B/W	Schwarz mit weissem Kennfaden

◄ **Bild 142**
Einbaulage der Zündspulen

Bild 143
Einbaulage der Zündbox
1 Zündbox
2 Steckverbindung

Kupplung und Schaltautomat

8.1
Ausbau

Die Kupplung kann bei eingebautem Motor ausgebaut werden. Falls kein Kupplungskorbhalter zur Verfügung steht, kann mittels gebremstem Hinterrad Hauptwelle blockiert werden.

- Motoröl ablassen oder Maschine nach links lehnen.

8.1.1
Schaltautomat

- **Bild 119**: Klemmschraube am Schaltarm lösen und Schaltarm von Welle abziehen.
- Befestigungsschrauben des Ritzeldeckels ausdrehen und Deckel abnehmen.
- **Bild 149**: Ausrückmechanismus an Deckelinnenseite auf Leichtgängigkeit prüfen. Gegebenenfalls Befestigungsschrauben ausdrehen und Ausrückmechanismus aus bauen. Auf Verbleib der Rückholfeder achten.
- Übrige Bauteile nach Ausbau der Kupplung ausbauen (*Kapitel 8.1.3*)

8.1.2
Kupplung

- **Bild 150**: Gehäusedeckelschrauben (Innensechskant SW 5) schrittweise über Kreuz ausdrehen. Deckel abnehmen.
  Falls schwergängig, vorsichtig Gummihammer zu Hilfe nehmen. Auf Verbleib der zwei Passhülsen achten.
- **Bild 151**: Befestigungsschrauben der Kupplungsfedern schrittweise über Kreuz ausdrehen. Bei ausgebautem Motor Starterkupplung mit Spezialwerkzeug blockieren (*siehe Kapitel 9.1;* **Bild 181**), ohne dabei die Befestigungsschraube der Starterkupplung auszudrehen.

Bild 149
Ausrückmechanismus
Kreise Befestigungsschrauben
Pfeil Rückholfeder

Bild 150
Kupplungsdeckel
Kreise Deckelschrauben

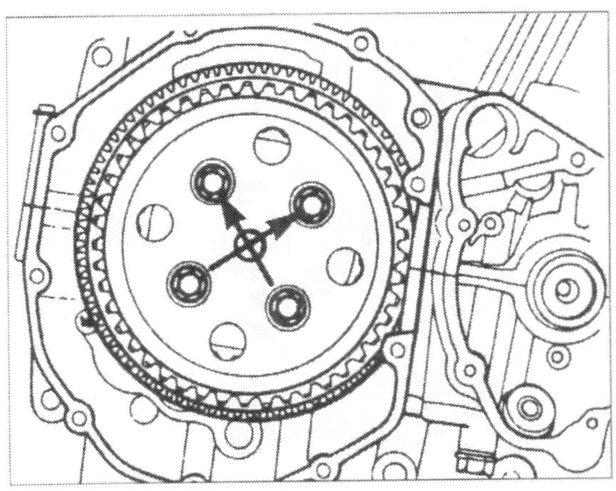

Bild 151
Befestigungsschrauben der Kupplungsfedern über Kreuz ausdrehen

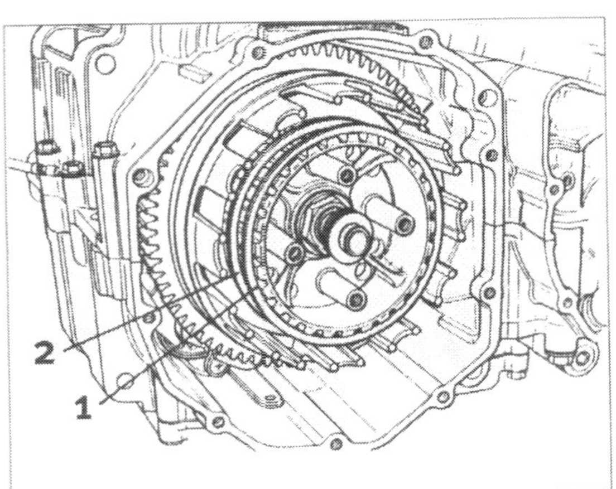

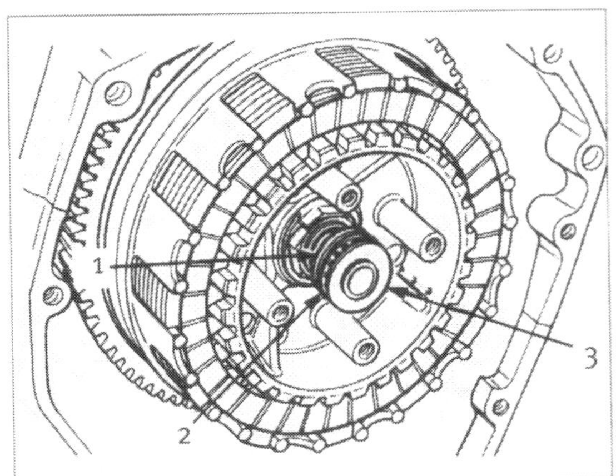

◄ **Bild 152**
1 Federscheibe
2 Federscheibensitz

Bild 153
Ausrücklager abnehmen
1 Lager
2 Ausrücklager
3 Druckstück

8 Kupplung und Schaltautomat
8.1 Ausbau

Vorsicht! ⚠
Aufgepasst!

Bild 154
4 Kupplungsdruckstange an rechter Gehäuseseite
5 Kupplungsdruckstange an linker Gehäuseseite

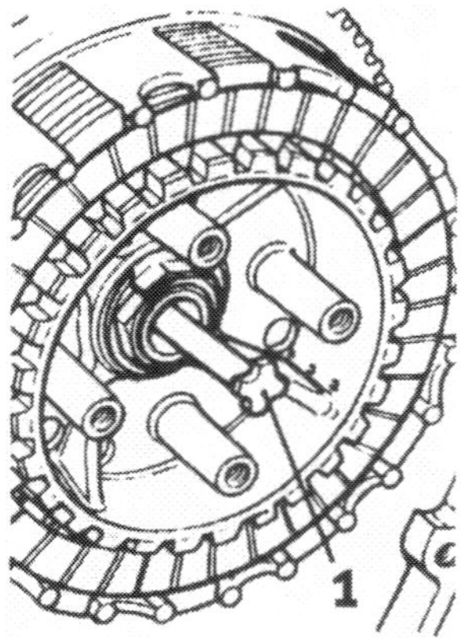

Bild 155 ➤
Mit Kupplungskorb-Halter gegenhalten

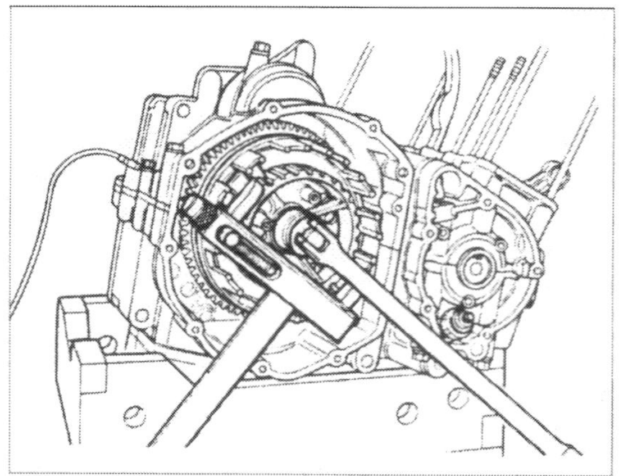

Bild 156
1 Unterlegscheibe
2 Scheibensitz
3 Kupplungsnabe

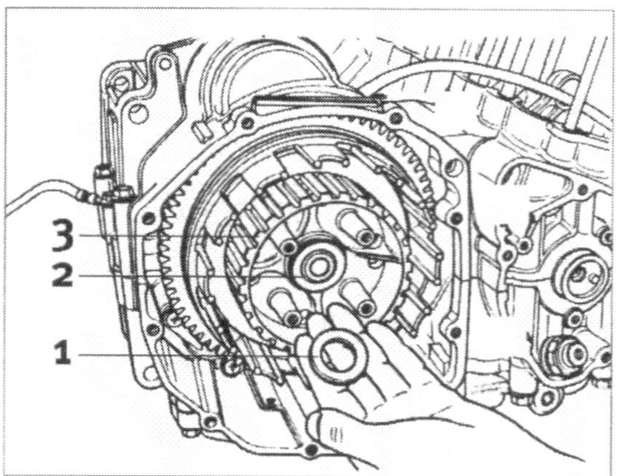

Bild 157 ➤
1 Druckscheibe

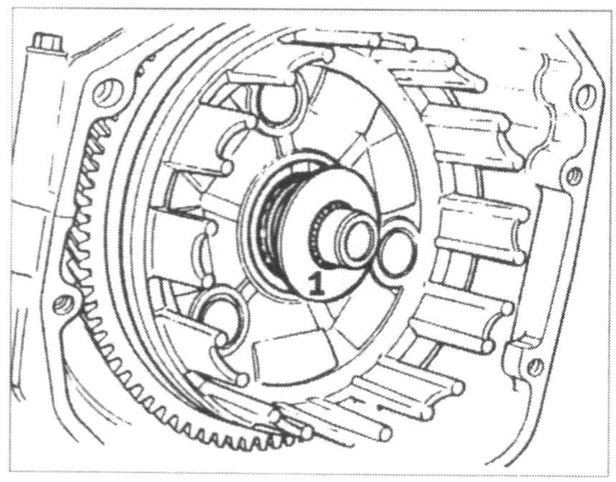

Bild 158
Distanzhülse samt Nadellager abnehmen

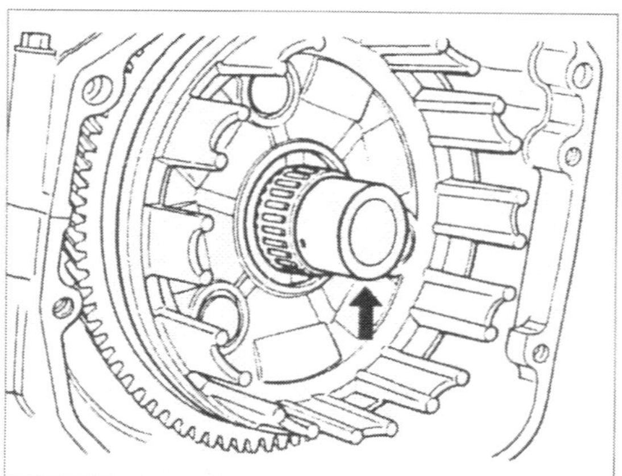

Bild 159 ➤
1 Druckscheibe

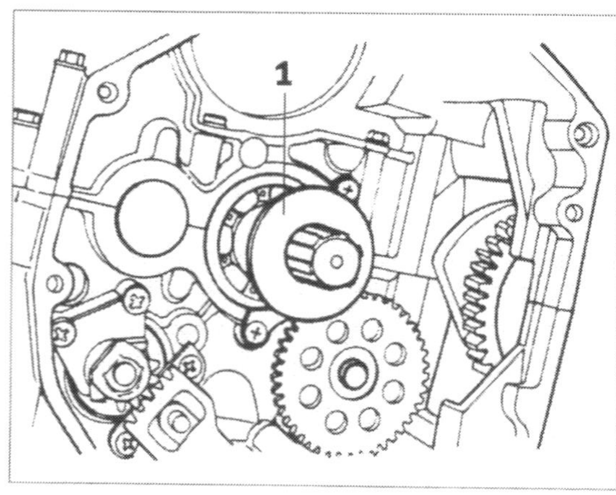

Bild 160
Schalthebelwelle: Sicherungsring ausfedern

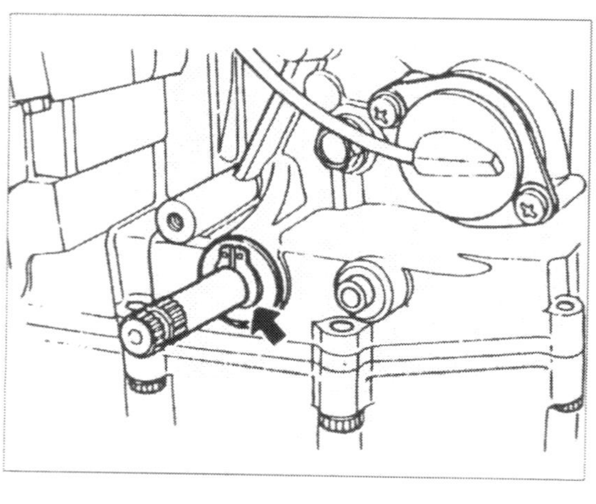

Bild 161 ➤
Schaltmechanismus
1 Schaltwelle
2 Ratsche
3 Klaue
4 Stift
5 Feder

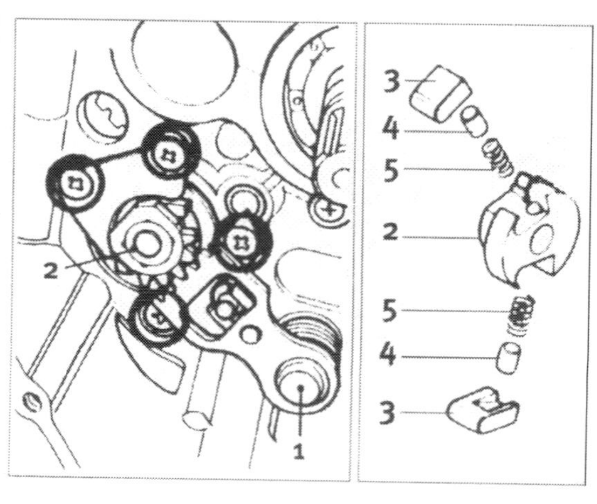

- Druckplatte, Stahl- und Reibscheiben abnehmen.
- **Bild 152**: Federscheibe ① und Federscheibensitz ② abnehmen.
- **Bild 153**: Druckscheibe ①, Ausrücklager ② und Druckstück ③ abnehmen.
- **Bild 154**: Druckstange ④ an Kupplungsseite entnehmen. Bei ausgebautem Ritzeldeckel auch Druckstange ⑤ an linker Gehäuseseite entnehmen.
- **Bild 155**: Mit Universalkupplungsnabenhalter Kupplungsnabe (Innenkorb) gegenhalten und Kupplungsmutter ausdrehen.
- **Bild 156**: Unterlegscheibe, Scheibensitz und Kupplungsnabe abnehmen.
- **Bild 157**: Druckscheibe ① entfernen.
- **Bild 158**: Kupplungskorb von Hand hin- und herruckeln, damit Korbführungshülse (Distanzhülse) vorsteht und zusammen mit Nadellager abgenommen werden kann. Dabei Kupplungskorb festhalten, damit Korb nicht auf Hauptwelle »kracht«. Kupplungskorb vorsichtig herausführen.
- **Bild 159**: Auf Verbleib der Druckscheibe ① achten.

8.1.3
Schaltautomat-Fortsetzung

- **Bild 160**: Sicherungsring von Schaltwelle aushebeln.
- **Bild 161**: Schaltwelle ① nach rechts herausziehen. Schaltratschenbleche nach Ausdrehen der vier Befestigungsschrauben abnehmen und Schaltratsche ② abnehmen.
- **Bild 161**: Beim Ausbau der Ratsche auf Verbleib der Kleinteile achten.

8.2
Prüfen und Vermessen

Bild 162: Dicke der Kupplungsreibscheiben mit Messschieber messen.

Sollwert Reibscheiben
Nr. 1 (7 Stück) 2,92 bis 3,08 mm
Nr. 2 (1 Stück) 3,42 bis 3,58 mm

Reib- und Stahlscheiben auswechseln, wenn sie Anzeichen von Riefen oder Verfärbung aufweisen.

Bild 163: Stahlscheiben auf Richtplatte mit Fühlerlehre auf Verzug prüfen. Verschleissgrenze 0,10 mm.

⚠ Scheiben immer im Satz auswechseln.

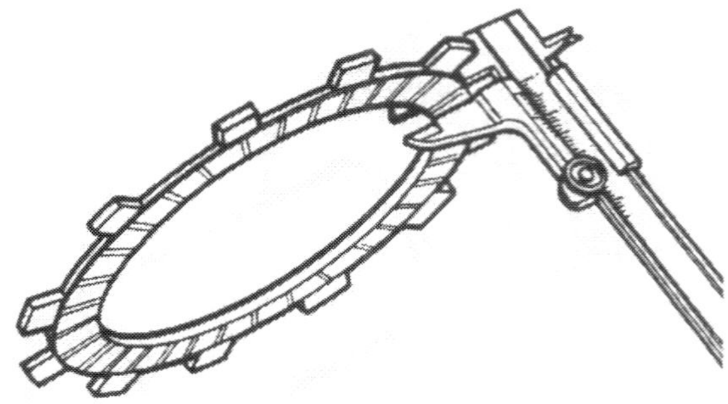

Bild 162
Belagscheibendicke messen

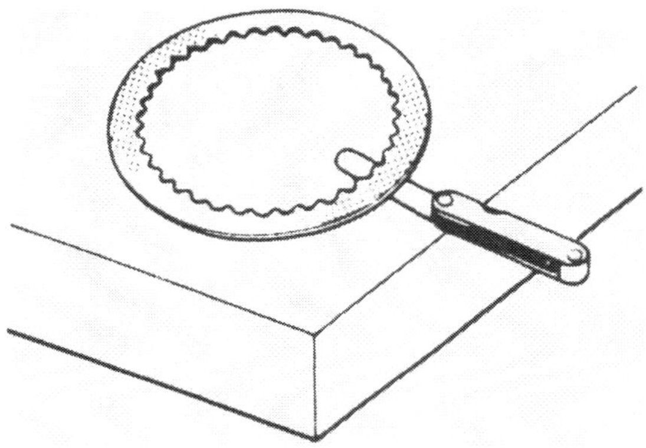

Bild 163
Stahlscheiben-Verzug messen

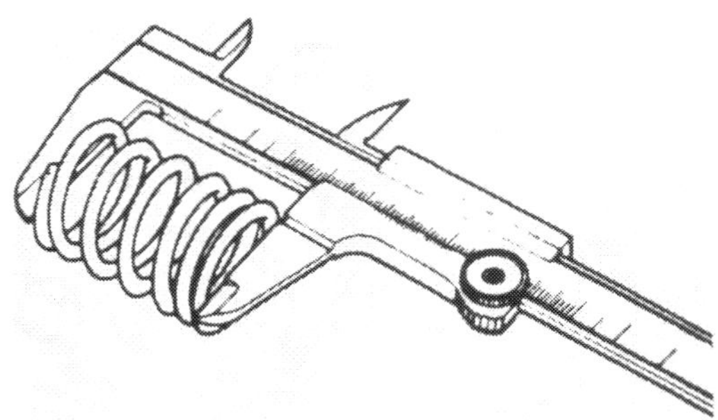

Bild 164
Freie Federlänge messen

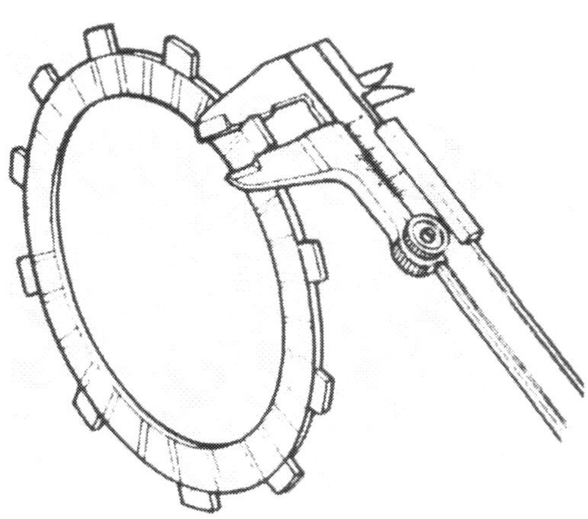

Bild 165
Klauenbreite messen

Vorsicht! ⚠
Aufgepasst!

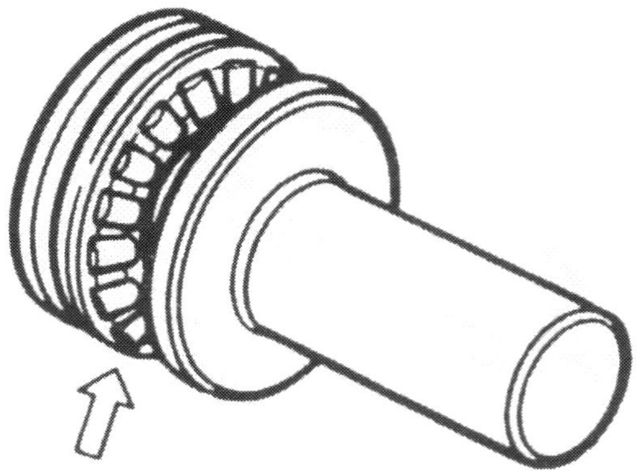

Bild 166
Ausrücklager

Bild 167
Ausrückmechanismus
Pfeil Ausrückschnecke

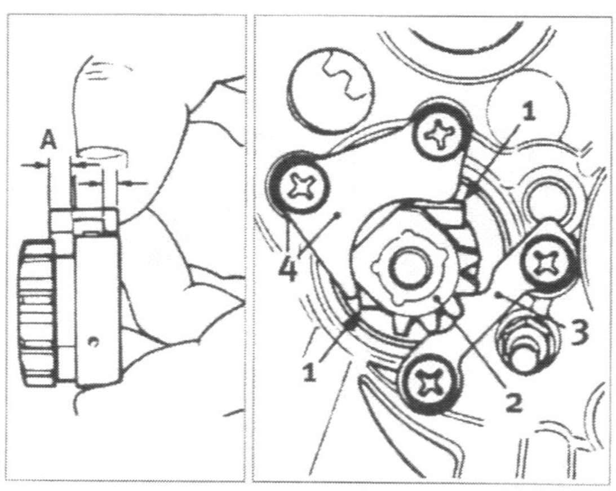

Bild 168
A Abstandsmass
1 Sperrklinke
2 Ratsche
3 Nockenführung
4 Halteblech

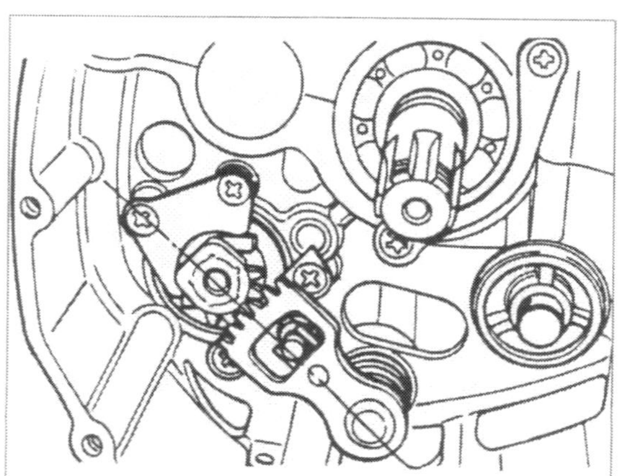

Bild 169
Ratsche richtig mit Schaltwelle verzahnen

Bild 164: Ungespannte Länge der Kupplungsfedern messen.
Verschleissgrenze 47,6 mm.

⚠ Kupplungsfedern im Satz wechseln.

Bild 165: Klauenbreite der Kupplungsreibscheiben messen.
Verschleissgrenze 15,1 mm.

Bild 166: Ausrücklager auf Beschädigung oder Verschleiss prüfen.

Druckstange darf maximal 0,3 mm Schlag aufweisen.

Schlitze in Kupplungskorb und -Nabe dürfen keine von Scheiben verursachten Riefen, Kerben oder Scharten aufweisen. Gegebenenfalls mit Schlüsselfeile begradigen.

Zahnräder von Kupplung, Primärtrieb und Ölpumpen-Antrieb auf aussergewöhnliche und übermässige Abnutzung/Beschädigung untersuchen.
Auch bei aussergewöhnlichen Geräuschen beim Ablaufen Zahnräder paarweise ersetzen.

Kupplungsausrücklager auf ruckfreien ungehinderten Lauf prüfen (Fingerprobe).

Bild 167: Falls Ausrückmechanismus ausgebaut wurde, Ausrückschnecke fetten und Rückholfeder auf Ermüdung prüfen.

Klauen und Zapfen der Schaltratsche und Welle auf Beschädigung oder übermässigen Verschleiss untersuchen. Gegebenenfalls ersetzen.

8.3 Montage

8.3.1 Schaltautomat

- **Bild 168**: Ratschenmechanismus in Schaltwalze einsetzen. Darauf achten, dass breitere Schulter »A« der Mitnehmerklinken nach aussen weist.
- Befestigungsschrauben der Schaltwalzen-Arretierungsbleche »C« und »D« mit flüssiger Schraubensicherung eindrehen.
- Dichtlippen des Wellendichtrings fetten (Ritzelseite) und Schaltwelle mit vorgespannter Schenkelfeder, Sicherungsring und Belagscheibe leicht gefettet von Kupplungsseite einschieben, auf Ritzelseite Scheibe auflegen und mit E-Ring sichern.

Bild 169: Stellung der Verzahnung von Ratsche und Schaltwelle beachten.

Bild 170
Einzelteile der Kupplung

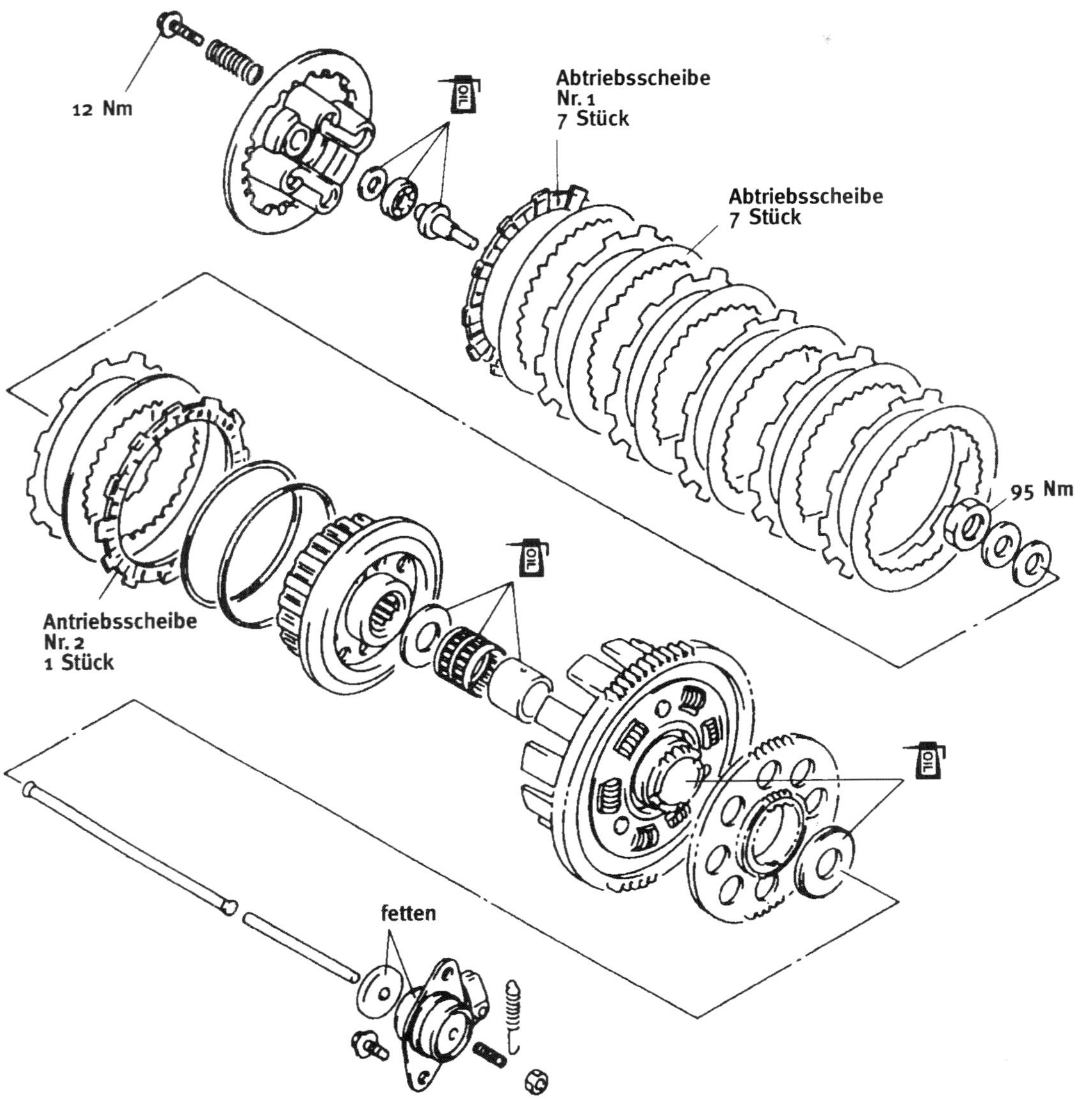

8.3.2
Kupplung
Bild 170

- **Bild 159**: Druckscheibe mit flacher Seite nach aussen weisend auf Hauptwelle aufschieben.
- **Bild 171**: Kupplungskorb mit vormontiertem Generator- und Ölpumpenantriebsrad auf Hauptwelle aufsetzen.
- **Bild 158**: Lagerhülse und Nadelkäfig gefettet aufschieben.
- Kupplungskorb mit Ölpumpenabtriebsrad und Kurbelverzahnung (Primärtrieb) in Eingriff bringen. Dabei mit Schraubendreher Ölpumpenabtriebsrad drehen.
- **Bild 157**: Äussere Anlaufscheibe, dann Kupplungsnabe (Innenkorb) aufschieben.
- **Bild 172**: Beilagscheiben ① und ② auf Hauptwelle aufschieben.

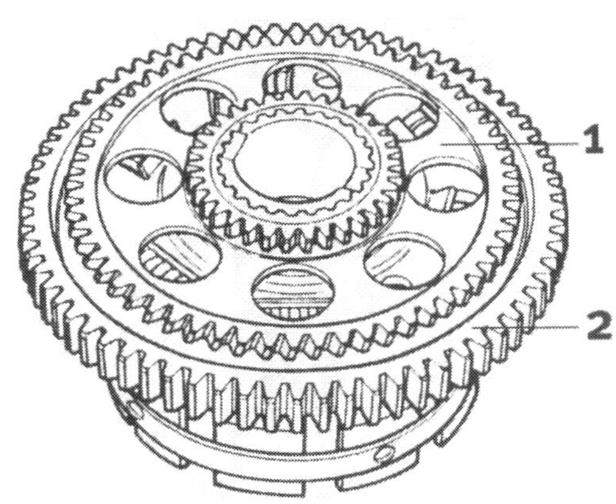

Bild 171
Kupplungskorb
1 Ölpumpenantrieb
2 Generatorantrieb

- **Bild 173**: Hauptwelle bzw. Kupplungsnabe (Innenkorb) mit Kupplungsnabenhalter blockieren und Zentralmutter anziehen. Anzugsmoment 95 Nm.
- **Bild 174**: Federsitz ① und Federring ② auf Kupplungsnabe aufschieben.

Vorsicht! ⚠
Aufgepasst!

Bei **Prüfung der Zündspule** sind gemessene Widerstandswerte mit Vorsicht zu geniessen, da eine schadhafte Zündspule «im Trockenen» durchaus Sollwerte aufweisen kann, im Betrieb aber durch Erwärmung Zündfunken überall hingeben kann, nur nicht an Zündkerze.

- **Bild 142**: Zündspule braucht zur Widerstandsmessung nicht ausgebaut zu werden.
- ■ **Bild 146**: Widerstand der Primärwicklung zwischen Steckkontakten der Zündspule messen, Sollwert 2 – 4 Ω.
- **Bild 147**: Widerstand der Sekundärwicklung zwischen Kerzensteckern messen, Sollwert 30 – 40 kΩ.
- **Bild 144**: Zur Widerstandsmessung der Zündimpulsgebers Stecker abziehen.
- ■ **Bild 148**: Widerstand zwischen gelbem und blauem Kabel muss zwischen 135 und 200 Ω liegen.

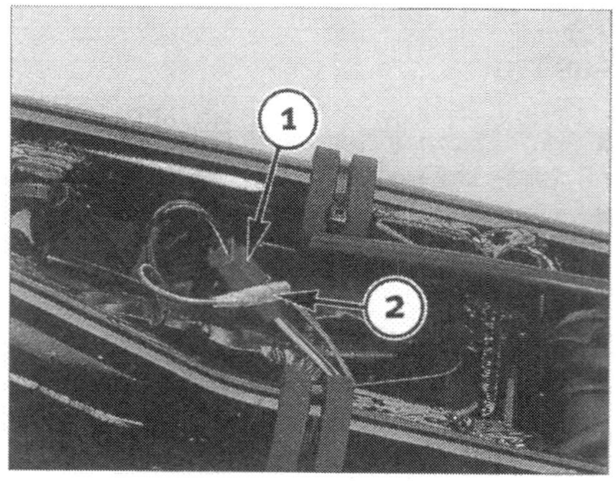

Bild 144
1 Pickup-Stecker
2 Stecker des Öldruckschalters

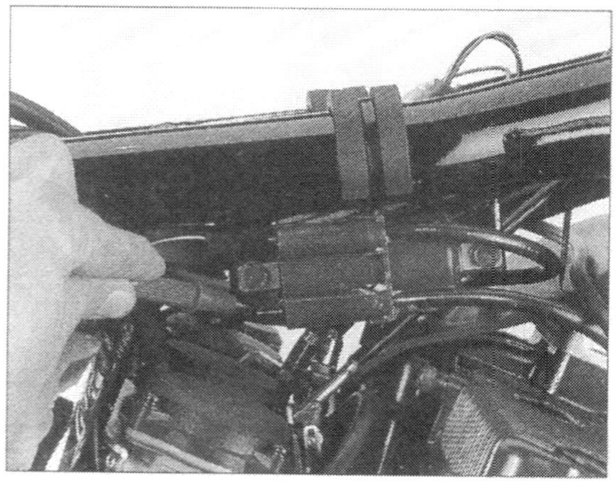

Bild 145
Primär-Spitzenspannung der Zündspulen messen:
– Plus-Sonde an Stecker
– Minus-Sonde an Masse

Hat sich nach oben stehenden Prüfungen und Messungen immer noch kein Zündfunke eingestellt, steht eine Erneuerung der Zündbox an. Wer sicher gehen will, dass auch wirklich nur Schrott weggeschmissen wird, kann Zündbox in einer **Suzuki**-Werkstatt, die über entsprechendes Messgerät verfügt, durchmessen lassen.

TIPP Praxisgerechter ist Probeaustausch der Zündbox gegen ein bekanntermassen intaktes Exemplar.

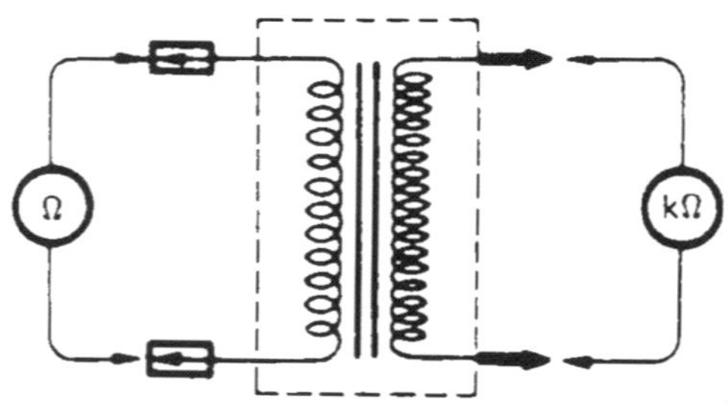

Bild 146
Primärspulenwiderstand messen

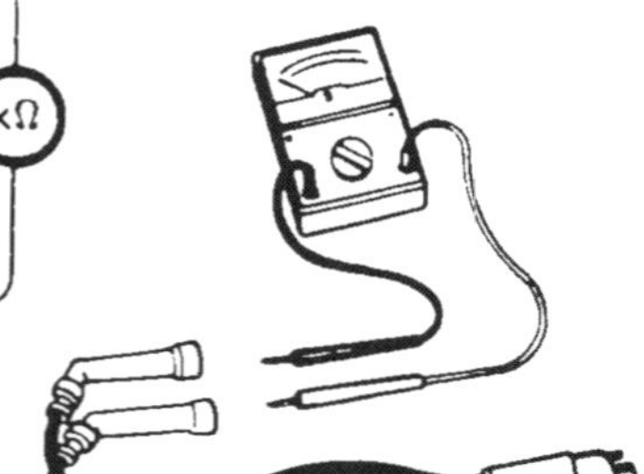

Bild 147 ➤
Sekundärspulenwiderstand messen

7.3 Montage

- ■ Falls ausgebaut, Zündgeberplatte am rechten Kurbelwellenstumpf anbringen (*siehe Kapitel 13.1*, **Bild 267**).
- ■ Nase der Geberspule auf Gehäusenaht ausrichten.
- ⚠ Flüssige Schraubensicherung beim Eindrehen der Kreuzschlitzschrauben verwenden.
- ■ **Bild 266**: Zündrotor auf rechten Kurbelstumpf aufsetzen und mit Innensechskantschraube SW 6 befestigen (Anzugsmoment 25 Nm).
- ■ Deckel mit so gut wie neuer Dichtung aufsetzen. Einbaulage der Deckelschraube mit Dichtring, *siehe Kapitel 3.6*, **Bild 36**. Auf korrekte Einbaulage der Kabeltülle achten.

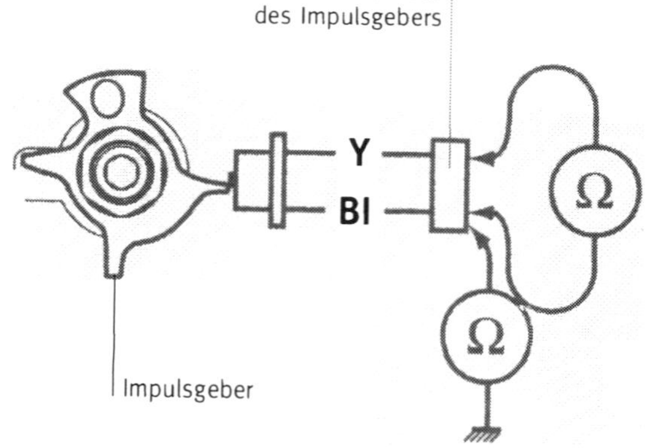

Bild 148
Widerstandsmessung des Zündimpulsgebers

Bild 172
1 Beilagscheibe
2 Beilagscheibe
3 Zentralmutter

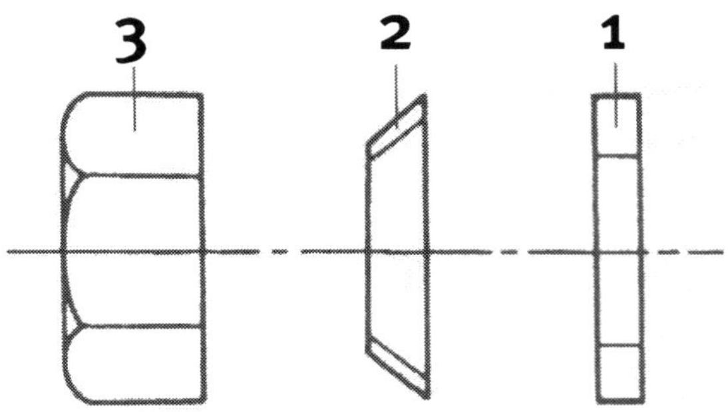

Bild 173
Kupplungsnabe blockieren

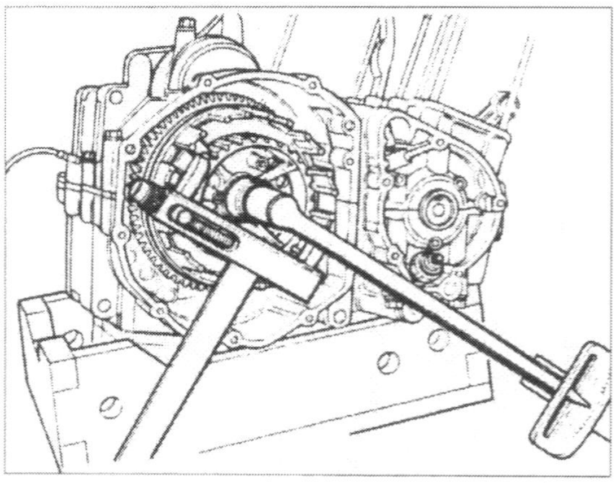

Bild 174
1 Federsitz
2 Federring

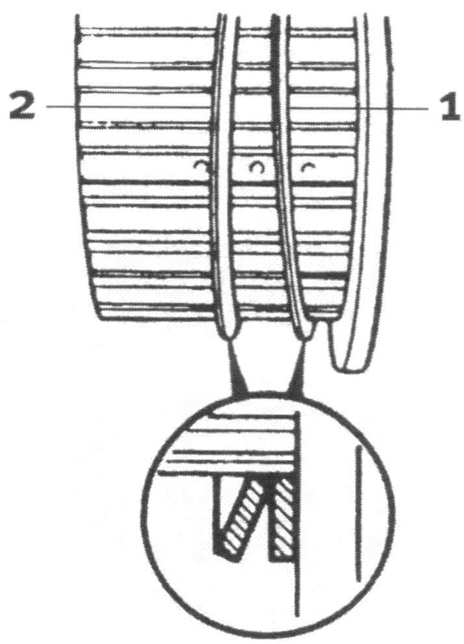

- ⚠ Neue Belagscheiben mit sauberem Motoröl schmieren.
- ⚠ **Bild 175**: Belag- und Stahlscheiben abwechselnd einsetzen. Mit Belagscheibe beginnen.
- ■ **Bild 176**: Druckstange ① auf Kupplungsseite einsetzen. Druckstange ② auf Ritzelseite (leicht gefettet) einsetzen.
- ■ **Bild 153**: Ausrücklager, Druckscheibe und Druckstück einsetzen.
- ■ Druckplatte aufsetzen und Kupplungsfedern anbringen.
- ■ Vier Schrauben schrittweise über Kreuz anziehen (12 Nm).
- ■ Bei eingebautem Motor mittels Bremse und eingelegtem Gang Hauptwelle blockieren. Bei ausgebautem Motor Starterkupplung mit Spezialwerkzeug blockieren (*siehe Kapitel 9.1*, **Bild 181**).
- ■ Dichtflächen von Kupplungsgehäuse und Deckel säubern (öl- und fettfrei).
- ■ **Bild 177**: Dichtmasse (Hylomar o.Ä.) dünn im Bereich der Motorgehäuse-Trennlinie auftragen.
- ■ Zwei Passhülsen einsetzen, Deckel mit neuer Dichtung aufsetzen und Deckelschrauben über Kreuz anziehen.
- ■ **Bild 178**: Deckelschrauben B mit neuen Dichtscheiben einbauen.
- ■ Falls ausgebaut, Ausrückmechanismus montieren, Rückholfeder einhängen und Ritzeldeckel mit sechs Befestigungsschrauben montieren.
- ■ Betätigungshebel und Seilzug wieder anbringen.
- ■ Spieleinstellung wie im Wartungskapitel beschrieben vornehmen.
- ■ Schalthebel montieren.

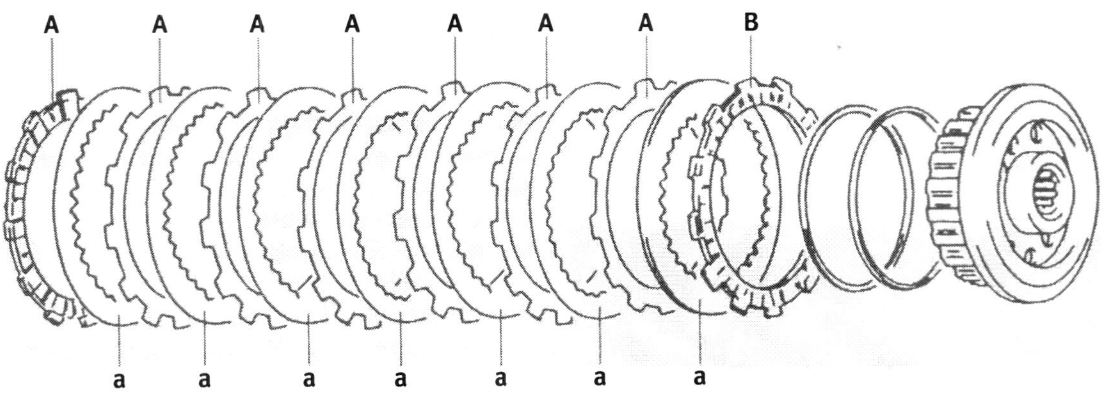

Bild 175
A Reibscheiben Nr. 1 (7 Stück, Innendurchmesser 116 mm)
B Reibscheibe Nr. 2 (1 Stück, Innendurchmesser 120 mm)
a Stahlscheiben (7 Stück, Dicke 2 mm)

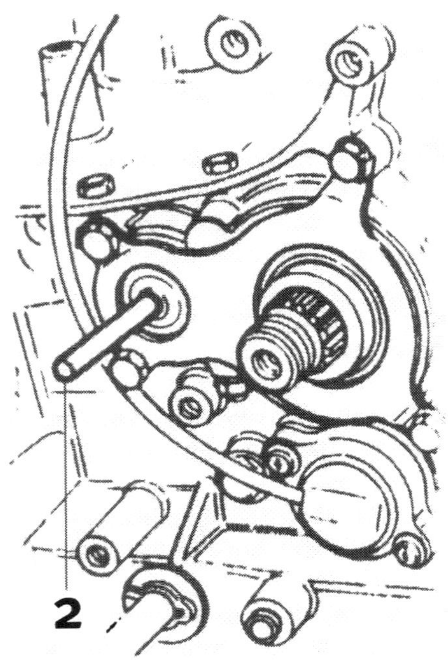

◄ Bild 176
1 Kupplungsdruckstange an rechter Gehäuseseite
2 Kupplungsdruckstange an linker Gehäuseseite

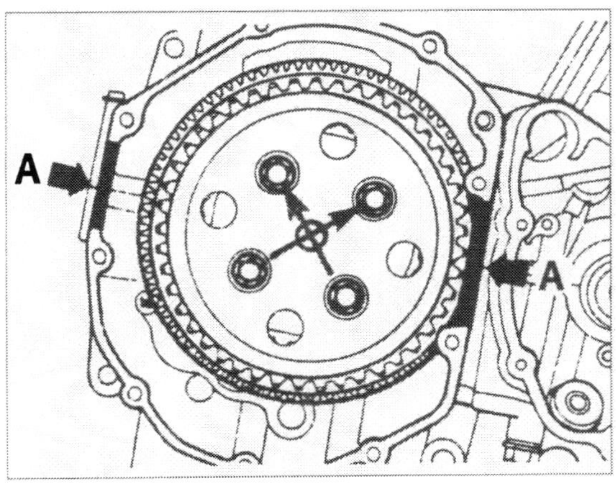

Bild 177
A Dichtmasse auftragen

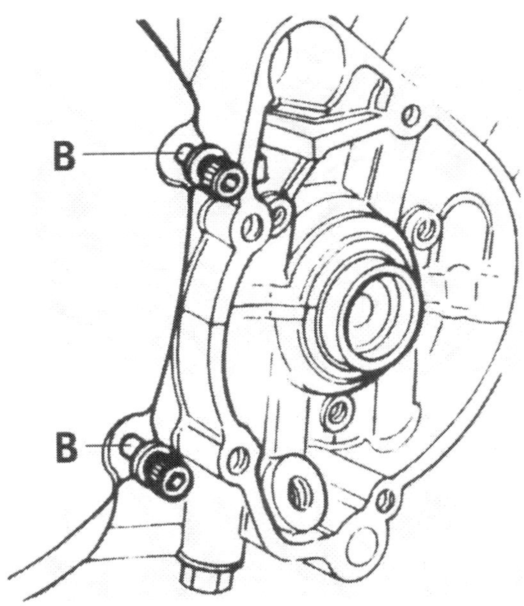

Bild 178
B Mit neuen Dichtscheiben

Starterfreilauf

Vorsicht! ⚠
Aufgepasst!

▼ **Bild 179**
Generatordeckel
Kreise Deckelschrauben

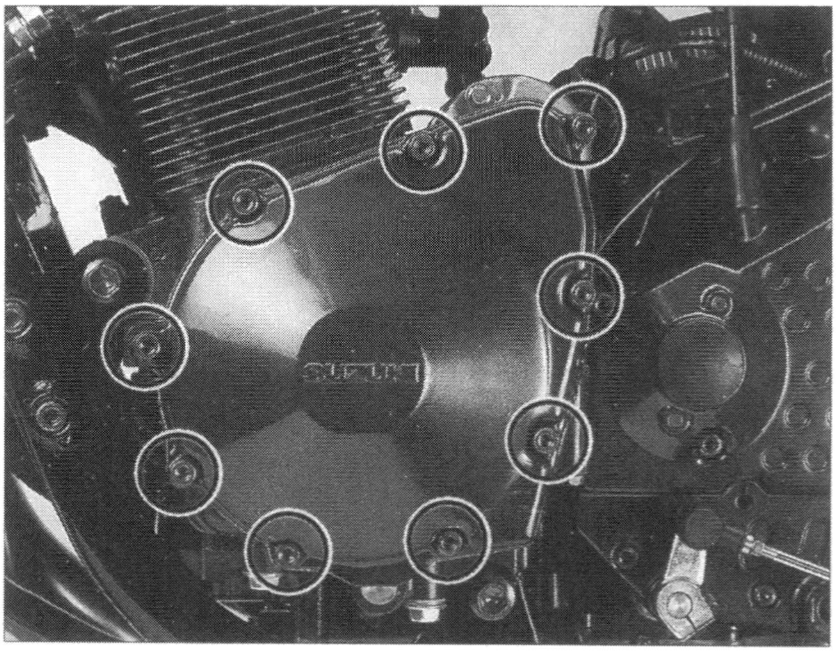

Bild 180
1 Zwischenrad
2 Welle

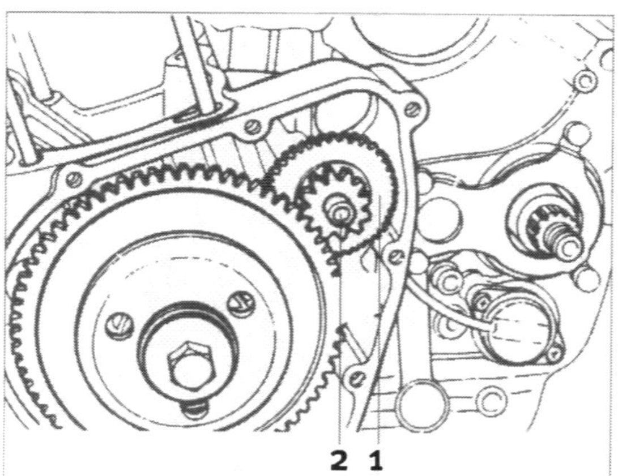

Bild 181
Rotorschraube lösen

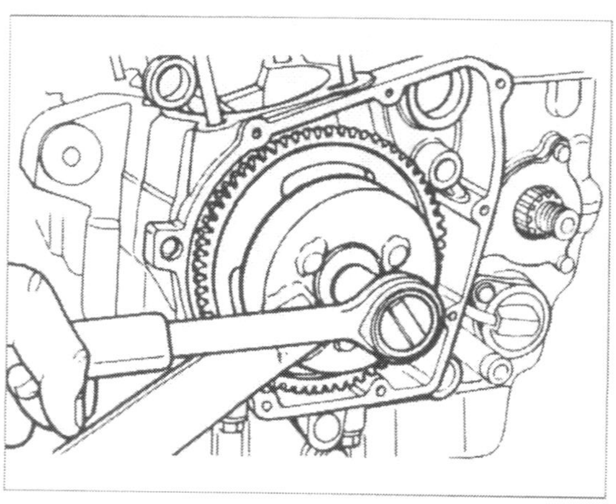

Bild 182 ➤
Rotor abziehen

9.1 Ausbau

Der Starterfreilauf muss zum Trennen des Motorgehäuses nicht ausgebaut werden. Zum Ausbau ist Spezialwerkzeug nötig.

- **Bild 179**: Gehäusedeckel abnehmen.
- **Bild 180**: Starterzwischenrad nach Ausziehen der Welle entnehmen.
- **Bild 181**: Mit **Suzuki**-Spezialwerkzeug Nr. 09920-34810 Freilaufgehäuse blockieren und Befestigungsschraube ausdrehen.
- **Bild 182**: Mit Spezialabzieher Freilaufgehäuse abziehen.

9.2 Prüfen und Vermessen

Starterfreilauf muss bei ausgebautem Zwischenrad ungehindert gegen Uhrzeigersinn drehen und im Uhrzeigersinn sperren. Wenn nicht, auswechseln.

9.3 Montage

- **Bild 183**: Kurbelwellenstumpf mit Lösungsmittel entfetten. Freilaufgehäuse komplett aufsetzen.
- Gehäuse mit Spezialwerkzeug blockieren und Befestigungsschraube mit 150 Nm anziehen.
- **Bild 184**: Starterzwischenrad und Welle einsetzen. Im Bereich der Motorgehäuse-Trennlinie etwa 10 mm nach oben und unten auf saubere Dichtfläche flüssige Dichtmasse dünn auftragen.
- **Bild 185**: Passhülse und Deckel mit neuer Dichtung aufsetzen. Lage der Deckelschraube mit Dichtscheibe. Schrauben schrittweise über Kreuz anziehen.

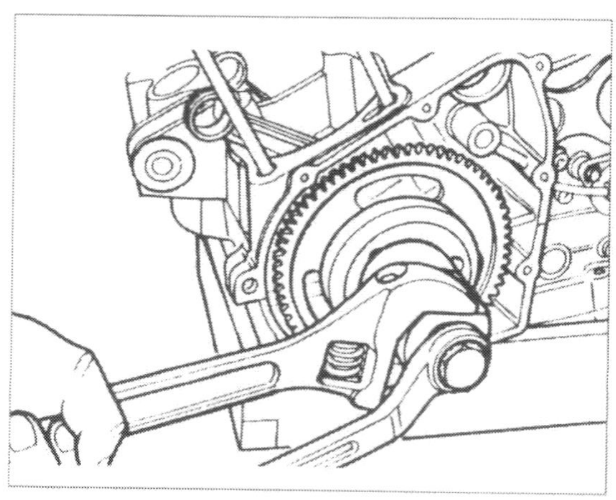

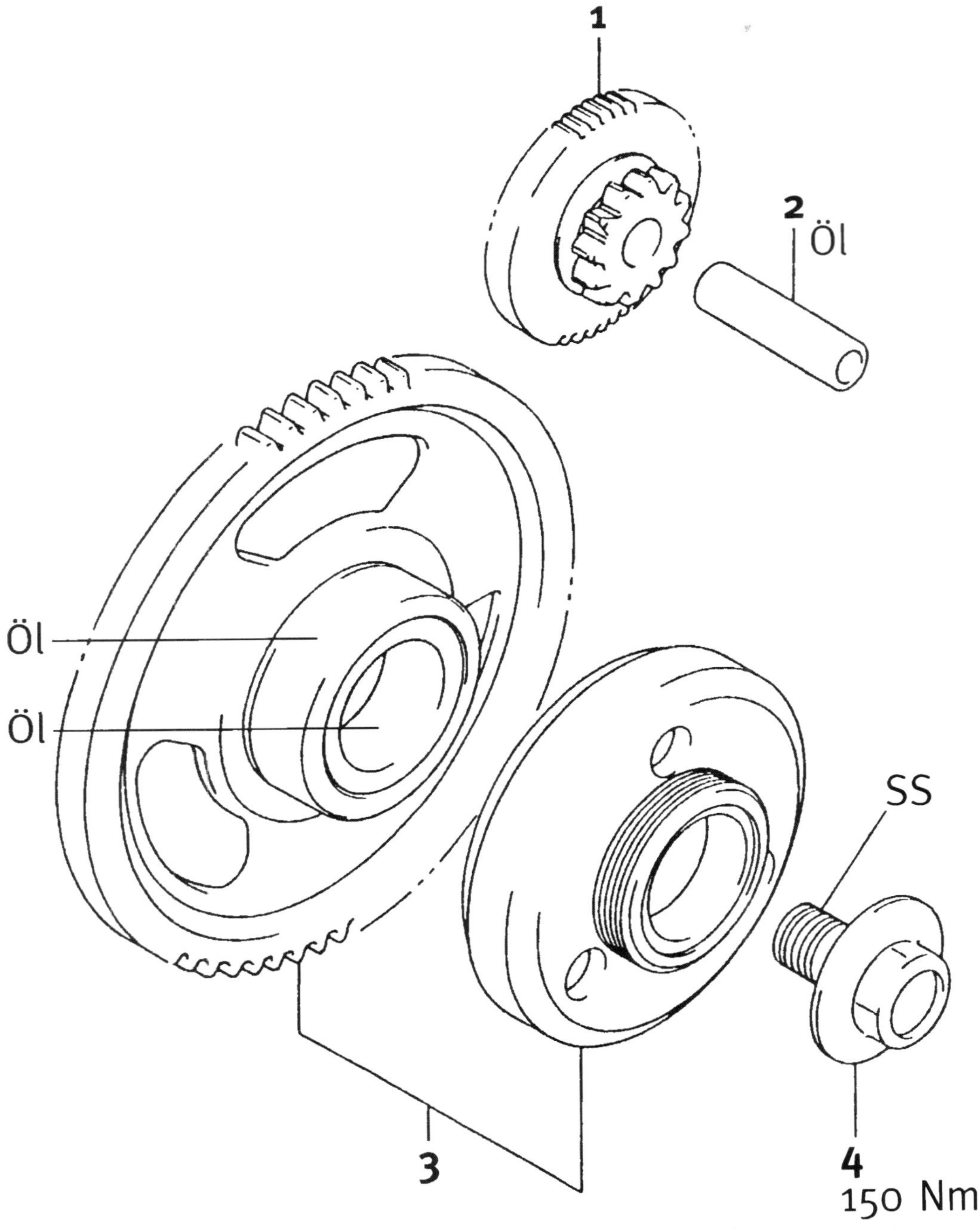

Bild 183
Starterfreilauf
1 Starter-Zwischenrad
2 Welle
3 Starter-Kupplung
4 Befestigungs-schraube
SS Schrauben-sicherung

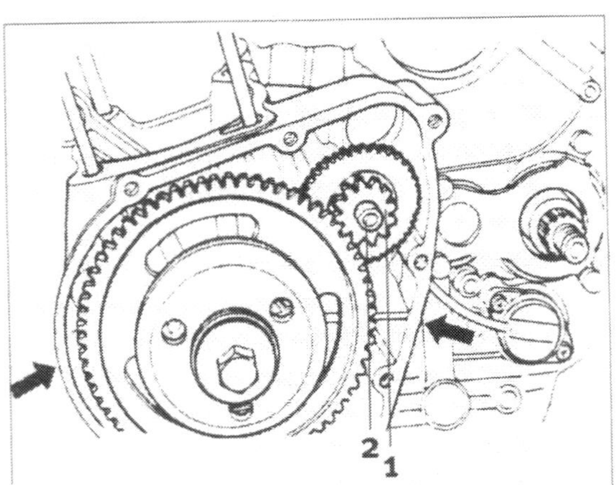

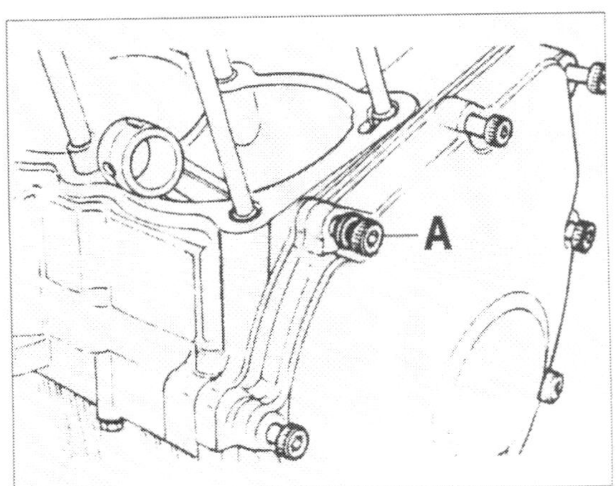

◄ **Bild 184**
Dichtmasse auftragen
1 Starterzwischenrad
2 Welle

Bild 185
A mit neuer Dichtung

Motor

Vorsicht! ⚠
Aufgepasst!

Bild 186
Kreise Krümmermuttern

10.1
Ausbau

Der Motor muss zur Wartung von Zylinder, Kolben, Kurbelwelle, Pleuel, Getriebe und Ölpumpe ausgebaut werden.

- ⚠ Motorrad sicher aufbocken.
- ■ Verkleidung abbauen.
- ■ Sitzbank und Tank abnehmen
- ■ Luftfiltergehäuse und Vergaser abnehmen.
- ■ Stecker von Zündkerzen, Generator, Pick-up, Öldruckschalter, Startermotor und Leerlaufanzeige ausklinken.

Bild 187
Pfeil Befestigungsschraube Auspufftopf/Rahmen

Bild 188 ➤
Pfeil Auspufftopfbefestigung am Rahmen

Bild 189
Ritzelmutter lösen
1 Arretierschraube
2 Ritzelmutter

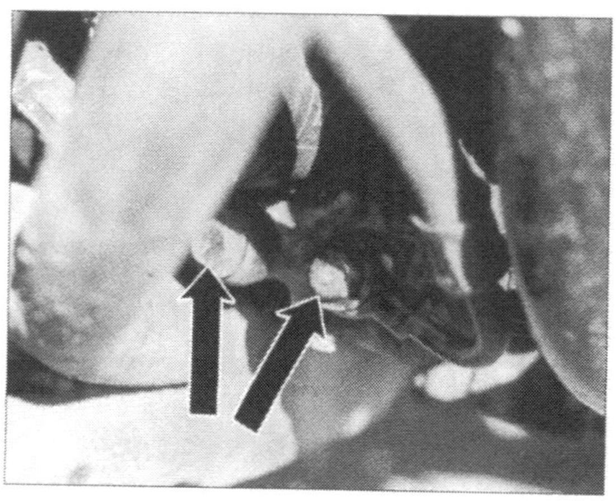

Bild 190
Pfeile Ölleitungsanschlüsse

- ■ Fussrastenhalterungen abnehmen.
- ■ **Bild 82**: Motormasse abnehmen.
- ■ Massekabel von Batterie trennen.
- ■ Öl ablassen.
- ■ **Bild 87**: Sekundärluftsystem (*Schweiz*) ausbauen.
- ⚠ Laut **Suzuki** können Zylinderkopf, Zylinder und Kolben bei eingebautem Motor ausgebaut werden, ist aber wegen der beengten Platzverhältnisse nicht ratsam (sozusagen nur für unterwegs – womöglich mit Ausbau der Zuganker!).
- ■ **Bild 186**: Befestigungsschrauben an Zylinderkopf lösen.
- ■ **Bild 187** und **Bild 188**: Befestigungsschrauben an Auspufftopf lösen und Auspuffanlage abnehmen.
- ■ **Bild 119**: Schaltgestänge von Schaltwelle abnehmen und Motorritzelabdeckung nach Ausdrehen der Befestigungsschrauben abnehmen.
- ■ **Bild 189**: Arretierschraube ① lösen und Ritzelmutter ② ausdrehen (gegebenenfalls Hinterrad mit Bremse blockieren).
- ■ Kettenspannung lockern (*siehe Kapitel 3.12*) und Ritzel mit Kette von Welle abziehen.
- ■ **Bild 190**: Ölleitungs-Anschlüsse abnehmen, dabei Auffanggefäss für Lecköl bereithalten.

- **Bild 191**: Befestigungsschrauben ausdrehen und Ölkühler abnehmen.
- Motor mit hydraulischem Wagenheber untermauern, um Schraubverbindungen während des Ausbaus zu entlasten.
- **Bild 192** und **Bild 193**: Rechten Rahmenunterzug abnehmen.
- **Bild 194** und **Bild 195**: Schraubverbindungen Rahmen/Motor lösen.

⚠ Schraubverbindungen haben selbstsichernde Muttern, die nicht wieder verwendet werden können. Deshalb Neuteile besorgen!

Bild 191
Ölkühlerbefestigung
Pfeil Befestigungsschraube

◄ Bild 192
Pfeil Rechter Rahmenunterzug
Kreise Befestigungsschrauben

Bild 193
Pfeil Rechter Rahmenunterzug
Kreise Befestigungsschrauben

Bild 194
Kreise Schraubverbindungen Rahmen/Motor

- Motor vorsichtig absenken. Dabei Getriebeseite des Motors nach vorne und Zylinderkopf nach oben bewegen.
- Stütze entfernen und Motor ablassen.
- Motor leicht im Uhrzeigersinn drehen und nach rechts aus Rahmen bugsieren.

TIPP **Bild 196**: Falls sich das ganze Manöver als zu schwierig erweist, Entlüftungsdeckel am Zylinderkopf abnehmen, um damit mehr Bewegungsfreiheit zu erhalten.

Vorsicht! ⚠
Aufgepasst!

Bild 195
Kreise Schraubverbindungen Rahmen/Motor

Bild 196
Pfeil Entlüftungsdeckel

10.2 Motoreinbau

- Motoreinbau erfolgt im Wesentlichen in umgekehrter Reihenfolge des Ausbaus.
- Motor in Rahmen heben. Mit einstellbarer Stütze (hydraulischer Wagenheber) oder mit Helfer Motor auf die hinteren Aufhängungspunkte ausrichten und Schrauben einschieben.
  Dabei Distanzstücke nicht vergessen.
- Rahmenunterzüge gemäss »Ausbau-Bildern« montieren.
- **Bild 197**: Anzugsmomente der Rahmen/Rahmen-Verbindungen.
- Ölleitungen (mit neuen Kupferdicht- und O-Ringen) und Ölkühler montieren.
- Vorderes Kettenritzel samt Kette auf Getriebewelle aufschieben und Ritzelmutter mit 115 Nm anziehen.
- Sämtliche Elektrik-Verbindungen installieren (Generator, Pickup, Starter, Leerlauf und Motormassekabel).
- *Schweiz:* Sekundärluftsystem anbringen (*siehe Kapitel »Kabel und Züge«*).
- Zündkerzenstecker (an Kabeln nummeriert) der Zylindernummerierung entsprechend (von links nach rechts in Fahrtrichtung gesehen) montieren.
- **Bild 198**: Vergaserschellen anbringen.
- Auspuff mit neuen Dichtungen anbringen.
- Vor Einbau der Ritzelabdeckung auf Kupplungs-Ausrückmechanismus Fett geben.
- Züge und Kabel wie in *Kapitel 21* verlegen.
- Antriebsketten-Durchhang einstellen (*Kapitel 3.12*).

10.3 Inbetriebnahme des überholten Motors

- Motor mit Öl befüllen, alle nötigen Kontroll-und Einstellarbeiten an Bremse, Kupplung, Antriebskettenspannung, Vergaser und Gaszugbetätigung vor dem ersten Start durchführen.
- Es kann sein, dass die Abgase des Motors in den ersten Minuten des Motorlaufes eine stark blaue Färbung haben. Das ist auf die Verbrennung desjenigen Motoröls zurückführen, das bei der Montage des Motors aus Sicherheitsgründen in etwas zu reichlichem Masse beigegeben wurde. Also nicht von der beschriebenen Erscheinung beunruhigen lassen.
- Vor Teilnahme am öffentlichen Strassenverkehr Bremsen, Licht- und Blinkanlage, Kupplung und Gangschaltung auf Funktionstüchtigkeit kontrollieren.
- Neu eingebaute Motorenteile benötigen eine gewisse Einlaufzeit. Deshalb während der ersten 500 km Fahrstrecke den Motor nicht im oberen Drehzahlbereich »jubeln« lassen, ihn aber auch nicht untertourig Steigungen »hinaufquälen«.
- Nach etwa 1000 km Ventilspiel kontrollieren und im Rahmen eines Ölwechsels auch neues Ölfilter spendieren.

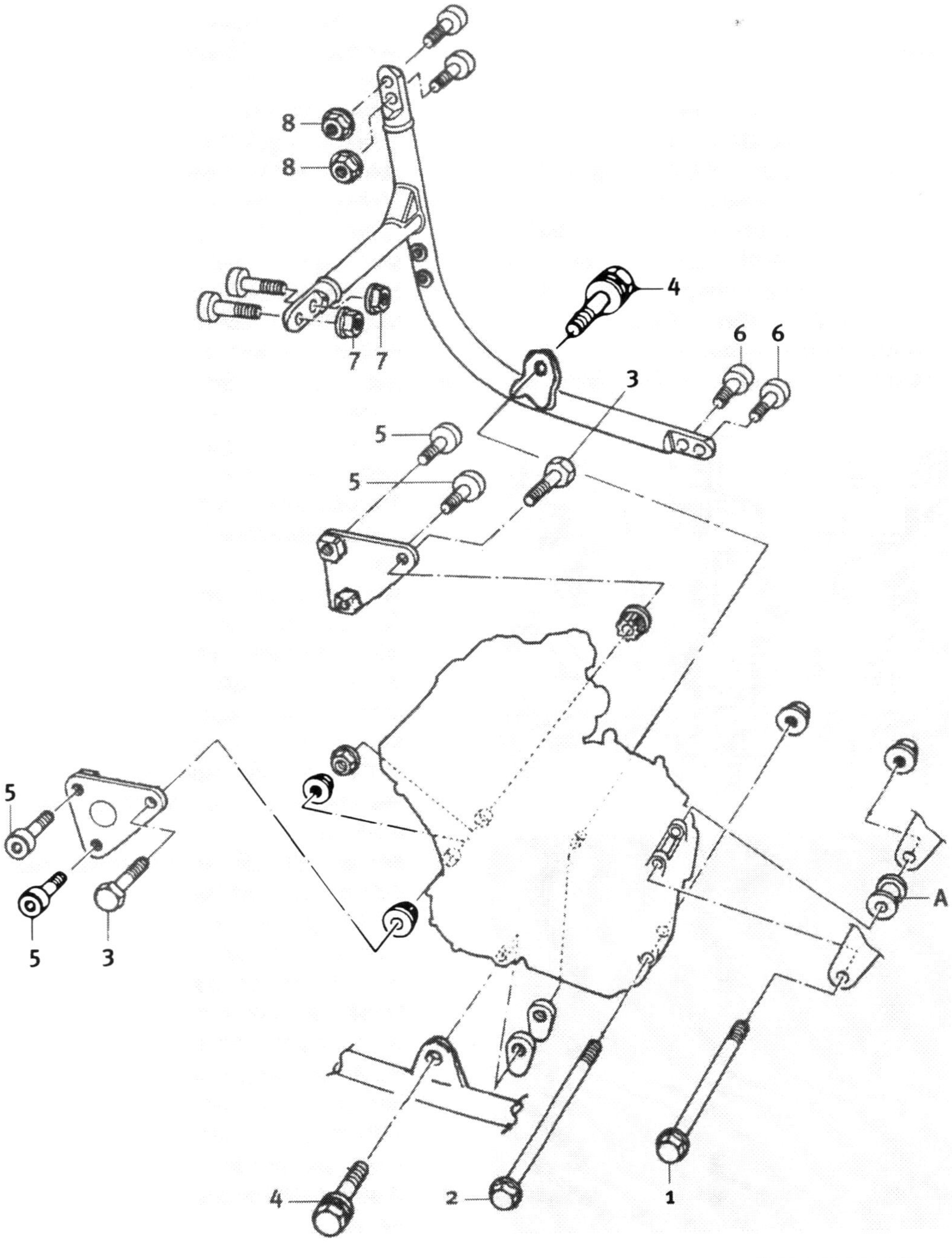

Bild 197
Motorbefestigung: Schraubenlänge/Anzugsmoment

1	180 mm/75 Nm (mit flüssiger Schraubensicherung versehen)
2	130 mm/75 Nm
3	55 mm/55 Nm
4	55 mm/55 Nm (mit flüssiger Schraubensicherung versehen)
5	23 Nm
6	50 Nm
7	50 Nm
8	50 Nm
A	27 mm

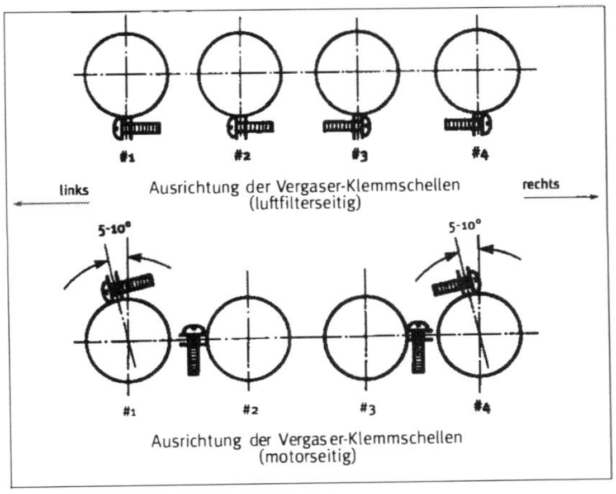

Bild 198
Vergaserschellen

Zylinderkopf

Vorsicht! ⚠
Aufgepasst! 👁

11.1 Ausbau

- Vergaserbatterie ausbauen.
- Luftfiltergehäuse abbauen.
- Kraftstoffschlauch und Entlüftungsschläuche von den Vergasern abnehmen, Schlauchbänder der Ansaugstutzen lockern und Vergaserbatterie nach oben abnehmen.
- *Schweiz:* Sekundärluftsystem abnehmen (*siehe Kapitel »Kabel und Züge«*).
- Auspuffkrümmer abbauen.

⚠ Darauf achten, dass Teile der Zylinder und Ventile nicht vertauscht werden.

- Zylinderkopfdeckel ausbauen (*Kapitel 3.6*).
- **Bild 199**: Obere Steuerkettenführung ① abnehmen.
- **Bild 200**: Steuerkettenspanner ausbauen: Spannerschraube ② ausdrehen und zwei Befestigungsschrauben ausdrehen.

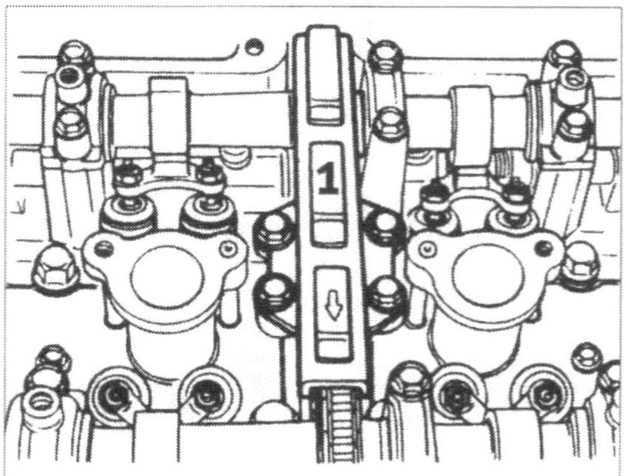

Bild 199
1 Obere Steuerkettenschiene

Bild 200
Steuerkettenspanner
1 Verschlussschraube
Pfeile Befestigungsschrauben

Nockenwellen ausbauen

- **Bild 201**: Die Befestigungsschrauben der Lagerdeckel schrittweise über Kreuz lockern. Schrauben erst ausdrehen, wenn alle Schrauben gelockert sind. Lagerdeckel abnehmen. Auf Verbleib der Passhülsen achten!

TIPP Einbaulage der Lagerdeckel notieren, um späteres Gezeter zu vermeiden. Lagerdeckel sind mit Grossbuchstaben gekennzeichnet.

- Steuerkette mit Draht gegen »Abtauchen« sichern. Steuerkette anheben und Nockenwellen samt Kettenrädern herausführen.
- **Bild 202**: Starre Steuerketten-Führungsschiene ① (Auslassseite) herausnehmen.
- **Bild 203**: Befestigungsmutter »A« auf Auslassseite ausdrehen.
- **Bild 204**: Zylinderkopfmuttern entgegen der angegebenen Reihenfolge schrittweise jeweils um ¼ Umdrehung lockern, dann ganz ausdrehen.

TIPP Falls Zylinderkopf festgebacken, helfen leichte Gummihammerschläge in Gegend von Ein- und Auslass, um Kopf zu lockern.

⚠ Nicht auf Kühlrippen schlagen!

- Kopf nach oben abnehmen.

👁 Auf Verbleib der zwei Passhülsen achten!

- **Bild 205**: Ventile mit Ventilfederhalter ausbauen.
- **Bild 206**: Ventilfedern nur soweit zusammendrücken, bis Ventilkeile ③ mit Pinzette oder Magnetheber entfernt werden können oder herausfallen. Teile nicht mischen und so aufbewahren, dass sie in ursprünglicher Einbaulage wieder montiert werden können!
- Vor Entnahme der Ventile Ventilkeilnuten auf Aufwerfungen oder Grate untersuchen. Gegebenenfalls mit feinem Ölstein Grate entfernen, da sonst Ventilführungen zerschrammt werden.
- Ventilschaftdichtungen mit Spitzzange abziehen.

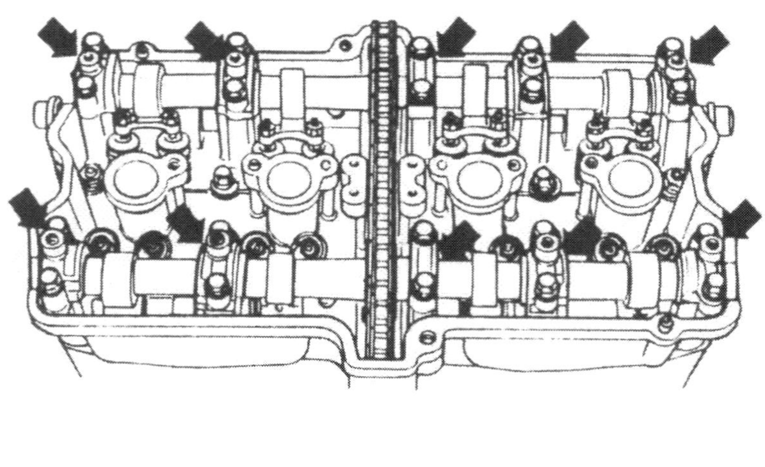

Bild 201
Pfeile Lagerdeckel

Schlepphebel ausbauen

- **Bild 207**: Arretierungsschraube ① der Schlepphebelwelle und Verschlussschraube ② der Schlepphebelwellen-Bohrung ausdrehen.
- **Bild 208**: Schraube M 8 in Welle eindrehen und Welle herausziehen.
  Beim Abnehmen der Schlepphebel auf Verbleib der Federn achten.
- Brennräume und Ventile mit Schaber entkohlen bzw. im Fachbetrieb mit Sandstrahl reinigen lassen (Dichtflächen abkleben).

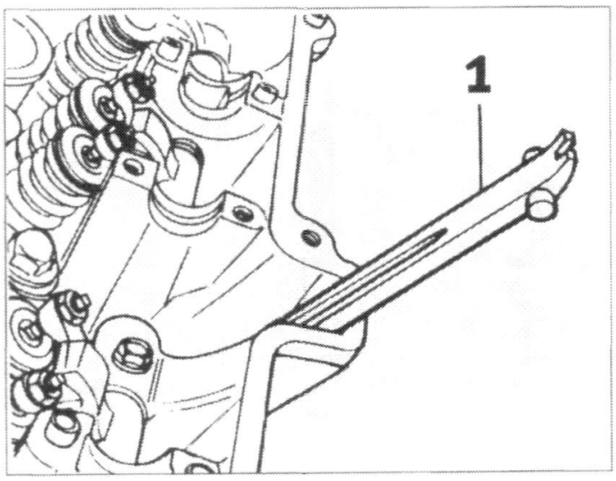

Bild 202
1 Steuerkettenführung

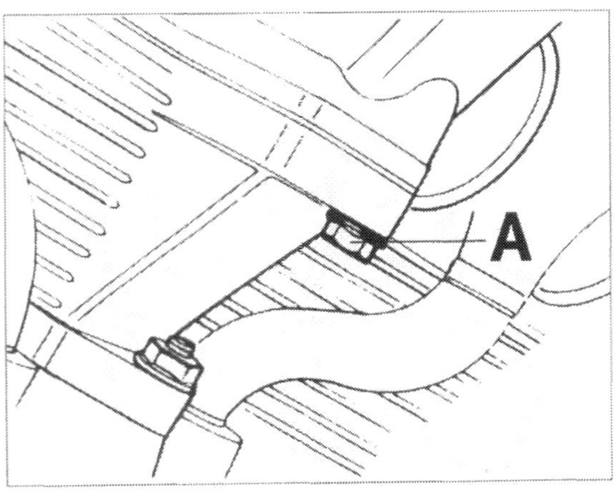

◄ **Bild 203**
A Zylinderkopfmutter

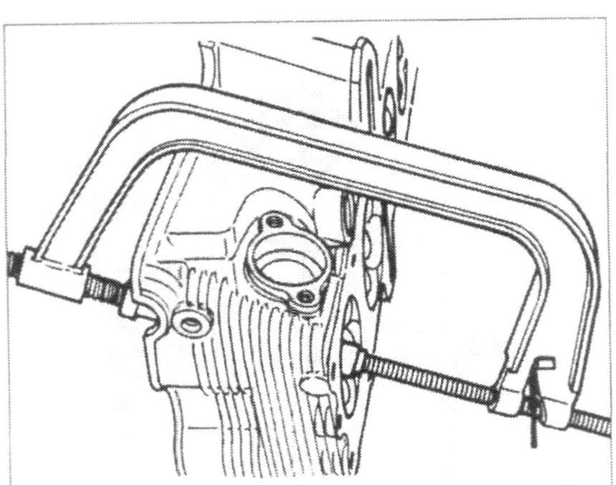

◄ **Bild 205**
Ventilfederspanner

11.2 Prüfen und Vermessen

- Steuerketten-Führungsschienen auf Beschädigung und übermässigen Verschleiss prüfen.
- Ölkohleablagerungen aus den Brennräumen entfernen. Bereich der Zündkerzenlöcher und Ventilsitze auf Risse kontrollieren.
- **Bild 209**: Mit Haarlineal Zylinderkopf und Zylinderdichtfläche in mehreren Richtungen auf Verzug prüfen, Verschleissgrenze 0,2 mm. Gegebenenfalls in Fachbetrieb planen lassen.
- Ventilschaftende auf übermässigen Verschleiss untersuchen.
- **Bild 210**: Ventischaftende kann unter der Voraussetzung nachbearbeitet werden, dass Mass ① Verschleissgrenze von 2,3 mm nicht unterschreitet. Andernfalls Ventil ersetzen.
- **Bild 211**: Nach Einbau des Ventils sicherstellen, dass Ventilkeile sauber in Nut sitzen und Ventilschaftende über Ventilkeile übersteht.
- Jedes Ventil auf Verbiegung, Kratzer und anormalen Verschleiss am Schaft untersuchen.

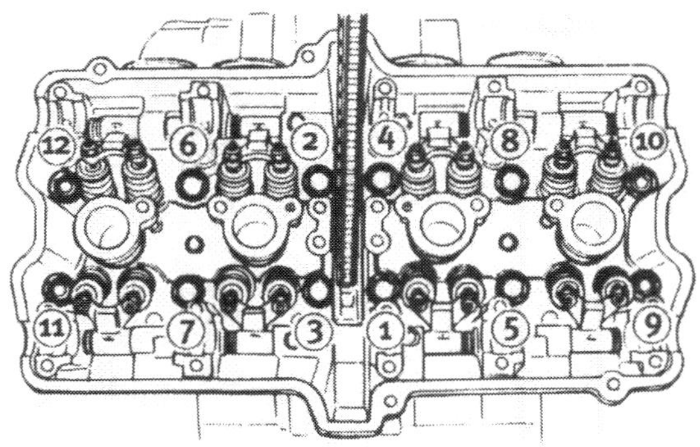

Bild 204
Anzugsreihenfolge

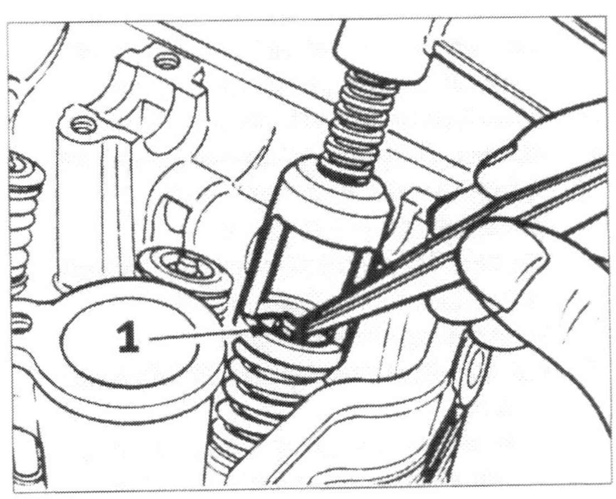

Bild 206
1 Ventilkeile

Bild 207
1 Arretierschraube
2 Verschluss-schraube

Jedes Ventil muss in seiner Führung sauber gleiten.

Ventildichtflächen am Ventil und Zylinderkopf auf anormalen Verschleiss (Grübchenbildung oder Ausbrüche) untersuchen. Ventilsitz muss glattes und riefenfreies Tragbild zeigen.
Falls Sitzfläche am Ventilteller verbrannt oder ungleichmässigen Kontakt mit Ventilsitz hat, Ventil erneuern.
Gegebenenfalls das Ventil erneuern und Sitz im Kopf in Fachwerkstatt neu fräsen lassen.

Bild 208
Welle herausziehen

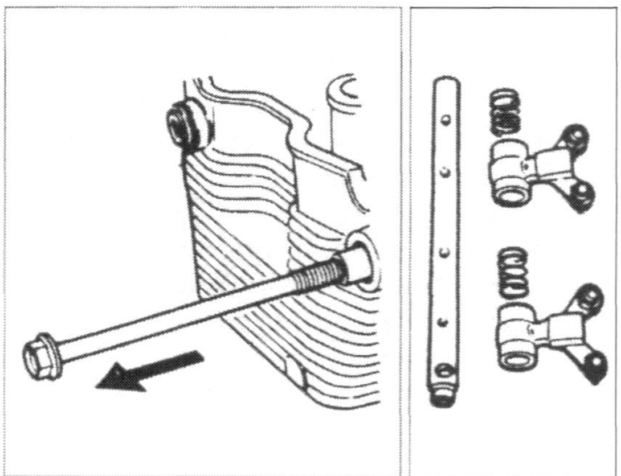

Bild 209 ➤
Verzug messen

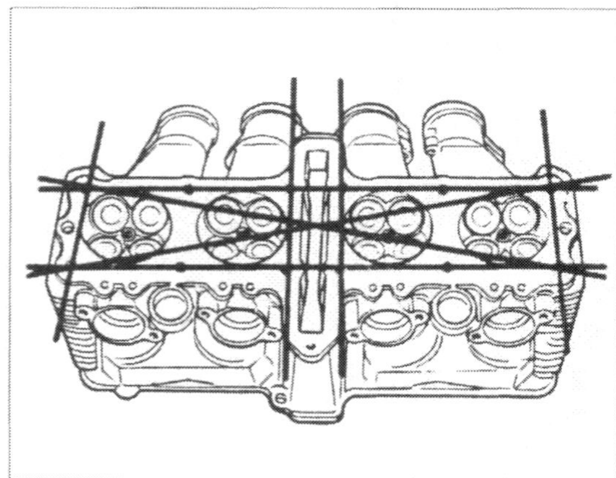

Bild 210
1 Höhe Ventilschaftende

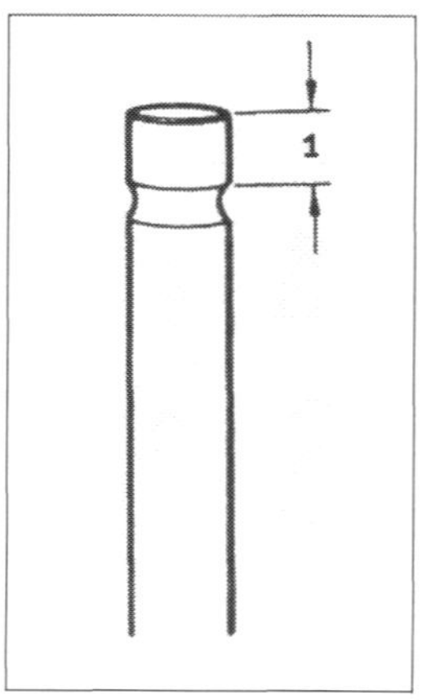

Bild 211 ➤
1 Ventilkeile
C Führungsnase
D Keilnut

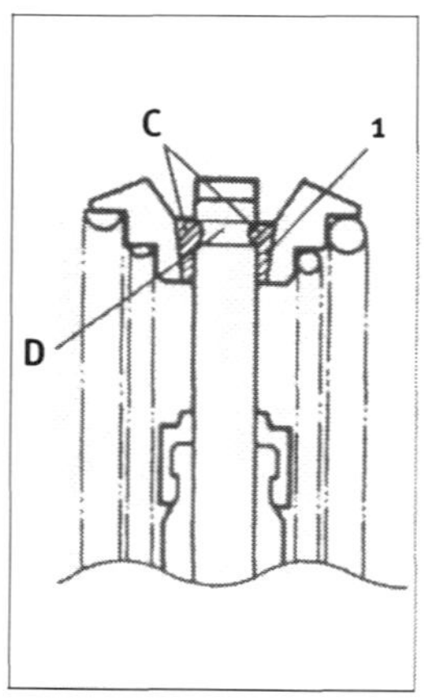

Bild 212 ➤➤
Schlag messen

Bild 213
Tellerschlag messen

Bild 212: Schlag der Ventilschäfte messen; maximal zulässiger Schlag 0,05 mm.

Radialschlag des Ventiltellers messen.

- **Bild 213**: Messuhr rechtwinklig zum Ventilteller ansetzen und Ventil drehen, Verschleissgrenze 0,03 mm.

Bild 214: Mit zunehmendem Sitzflächenverschleiss nimmt Mass »T« ab. Verschleissgrenze 0,5 mm.

Bild 215: Durchmesser der Ventilschäfte messen.
Sollwert Einlass 4,965 bis 4,980 mm,
Sollwert Auslass 4,945 bis 4,960 mm.

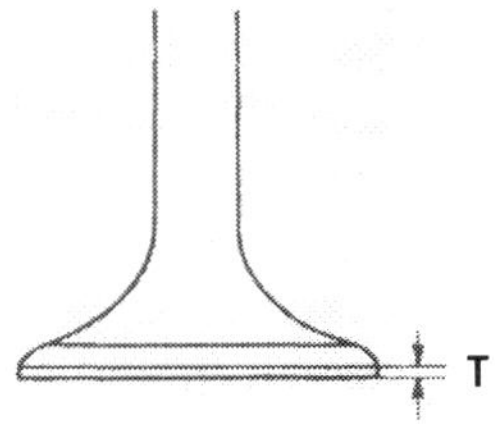

◄ **Bild 214**
T Ventilsitzfläche

Bild 216: Ventil 10 mm vom Ventilsitz anheben und Ventilschaftspiel messen. Verschleissgrenze 0,35 mm.

Falls Ventilschaft zu dünn, mit neuem Ventil prüfen, ob Spiel wieder in Toleranz kommt.

⚠ Ventilsitz in jedem Fall im Fachbetrieb auf neues Ventil einschleifen lassen.

Ventilsitzdichtheit prüfen:
Zylinderkopf senkrecht halten und bei eingebautem Ventil in Einlass- oder Auslasskanal Kraftstoff giessen, am Ventil darf nichts auslaufen.

■ **Bild 217**: Schliesst ein Ventil nicht einwandfrei dicht ab, Ventilsitz läppen. Läppmittel auf Ventilsitz auftragen, Ventil von innen mit speziellem Gummisauger oder von aussen mit Schlauchstück und Holzstift quirlen (mit 2–3 kg Druck). Läppmittel darf nicht zwischen Ventilschaft und Führung geraten! Genügt Nachläppen nicht zum Abdichten, Ventil erneuern oder Dichtfläche in Fachbetrieb überschleifen lassen.

Ventilsitzbreite messen:

■ **Bild 218**: Ventil kurz mit feiner Läpp-Paste anschleifen und Sitzbreite messen. Sollbreite 0,9 mm bis 1,1 mm.

⚠ Ist Ventilsitzring im Zylinderkopf oder Ventil zu breit oder zu schmal, muss er in Fachwerkstatt neu gefräst werden.

■ **Bild 219**: Fräswinkel werden von **SUZUKI** mit 15°, 30°, 45° und 75° angegeben.

Ventilschaftende darf keinen anormalen Verschleiss (Ausbrüche oder Aufwerfungen) aufweisen. Gegebenenfalls kann Schaftende im Fachbetrieb nachgeschliffen werden.

Bild 220: Ungespannte Länge der Ventilfedern messen.

Verschleissgrenze	
Innenfeder	33,9 mm
Aussenfeder	37,3 mm

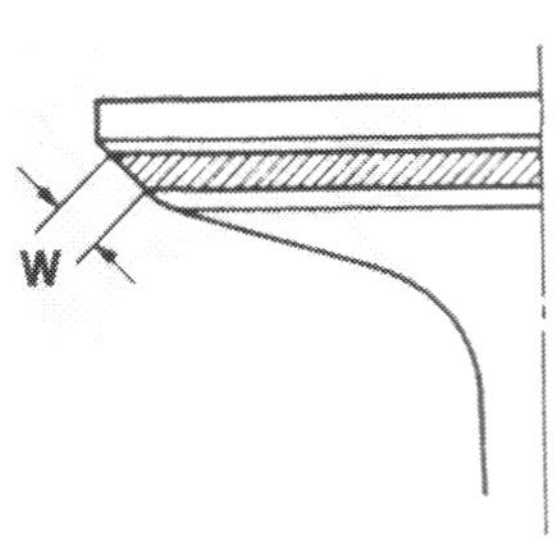

Bild 218
Ventilsitzbreite

Bild 215
Ventilschaft-Durchmesser

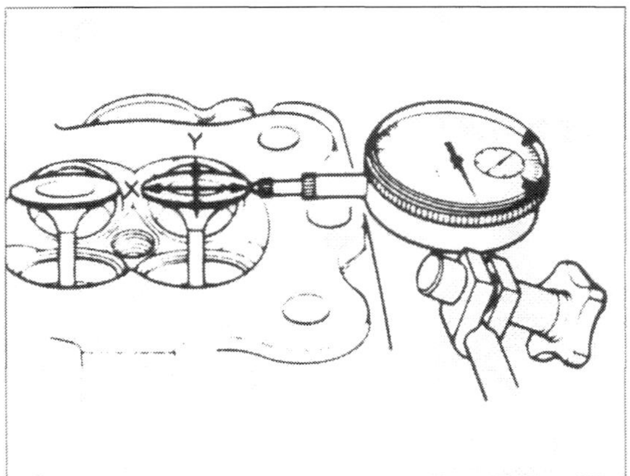

Bild 216
Spielmessung Ventilführung/ Ventilschaft

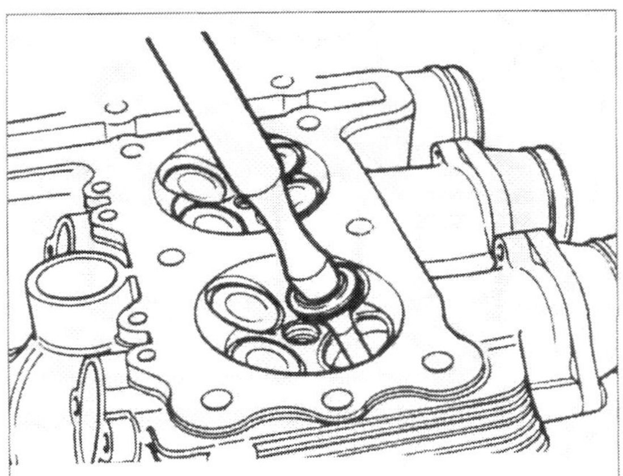

Bild 217
Ventilsitz einläppen

Bild 221: Mit 6,0 – 6,8 kg belastet muss Innenfeder eine Länge von 28 mm aufweisen.
Aussenfeder muss mit 15,4 – 17,8 kg belastet eine Länge von 31,5 mm aufweisen.

⚠ Federn nur im Satz (Innen- und Aussenfeder) auswechseln.

Bild 222: Mit Mikrometer Nockenhöhe »H« messen.

Verschleissgrenze	
Einlass	32,36 mm
Auslass	32,35 mm

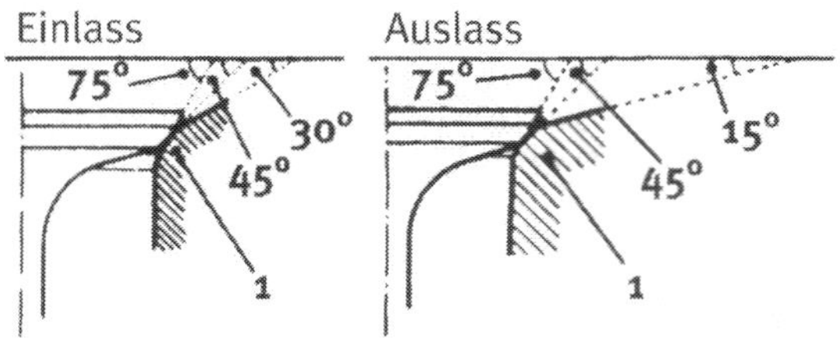

Bild 219
Fräswinkel
1 Ventilsitze

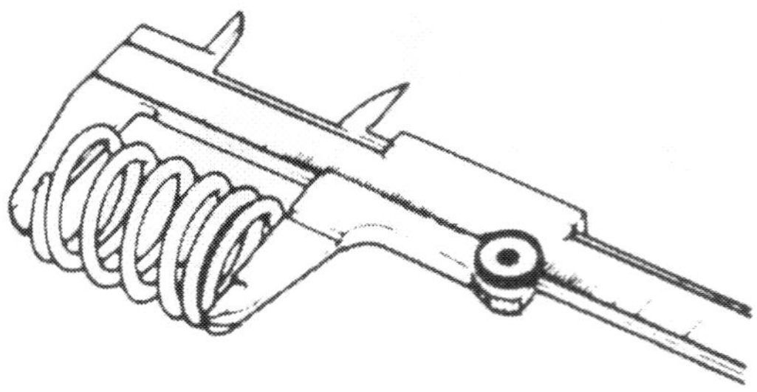

Bild 220
Federlänge messen

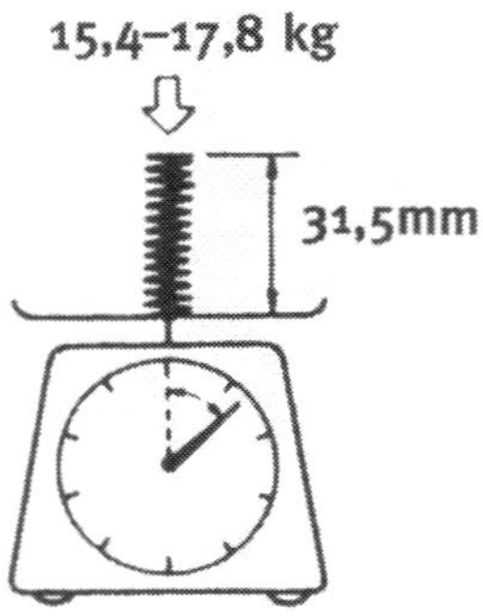

Bild 221
Federhöhe unter Last messen

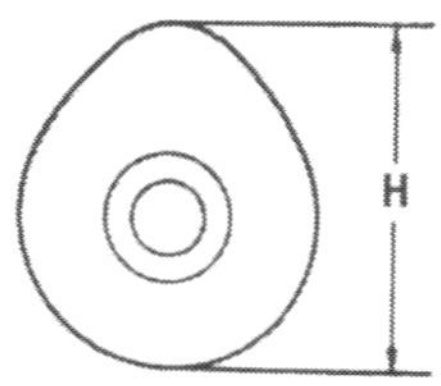

Bild 222 ➤
H Nockenhöhe

Spiel der Nockenwellenlager mit Kunststoff-(Plastigage-)Streifen messen. Verschleissgrenze 0,150 mm.

- Dazu Messstreifen in ölfreies geöffnetes Lager legen, Welle einsetzen, Lagerdeckel aufsetzen und mit vorgeschriebenem Drehmoment anziehen (10 Nm). Welle nicht drehen!

Bild 223: Nach Wiederöffnen Lagerspiel an Quetschbreite des Streifens ablesen (je breiter der Streifen, desto geringer das Spiel). Bei Überschreiten der Verschleissgrenze Innendurchmesser des Nockenwellenlagers und Lagerzapfen der Nockenwelle messen.

Bild 224: Lagerdeckel anbringen und Innendurchmesser mit Innentaster messen. Sollwert 22,012 bis 22,025 mm.

Bild 225: Aussendurchmesser des Nockenwellen-Lagerzapfens mit Mikrometer messen. Sollwert Ein- und Auslass 21,959 – 21,980 mm.

- Gegebenenfalls Nockenwelle austauschen und Lagerspiel erneut überprüfen. Falls Spiel noch immer Verschleissgrenze überschreitet, müssen Zylinderkopf und Lagerdeckel ausgewechselt werden.

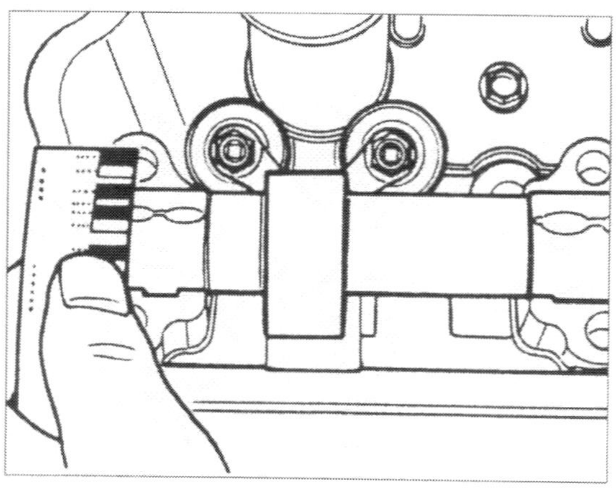

Bild 223
Lagerspiel messen

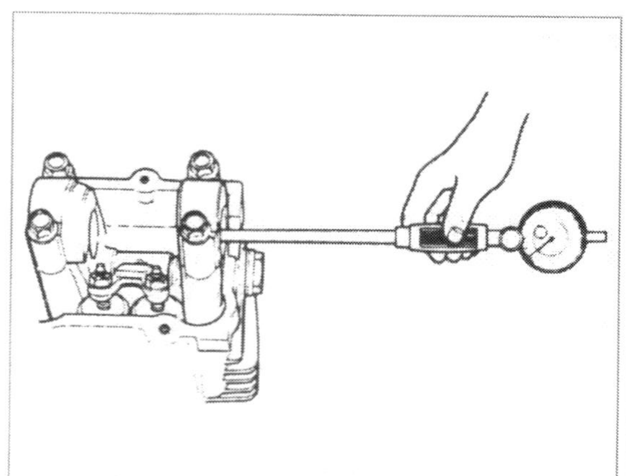

Bild 224 ➤
Lagerinnendurchmesser mit Innentaster messen

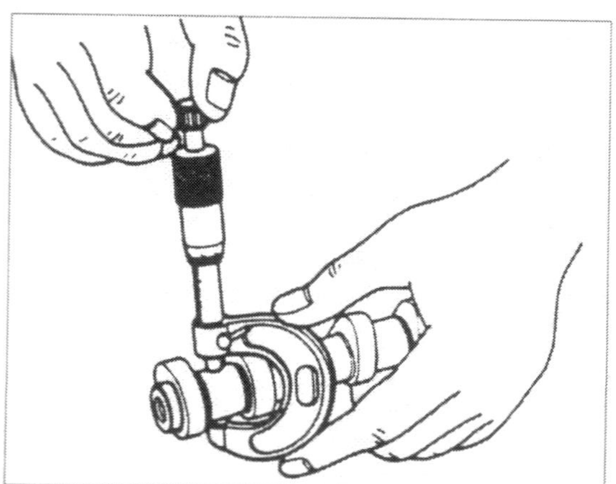

Bild 225
Nockenwellen-Lager messen

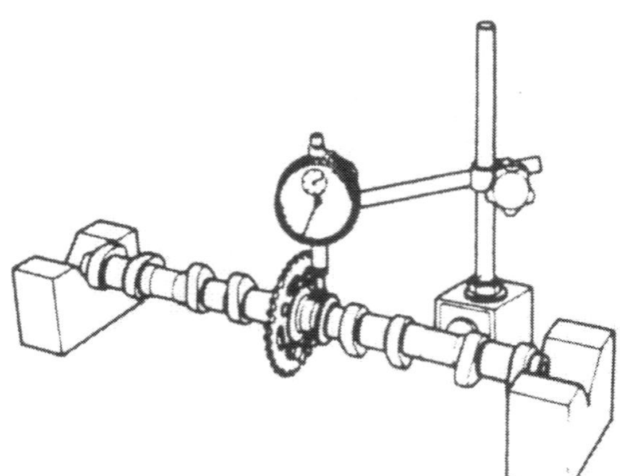

Bild 226 ➤
Nockenwellenschlag messen

TIPP Fingerzeig
Exakt messen

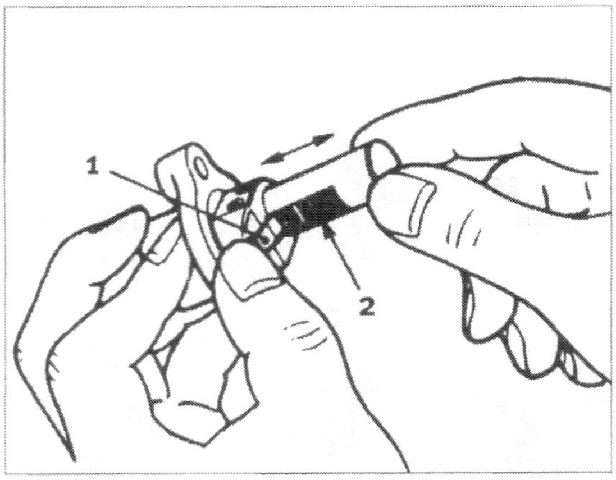

◄ **Bild 227**
Steuerkettenspanner
1 Einrastmechanismus
2 Druckbolzen

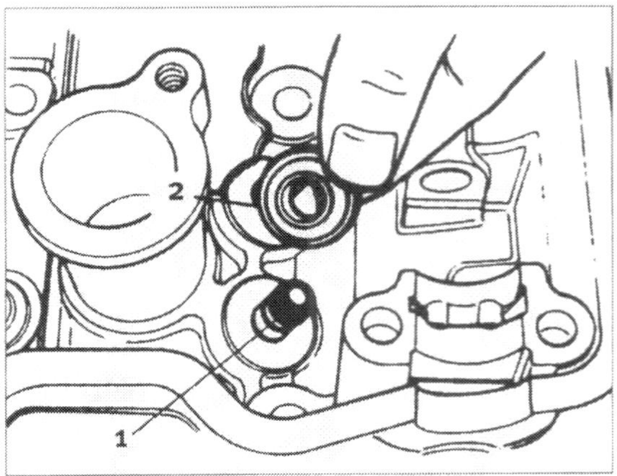

Bild 228
siehe Seite 80

Bild 229
1 Dichtring
2 Federsitz

- Lauf- und Lagerflächen und Nockenwelle auf Riefen, Beschädigungen oder Anzeichen unzureichender Schmierung untersuchen.
- Ölbohrungen dürfen nicht verstopft sein (mit Druckluft freiblasen).
- Mit Dreikantschaber Ölkohleablagerungen aus Brennraum entfernen (keine Kratzer hinterlassen!). Bereich zwischen Zündkerzengewinde und Ventilführungen auf Risse kontrollieren.
- **Bild 226**: Schlag der Nockenwelle mit Messuhr am mittleren Lagerzapfen messen. Verschleissgrenze 0,10 mm.
- **Bild 227**: Einrastmechanismus des Steuerkettenspanners ① entriegeln. Druckbolzen ② muss sich leicht bewegen lassen. Falls schwergängig oder Rastzahnung abgenutzt ist, Steuerkettenspanner durch Neuteil ersetzen.

11.3 Montage

⚠ **Bild 228**, Seite 80: Sämtliche Einzelteile wieder in ursprüngliche Einbaulage einbauen.

- Neue Ventilschaftdichtringe ölbenetzt von Hand aufdrücken. Ventilschäfte mit Öl benetzt in Führungen schieben.
- **Bild 229**: Untere Ventilfedersitze ② auflegen (nicht verwechseln mit Federteller).
- **Bild 230**: Ventilfedern mit engen Windungen »A« nach unten weisend einsetzen (zum Zylinderkopf hin).
- Federteller aufsetzen und mit Ventilfederspanner Federn so weit zusammendrücken, dass Ventilkeile eingesetzt werden können.

⚠ Ventilfedern nicht mehr als unbedingt nötig zusammendrücken.

- Mit Gummihammer leicht auf Ventilschäfte klopfen, damit sich Ventilkeile setzen.

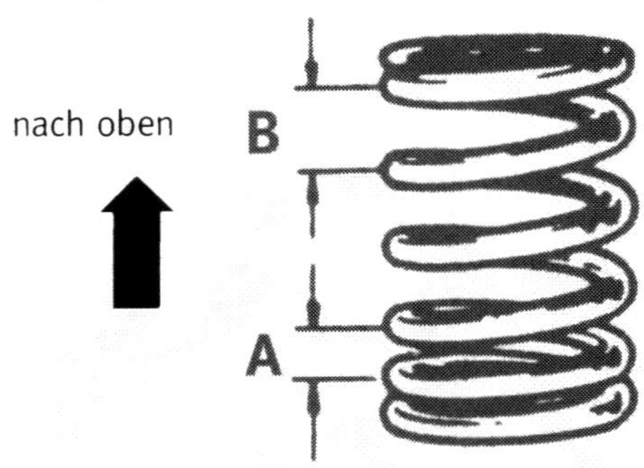

Bild 230
Ventilfeder
A enger Windungsabstand
B grosser Windungsabstand

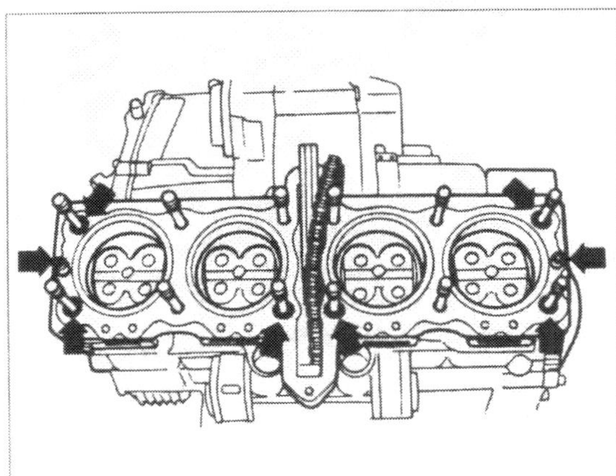

Bild 231
Pfeile Sechs O-Ringe und zwei Passhülsen

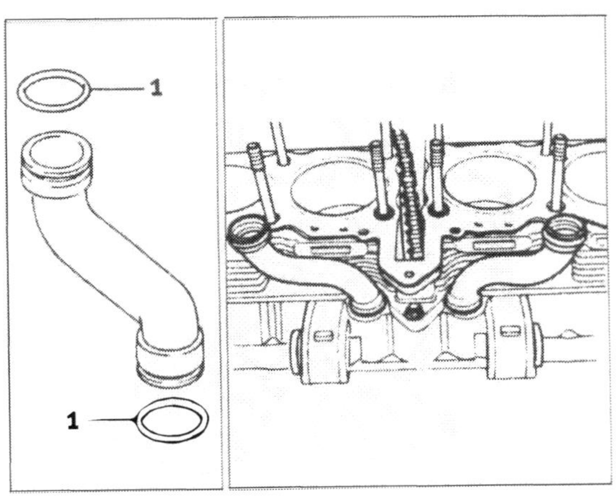

Bild 232
Neue O-Ringe anbringen

Vorsicht! ⚠
Aufgepasst!

Bild 228
Zylinderkopfeinzelteile
und Anzugsmomente
SS Schraubensicherung
M MoS_2-Fett auftragen

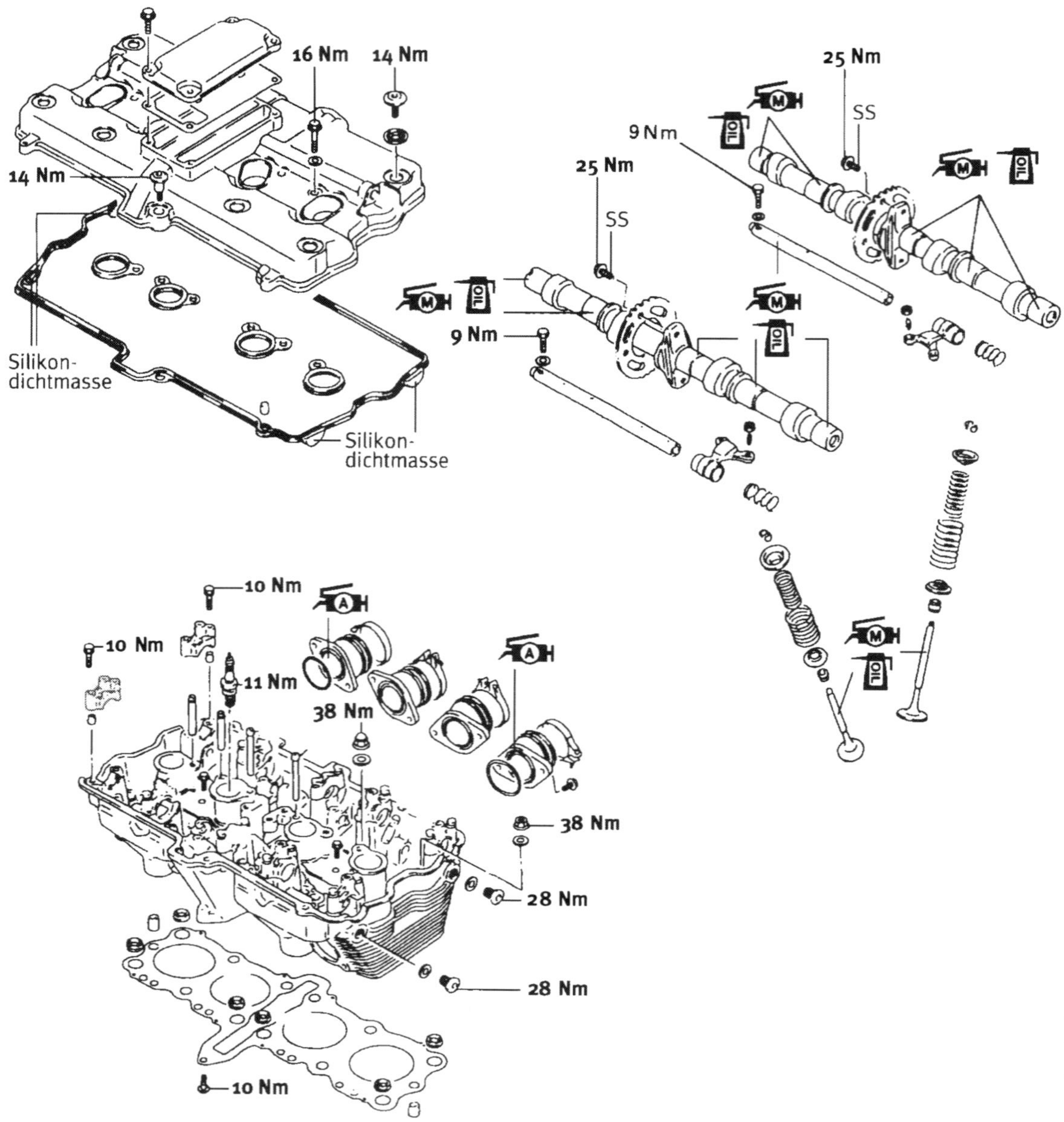

Bild 233
A mit Kupferdichtscheibe
B mit Stahlscheibe
C Stahlunterlegplatte

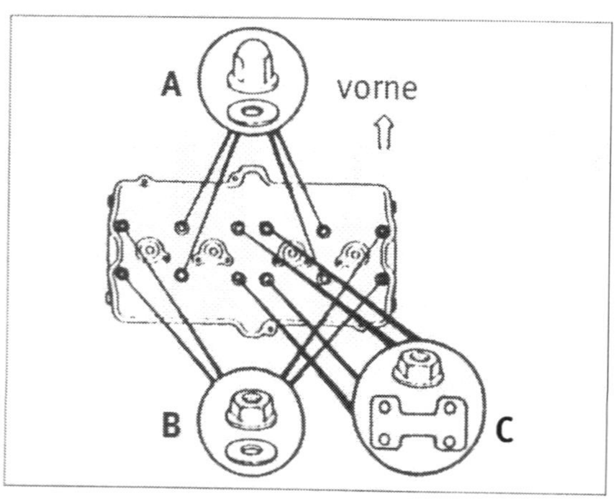

- **Bild 211**: Nach Einbau des Ventils sicherstellen, dass Ventilkeile sauber in Nut sitzen und Ventilschaftende über Ventilkeile übersteht. Dichtflächen von Kopf und Zylinder säubern (öl- und fettfrei).
- **Bild 231**: Dichtung auflegen (UP-Markierung zeigt nach oben). Zwei Passhülsen und sechs O-Ringe einsetzen.
- **Bild 232**: Ölfallrohre mit neuen geölten O-Ringen ① einsetzen.
- Zylinderkopf aufsetzen. Dabei darauf achten, dass Ölfallrohre in Zylinderkopf einspuren.

- Steuerkette mit Draht durch Steuerkettenschacht ziehen und sichern.
- **Bild 204**: Zylinderkopfmuttern in der angegebenen Reihenfolge in mehreren Schritten anziehen.

⚠ **Bild 233**: Muttern, Hutmuttern, Kupferscheiben »A«, Stahl-Unterlegscheiben »B« und Stahl-Unterlegplatte »C« wie gezeigt verwenden. Anzugsmoment des letzten Durchgangs 38 Nm.

- **Bild 203**: Befestigungsmutter »A« mit 10 Nm anziehen.
- **Bild 202**: Starre Steuerkettenführungsschiene anbringen.

Einbau der Nockenwelle:

- **Bild 234**: Falls Steuerkettenräder von Nockenwellen demontiert, Kettenräder in der gezeigten Stellung montieren.
- **Bild 235**: Flüssige Schraubensicherung beigeben, Anzugmoment 25 Nm.

⚠ **Bild 236**: Nockenwellen nicht verwechseln.
→ *In*-Markierung: Einlass-Nocken,
→ *Ex*-Markierung: Auslass-Nocken.

- Falls beide Nockenwellen demontiert, zuerst Auslasswelle, dann Einlasswelle einbauen.
- **Bild 237**: Am Zündgeber-Rotor (SW 19) Kurbelwelle im Uhrzeigersinn auf OT drehen:
  »T«-Markierung auf Rotor fluchtet mit Zündimpulsgeberspule. Steuerkette dabei straff halten, damit sie sich nicht am Kurbelwellenritzel verklemmt und so Kurbelwelle blockiert oder beschädigt wird!
- Steuerkette vorn (Auslassseite) straff ziehen.
- Auslass-Nockenwelle mit geölten Lagerstellen einsetzen und gleichzeitig Steuerkette auf Kettenrad auflegen.

TIPP **Bild 238**: Kette so auffädeln, dass »1«-Markierungsstrich des Auslass-Kettenrads mit Dichtfläche fluchtet. Von Pfeil mit »2«-Markierungsstrich (steht senkrecht) ausgehend 24 Nietbolzen in Richtung Einlass-Kettenrad abzählen und Kette so einhängen, dass 24. Nietbolzen mit »3«-Markierungsstrich des Einlass-Kettenrads fluchtet.

⚠ Kurbelwelle vor Einbau der Lagerhalter nicht mehr bewegen!

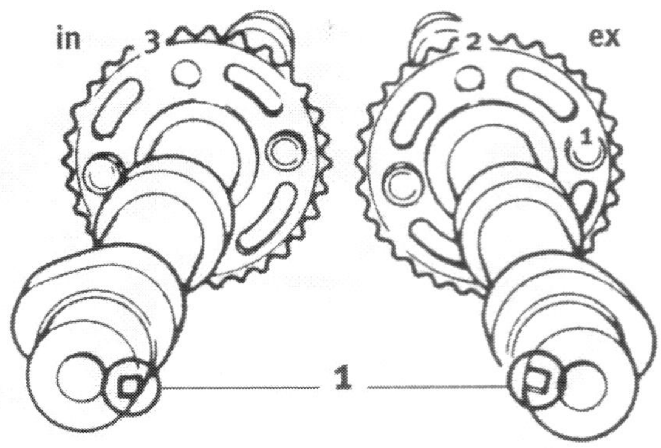

Bild 234
Position der Kettenräder auf den Nockenwellen
1 Einkerbungen am rechten Nockenwellenende

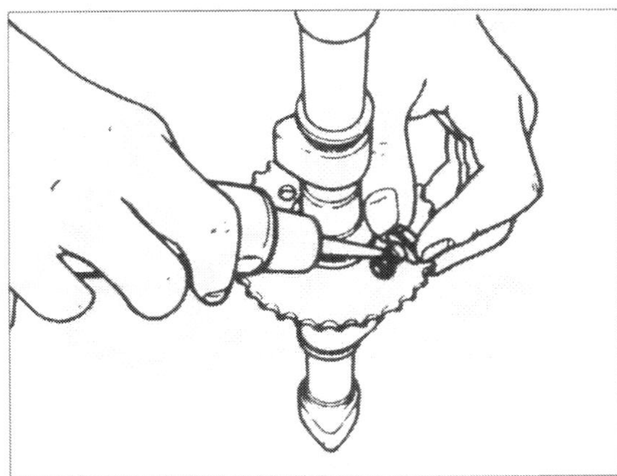

Bild 235
Flüssige Schraubensicherung beigeben

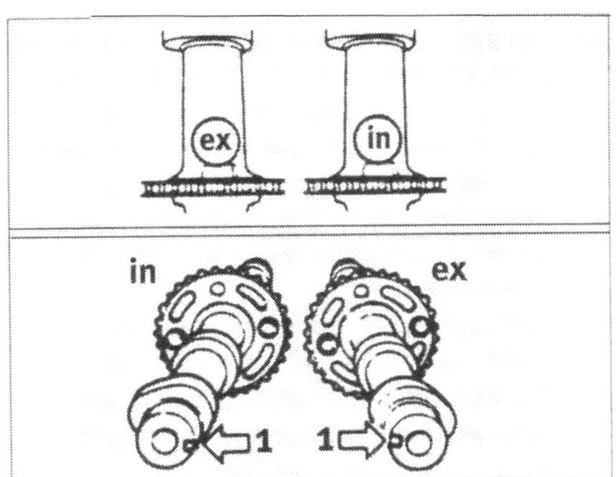

Bild 236
Nockenwellen richtig montieren
1 Einkerbungen am rechten Nockenwellenende

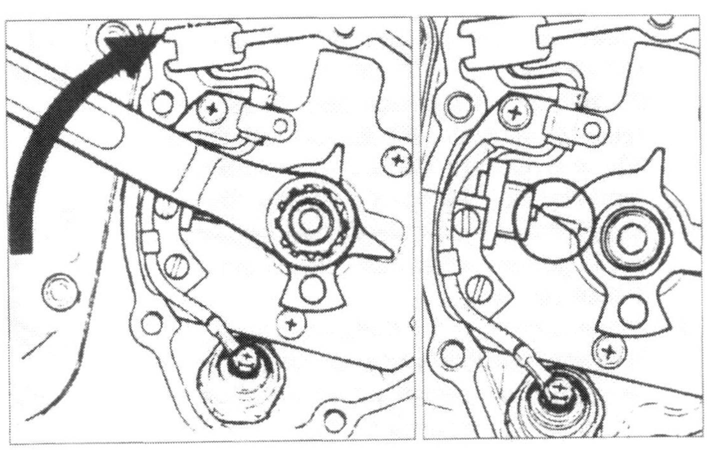

Bild 237
«T»-Markierung fluchtet mit Impulsgeberspule

Bild 238
Steuerkette montieren

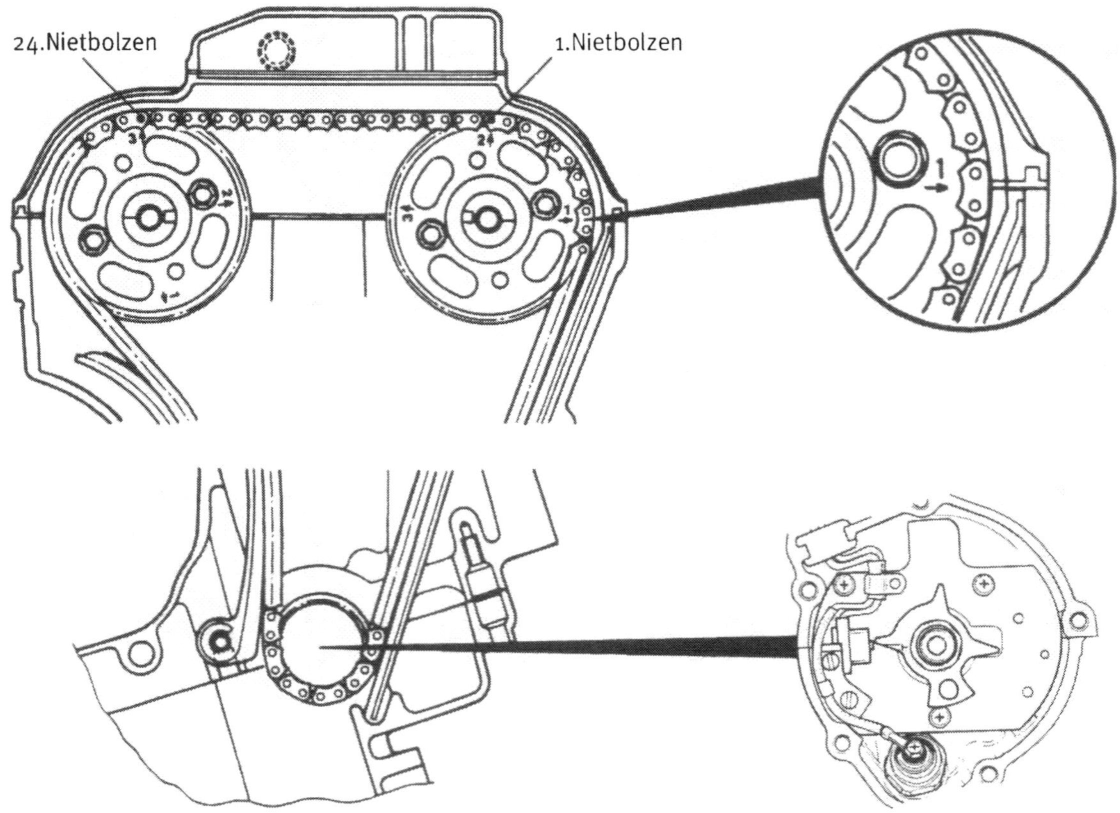

- **Bild 239**: Lagerdeckel (mit Grossbuchstaben gekennzeichnet) mit Passhülsen anbringen.

⚠ Nur Spezialschrauben mit Markierung »9« verwenden. Sie weisen höhere Festigkeit als andere hochfeste Schrauben auf.

- Befestigungsschrauben schrittweise locker anziehen. Anzugsmoment des letzten Durchgangs 10 Nm.
- Befestigungsschrauben der oberen Steuerkettenführung mit 10 Nm eindrehen.
- **Bild 240**: Steuerkettenspanner einbauen: Sperrklinke ② eindrücken und Bolzen ③ ganz in Gehäuse einschieben.
- Kurbelwelle im Uhrzeigersinn drehen, damit sich Kette zwischen Auslass- und Kurbelwellen-Kettenrad strafft.
- **Bild 200**: Spannergehäuse ohne Feder mit neuer Dichtung am Zylinderblock anbringen (Klinke weist nach oben). Zwei Innensechskantschrauben SW 5 mit 7 Nm anziehen.
- Feder einsetzen und Verschlussschraube mit so gut wie neuer Dichtscheibe eindrehen (35 Nm).

Übereinstimmung der Kurbelwellen- und Nockenwellen-Markierungen prüfen.

TIPP Ansaugstutzen (zwischen Vergasern und Zylinderkopf) innen mit Spray-Öl (Castrol 4 in 1 o.Ä.) einnebeln, damit er beim Einbau besser »flutscht«.

- **Bild 241**: Einlassstutzen gemäss ihrer Nummerierung anbringen:

1-26E0	Zylinder 1
2-26E0	Zylinder 2
3-26E0	Zylinder 3
4-26E0	Zylinder 4

- **Bild 242**: Vergaseransaugstutzen mit möglichst wenig Überstand und neuen O-Ringen am Zylinderkopf anbringen.
- Ventilspieleinstellung, Zylinderkopfdeckel und Ölschlauchmontage siehe Wartungskapitel.

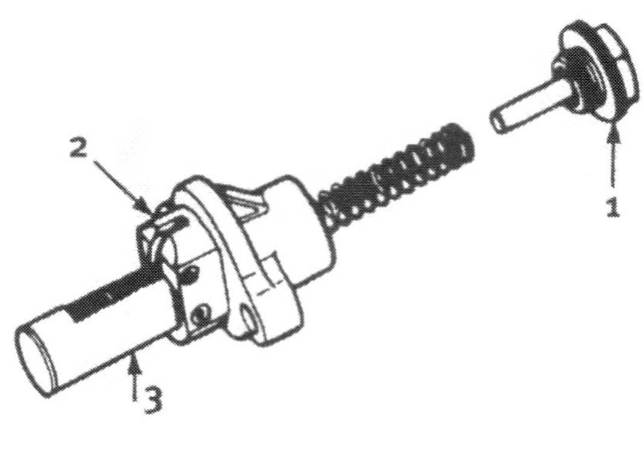

Bild 239
Kettenspanner einbauen
1 Verschlussschraube
2 Sperrklinke
3 Bolzen

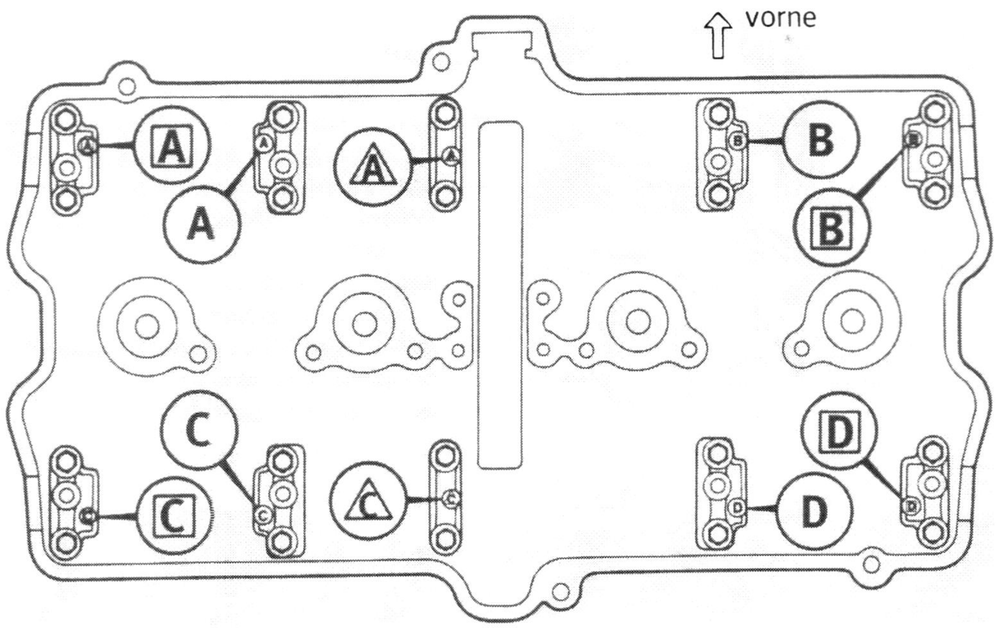

Bild 240
Lagerdeckel entsprechend den angegossenen Markierungen montieren

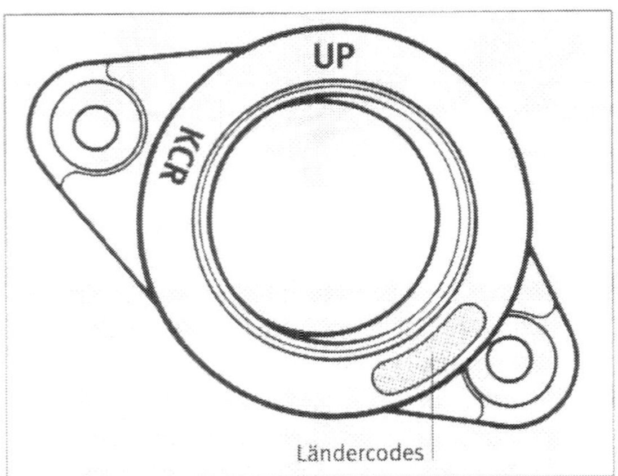

Bild 241
Nummerierung beachten

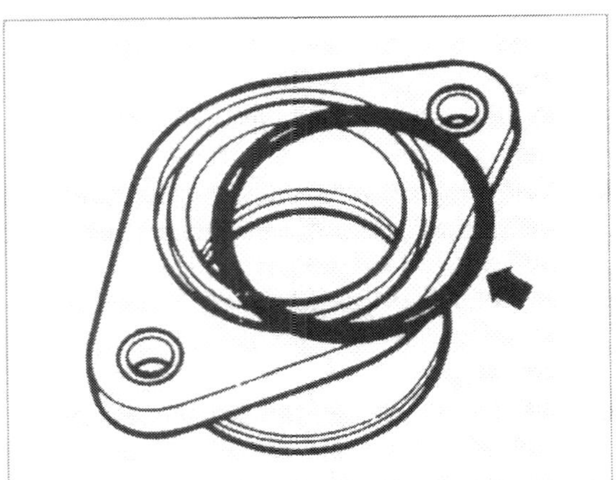

Bild 242
Pfeil O-Ring

Zylinder und Kolben

Vorsicht! ⚠
Aufgepasst! 👁

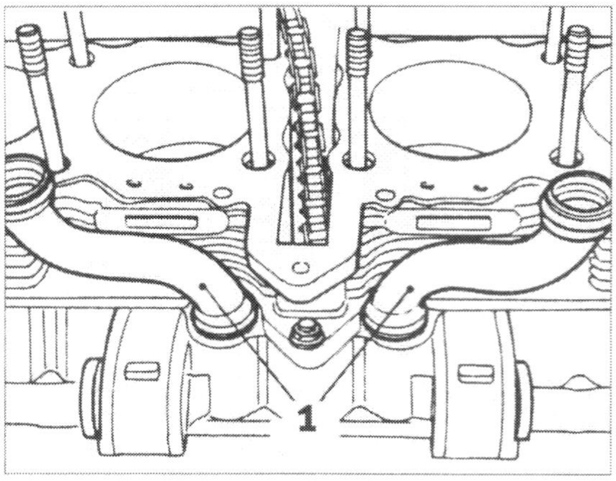

Bild 243
1 Ölschläuche

12.1 Ausbau

- Zylinder und Kolben bei abgenommenem Zylinderkopf demontieren (wie sonst!?).
- **Bild 243**: Ölschläuche ① abnehmen (sofern nicht schon bei Zylinderkopf-Ausbau entfernt).
- **Bild 244**: Befestigungsmutter »A« vorn auf Ausslasseite ausdrehen.
- Falls festgebacken, Zylinder vorsichtig mit Gummihammer lockern.

⚠ Nicht auf Kühlrippen klopfen!

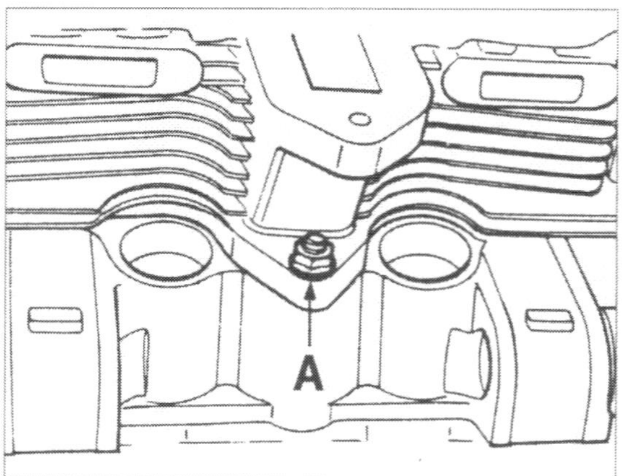

Bild 244
A Befestigungsmutter

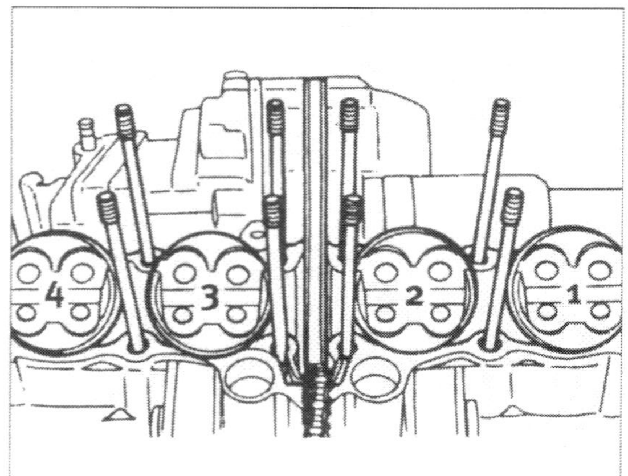

Bild 245 ➤
Kolbennummerierung

- **Bild 245**: Vor Ausbau Einbaulage der Kolben von links nach rechts (in Fahrtrichtung) markieren.
- **Bild 246**: Bevor Zylinder Kolbenringe freigibt und ganz nach oben abgezogen wird, Zylinderbohrung im Gehäuse mit Putzlappen bedecken, damit Bruchstücke eines eventuell gebrochenen Kolbenrings nicht ins Kurbelgehäuse fallen.
Kolbenbolzen-Sicherungsring ① aushebeln.

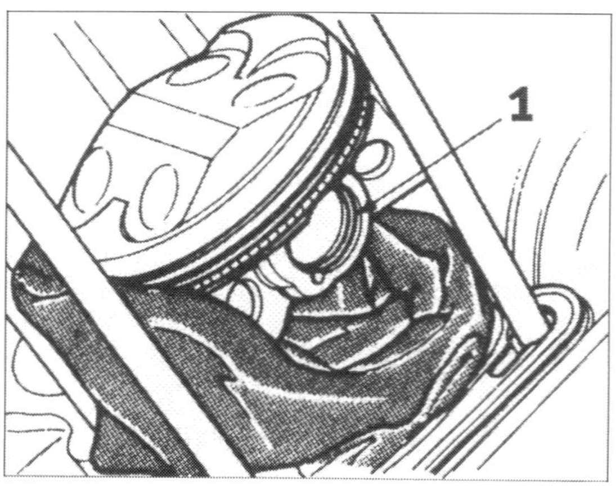

Bild 246
1 Kolbenbolzen-Sicherungsring

- Kolbenbolzen von Hand herausdrücken. Bolzenausdrücker nur verwenden, wenn Kolben schon Schrott ist.

⚠ Kolbenbolzen keinesfalls mit Durchschlag austreiben. Pleuel ist schnell krumm geschlagen!

- Kolbenringe mit beiden Daumen etwas aufweiten und über Kolben schieben. Ringe nicht zu weit aufbiegen, da sie leicht brechen.
- Mit Dreikantschaber Kolbenboden vorsichtig entkohlen (keine Riefen hinterlassen!).
- Ringnuten mit eventuell gebrochenem Kolbenring entkohlen.

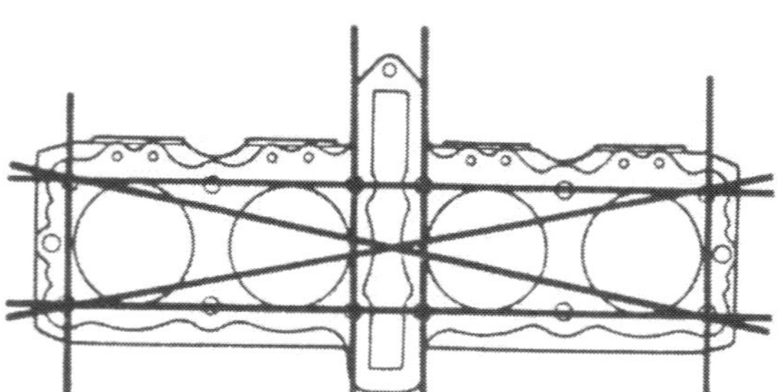

Bild 247
Zylinderblockverzug messen

TIPP Fingerzeig
Exakt messen

12.2 Prüfen und Vermessen

Lauffläche im Zylinder und Kolbenhemd dürfen keine Ausbrüche, Riefen oder Kratzer aufweisen.

Bild 247: Mit Haarlineal Zylinderblock auf Verzug prüfen; Verschleissgrenze 0,2 mm.

Bild 248: Maximalen Zylinderdurchmesser und Ovalität auf drei Ebenen in Fahrtrichtung und im rechten Winkel dazu messen. Standardmass 70,000 – 70,015 mm.

Zylinder auf maximale Konizität vermessen:

- Maximaler abzüglich minimaler Durchmesser, Verschleissgrenze 0,05 mm.
- Falls Messung Verschleissgrenze überschreitet, Zylinder in **Suzuki**- oder Fachwerkstatt mit Übermasskolben (erhältlich in 0,50 mm-Stufen) überholen lassen.

Bild 249: Aussendurchmesser des Kolbens am Kolbenhemd 15 mm über Unterkante, im rechten Winkel zur Bolzenachse messen. Verschleissgrenze 69,880 mm. Errechnetes Spiel des Kolbens im Zylinder (grösster Zylinderdurchmesser abzüglich Kolbendurchmesser) darf maximal 0,120 mm betragen.

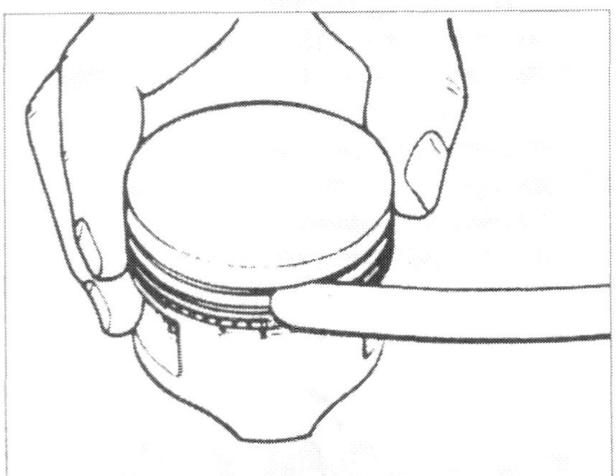

◄ **Bild 250**
Ringnutspiel messen

- Für den Fall einer Reparatur Ringe und Kolben als Satz erneuern. Zylinder mit entsprechendem Laufspiel in Fachwerkstatt aufbohren und honen lassen.

Bild 250: Mit Fühlerlehre Spiel zwischen Kolbenring und Ringnut abtasten. Verschleissgrenze 1. Ring 0,180 mm, 2. Ring 0,150 mm. Kolbenring muss frei, ohne zu klemmen, durchrollen.

Kolbenringnutbreite messen:
Sollwert für 1. Ring: 1,010 bis 1,040 mm,
Sollwert für 2. Ring: 1,004 bis 1,027 mm.
Ölabstreifring: 1,51 bis 1,53 mm.

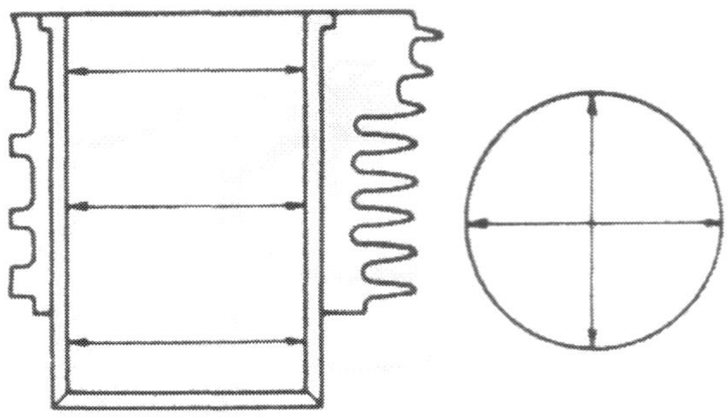

Bild 248
Auf drei Ebenen messen

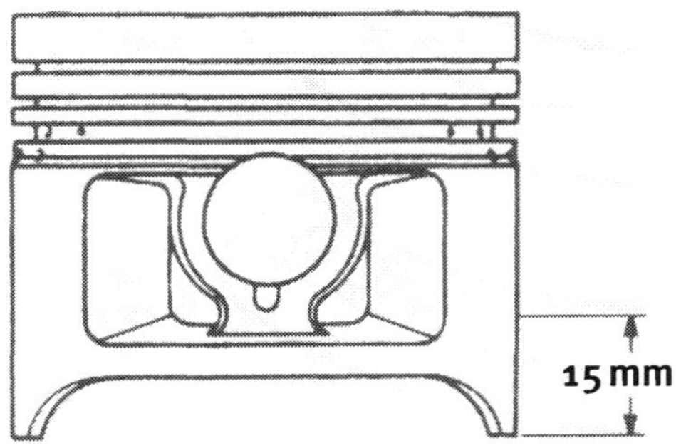

Bild 249
Messebene Kolben

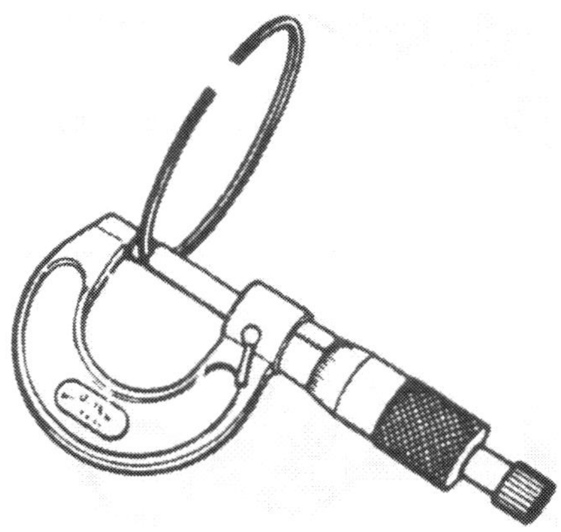

Bild 251
Ringdicke messen

Bild 252
Freien Ringspalt messen

Vorsicht! ⚠
Aufgepasst!

Bild 251: Kolbenringdicke messen.
Sollwert für 1. Ring: 0,97 bis 0,99 mm,
Sollwert für 2. Ring: 0,97 bis 0,99 mm.

- Falls zulässige Spielwerte überschritten, Kolben und Ringe ersetzen.

Bild 252: Freien Kolbenringspalt messen.
Verschleissgrenze 1. Ring: 6,6 mm,
Verschleissgrenze 2. Ring: 6,2 mm.
Falls Spiel zu gross, Ring auswechseln.

Bild 253: Kolbenringe einzeln in Zylinder schieben, rechtwinkelig zur Zylinderbohrung mit Kolben ausrichten. Mit Fühlerlehre Stossspiel ausfühlen.
Sollwert 1. Ring: 0,5 mm;
Sollwert 2. Ring: 0,5 mm.

Kolbenbolzen darf leicht eingeölt weder im Pleuel noch im Kolben Spiel aufweisen und muss frei beweglich sein.

- **Bild 254**: Übergrössen-Kolbenringe tragen auf Oberseite Grössenmarkierung: »N 50« für 0,5 mm-Übergrösse und »N 100« für 1,0 mm-Übergrösse.
- Ölabstreifringe haben in Standardgrösse keine Farbmarkierung, im ersten Übermass (0,5 mm) blaue und im zweiten (1,0 mm) gelbe Farbmarkierung.

Bild 255: Innendurchmesser der Kolbenbolzenbohrung messen.
Verschleissgrenze 18,030 mm.

Bild 256: Aussendurchmesser des Kolbenbolzens messen.
Verschleissgrenze 17,980 mm.

Bild 257: Innendurchmesser des oberen Pleuelauges messen.
Verschleissgrenze 18,040 mm.

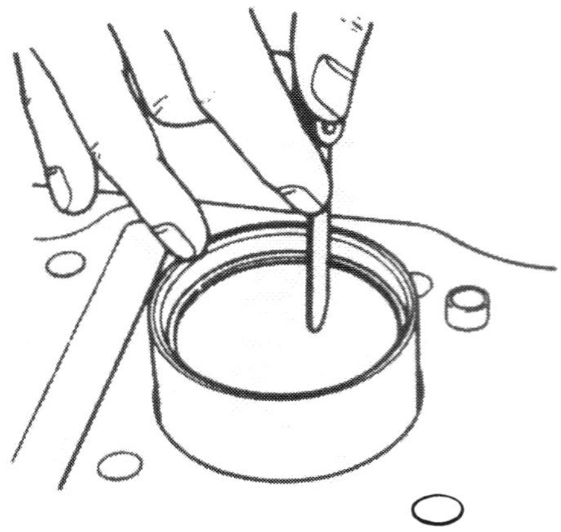

Bild 253
Ringspalt messen

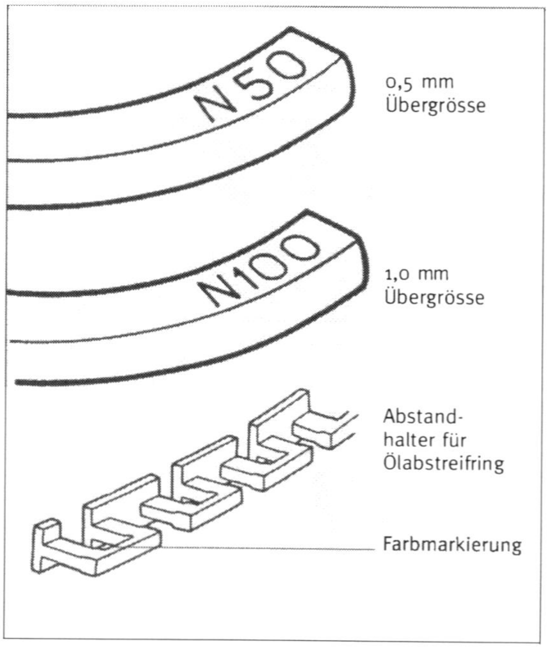

Bild 254
Übermass-Markierungen

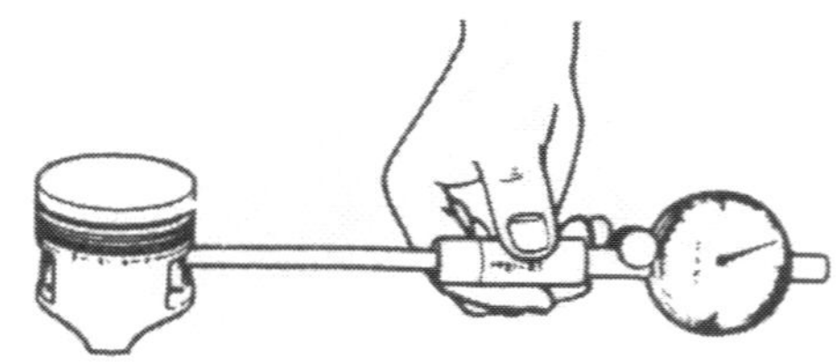

Bild 255
Durchmesser Kolbenauge

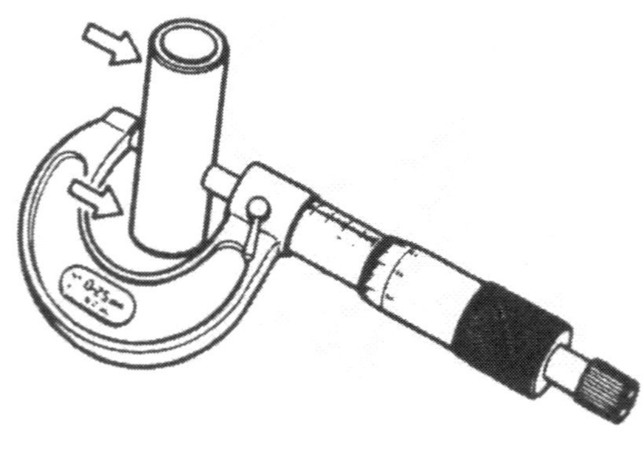

Bild 256
Kolbenbolzen an mehreren Punkten messen

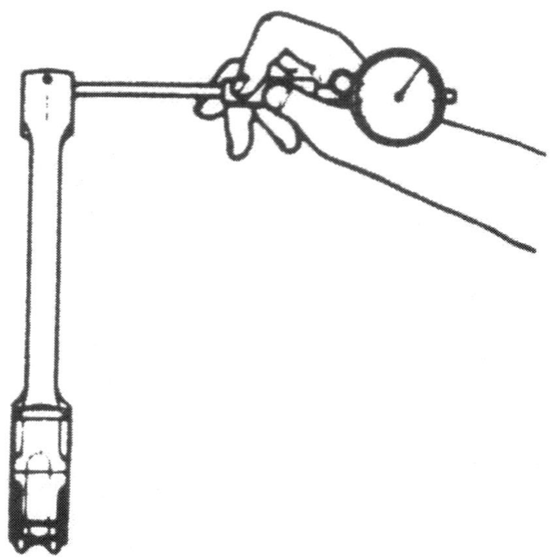

Bild 257 ➤
Durchmesser Pleuelauge

12.3 Montage
Bild 258

- **Bild 259**: Ölabstreifring und Kolbenringe mit Markierung nach oben weisend an Kolben montieren. Dabei Ringe nicht weiter als nötig aufweiten, da sie leicht brechen.
- ⚠ **Bild 260**: Kolbenringe nicht verwechseln.
- **Bild 261**: Zuerst Abstandsring ⑤, dann die beiden Seitenringe ⑥ einsetzen.
- **Bild 262**: Kolbenringstösse gleichmässig am Kolbenumfang verteilen.
- Kolben ihrer Nummerierung entsprechend anbringen.
- Öffnung des Kurbelgehäuses mit Lappen abdecken, damit Sicherungsringe nicht hineinfallen können. Pleuelaugen des Kolbens mit MoS_2-Fett schmieren und Kolbenbolzen einschieben.
- **Bild 263**: Kolben mit Pfeil in Fahrtrichtung weisend montieren.
- Kolbenbolzen-Sicherungsringe (unbedingt Neuteile verwenden!) einsetzen.
- **Bild 264**: Zwei Passhülsen anbringen und Fussdichtung mit wenig flüssiger Dicht-

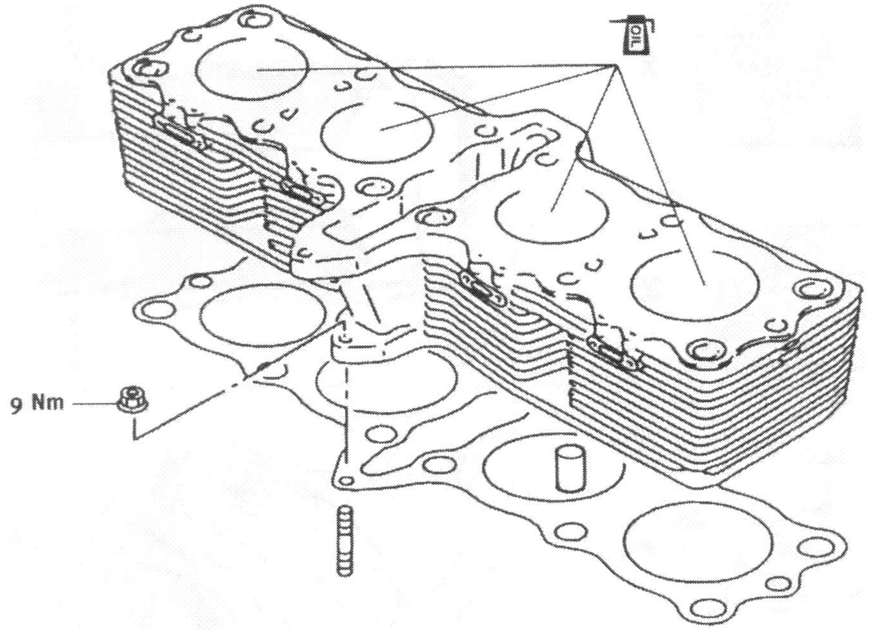

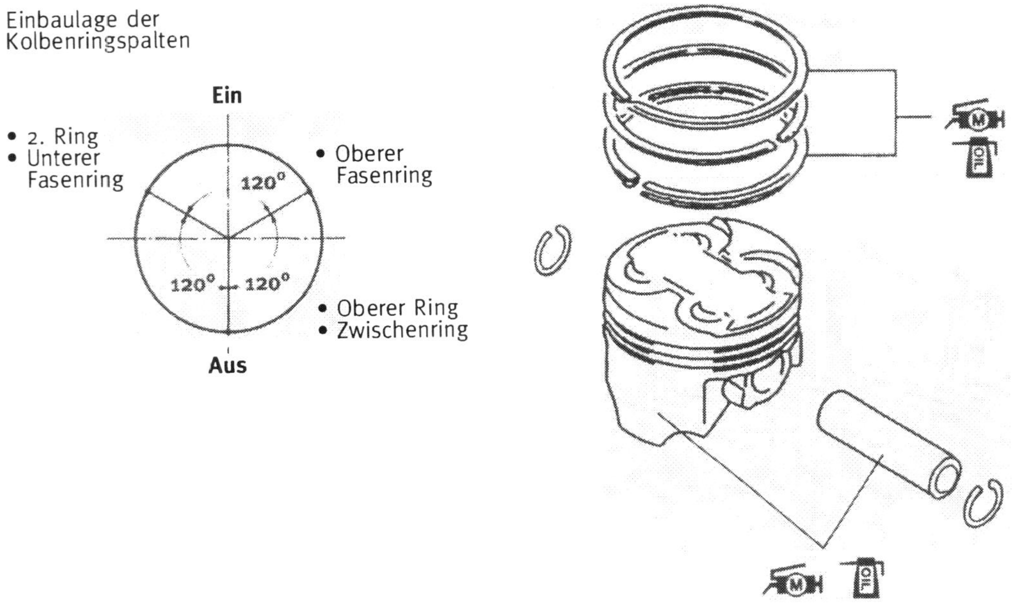

Bild 258
Zylinder und Kolben

masse an Dichtfläche anbringen (öl- und fettfrei; »*up*«-Markierung weist nach oben).

- **Bild 265**: Kolben 2 und 3 mit passenden Holzleisten »untermauern« und Kolben und Zylinder gut geölt aufeinander schieben, wobei Kolbenringe mit Fingern oder Ringspannern zusammengedrückt werden. Kolben 1 und 4 in Zylinder einführen.
- **Bild 244**: Befestigungsmutter »A« anziehen (9 Nm).
- **Bild 243**: Vor Zylinderkopfmontage Ölfallrohre mit neuen O-Ringen (geölt) anbringen.

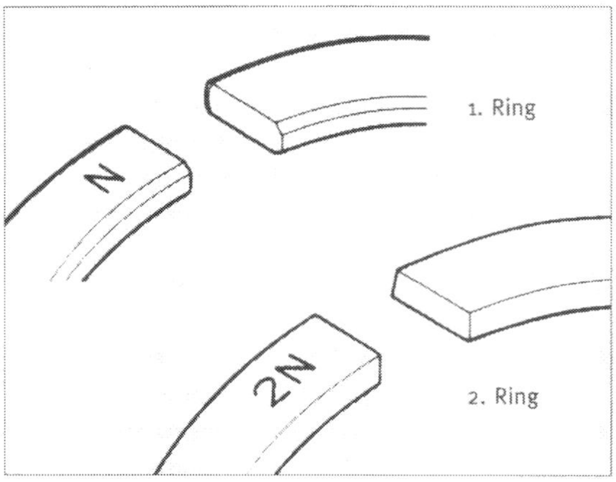

Bild 259
Markierungen weisen nach oben

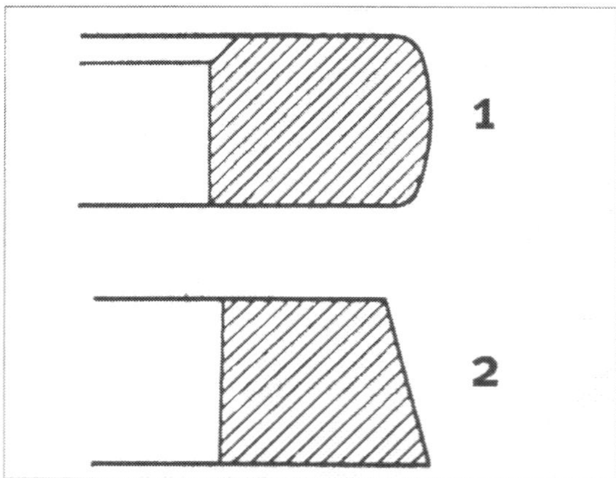

Bild 260
1 1. Kolbenring
2 2. Kolbenring

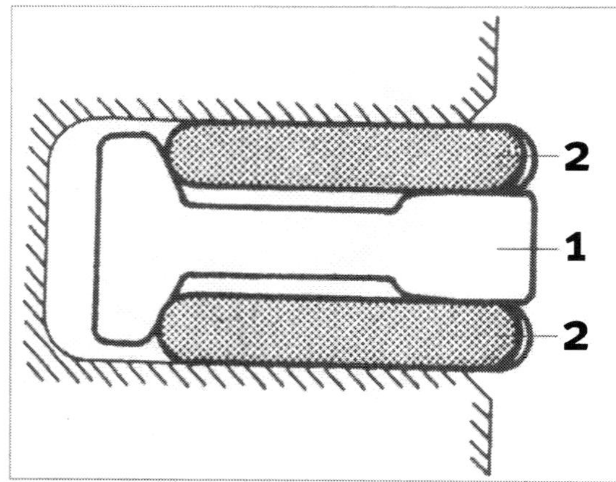

Bild 261 ➤
Ölabstreifring
1 Abstandhalter
2 Seitenringe

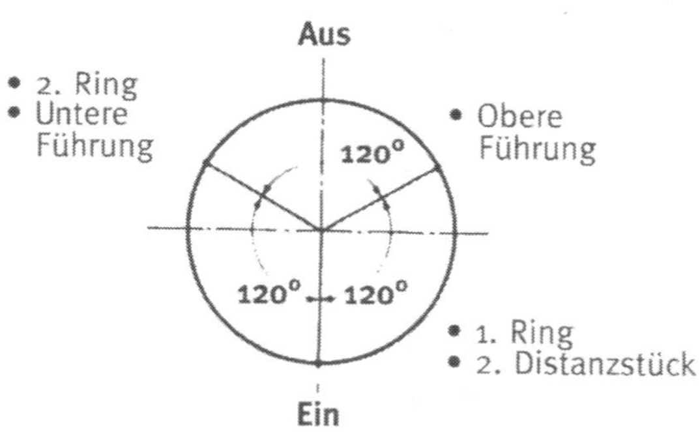

Bild 262
Ringspaltverteilung

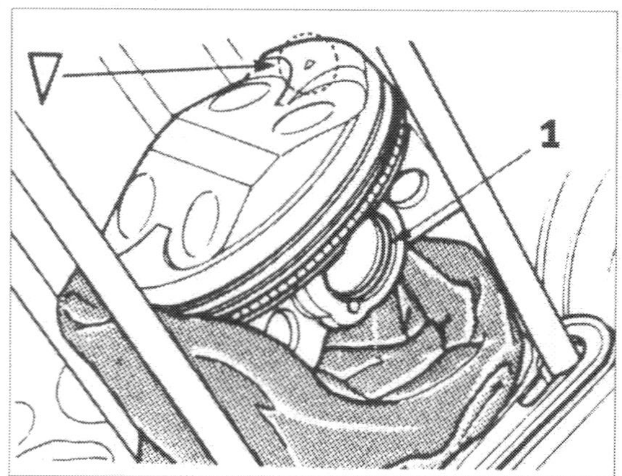

Bild 263 ➤
Markierung in Auslassrichtung
1 Sicherungsring

Bild 264
Passhülsen anbringen

Bild 265 ➤
Kolbenringe zusammendrücken

Kurbelgehäuse

13.1 Ausbau

Das Kurbelgehäuse muss zum Ausbau folgender Baueinheiten geöffnet werden:
- Kurbelwelle und Pleuel
- Getriebe
- Ölpumpe

Schaltmechanismus
Steht nur der Ausbau von Getriebe und Ölpumpe an, kann das Kurbelgehäuse bei montierten Zylindern/Kolben und Zylinderkopf geöffnet werden.
Folgende Baugruppen müssen ausgebaut sein:
- Generator (*Kapitel 6.1*).
- Zündimpulsgeber (*Kapitel 7.1*).
- Kupplung (*Kapitel 8.1*).
- Deckel des Starterfreilaufs (*Kapitel 9.1*).

- **Bild 29**: An rechter Motorgehäuseseite Deckel des Zündimpulsgebers abnehmen (*Kapitel 3.6*).
- **Bild 266**: Kurbelwelle mit Ringschlüssel SW 19 gegenhalten, Innensechskantschraube SW 6 auf Kurbelwellenstumpf ausdrehen und Zündrotor abnehmen.

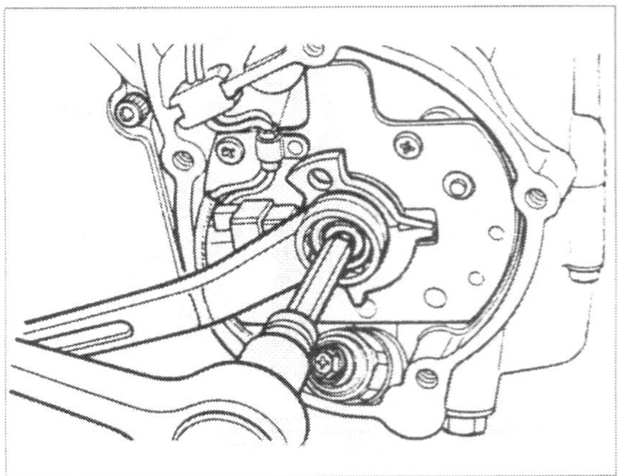

Bild 266
Zündrotor abnehmen

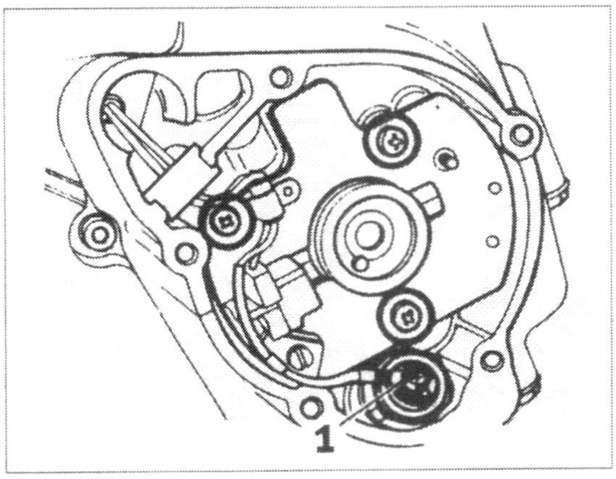

Bild 267
1 Öldruckschalter
Kreise Befestigungsschrauben

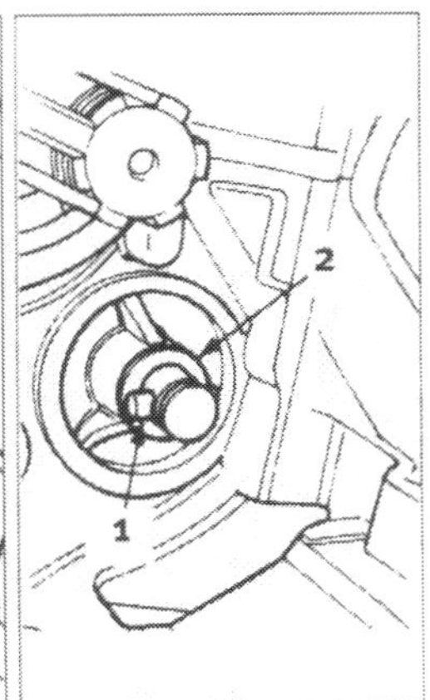

◄ Bild 268
Seegerring ausfedern
1 Seegerring

Bild 269
1 Splint
2 Belagscheibe

- **Bild 267**: Kabel vom Öldruckschalter ① abnehmen oder Öldruckschalter ausdrehen.
- Drei Befestigungsschrauben der Halteplatte ausdrehen, Platte mit Impulsgeber abnehmen.
- **Bild 268**: In Kupplungsgehäuse Seegerring ① ausfedern und Ölpumpenabtriebrad von Welle abnehmen.
- **Bild 269**: Auf Verbleib des Splints ① und der Beilagscheiben ② achten.
- **Bild 270**: An Zwischenwelle Sicherungslaschen des Lagerschilds flachbiegen, vier Befestigungsschrauben ausdrehen und Lagerschild abnehmen.

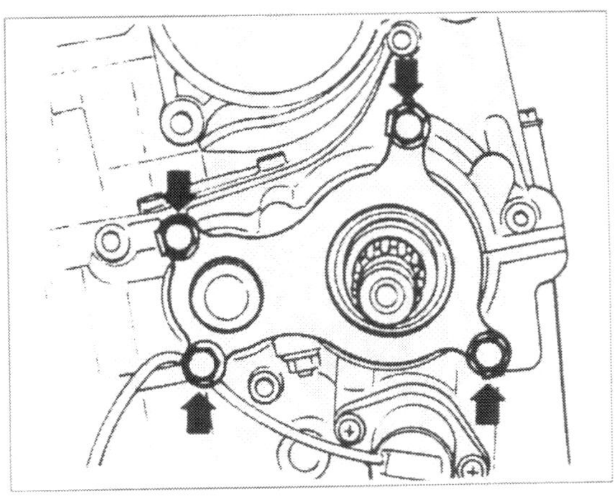

Bild 270
Lagerschild abnehmen
Pfeile Befestigungsschrauben

Vorsicht! ⚠
Aufgepasst!

Bild 271
Leerlaufschalter ausbauen
1 Schalter
Kreise Befestigungsschrauben

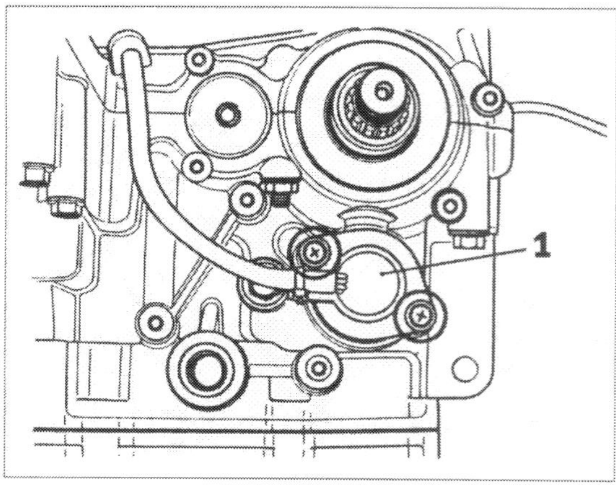

Bild 272 ➤
1 O-Ring
2 Schalterkontakt
3 Feder

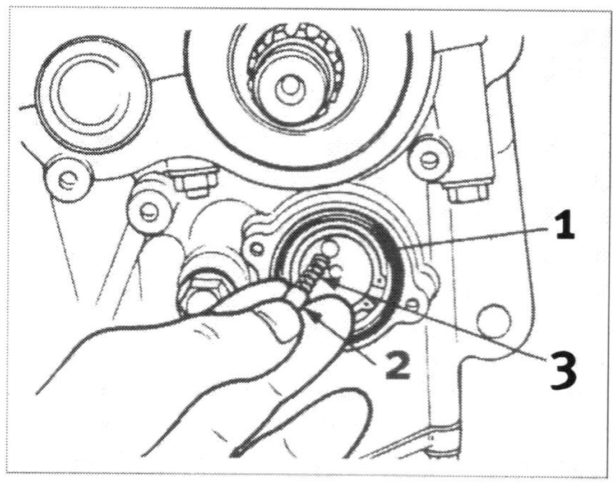

Bild 273
Pfeile Lagerschildschrauben

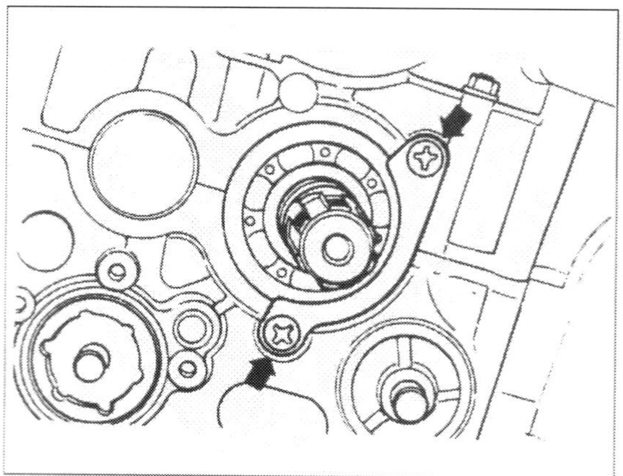

Bild 274
1 Verschluss-Schraube

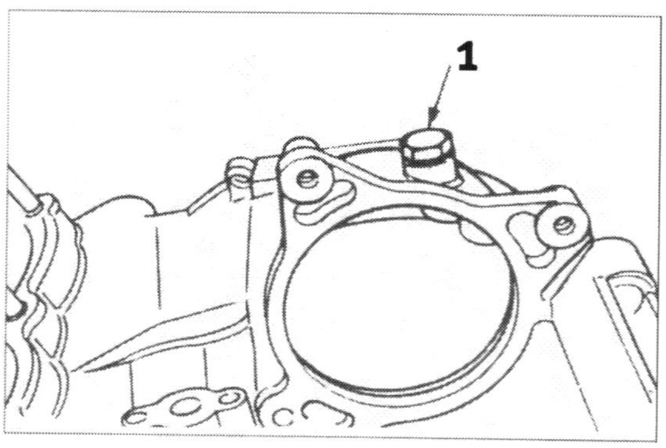

Bild 275
Pfeile Befestigungsschraube und -mutter

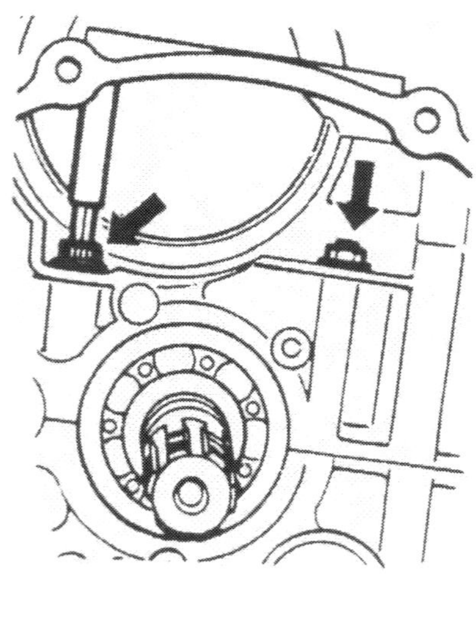

- **Bild 271**: Zwei Befestigungsschrauben ausdrehen und Leerlaufschalter ausbauen.
- **Bild 272**: O-Ring ①, Schalterkontakt ② und Feder ③ abnehmen.
- **Bild 273**: Im Kupplungsgehäuse zwei Lagerschildschrauben der Hauptwelle ausdrehen.
- **Bild 274** und **Bild 275**: Nach Entfernen der Verschlussschraube ① am oberen Kurbelgehäuse Befestigungsschraube und -mutter ausdrehen.
- **Bild 276**: Sechs Motorgehäuseschrauben oben ausdrehen.
- **Bild 277**: Kurbelgehäuse umdrehen und Befestigungsschrauben der Ölwanne schrittweise über Kreuz lösen und ausdrehen.
- **Bild 278**: Kupferdichtscheibe ① und O-Ring ② abnehmen.
- Zwei Befestigungsschrauben ausdrehen und Ölsumpffilter ③ abnehmen.
- Ölleitung ④ nach Ausdrehen der Befestigungsschraube abnehmen.
- **Bild 279**: Zehn Gehäuseschrauben unten ausdrehen.
- **Bild 280**: Auf Ritzelseite Gehäusemutter und -schrauben ausdrehen.
- **Bild 281**: Hauptölkanalschraube ① ausdrehen.
- **Bild 282**: Zwölf Kurbelwellenlagerschrauben entgegen der angegebenen Anzugsreihenfolge lösen.
- Jede Schraube erst um ¼ Drehung lösen, dann ganz ausdrehen.
- **Bild 283**: Öldruckregler ⑤ aus Ölwanne ausdrehen.
- Untere Kurbelgehäuse-Hälfte von oberer abnehmen. Sämtliche Wellen verbleiben in oberer Hälfte.
- Beim Trennen der Gehäusehälften sind neben einer Holzunterlage kräftige, aber bedachte (!) Gummihammerschläge nützlich.

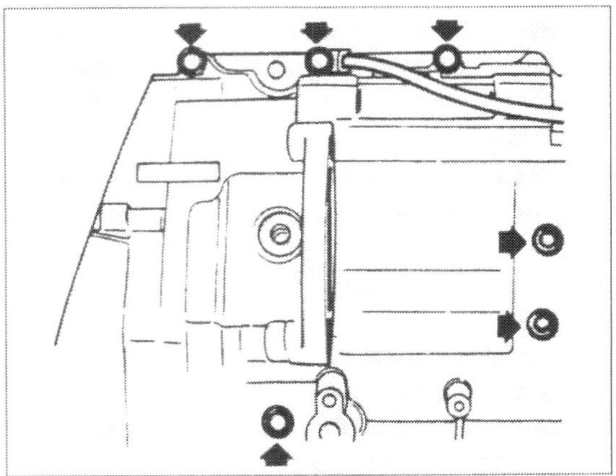

◄ **Bild 276**
Pfeile Motorgehäuseschrauben

Lager und Wellendichtringe

- Wellendichtringe bei jedem Motorausbau grundsätzlich erneuern. Sie können leicht ausgehebelt bzw. abgenommen werden.

13.2 Montage

- Kurbelwelle mit Pleueln, Schaltmechanismus, Ölpumpe, Starterfreilauf und Getriebe einsetzen (*siehe folgende Kapitel*).
- **Bild 283:** Öldruckregler mit Scheibe an Ölwanne anbringen. Anzugsmoment 40 Nm.
- **Bild 284:** Drei O-Ringe und vier Passhülsen in obere Gehäusehälfte einsetzen.
- **Bild 285:** Auf peinlich saubere Dichtflächen möglichst dünnen Dichtmassefilm (Drei-Bond-Silikondichtmasse o.Ä.) auftragen. Etwa 3 mm Abstand zu Kurbelwellenlagern einhalten!
- Untere Gehäusehälfte auf obere, die auf Holzunterlage sitzt, absenken. Dabei genau kontrollieren, dass Schaltgabeln in zugehörige Schaltrillen der Getrieberäder eingreifen.
- **Bild 286:** Wenn Gehäusehälften satt aufeinandersitzen, Hauptlagerschrauben in der angegebenen Reihenfolge in drei Durchgängen von innen nach aussen anziehen. Rechte Ölleitung »A« mit Schraube ① befestigen. Schrauben »9« und »11« mit neuer Kupferdichtung. Anzugsmoment des letzten Durchgangs für die 6 mm-Schrauben 11 Nm, für die 8 mm-Schrauben 23 Nm.
- **Bild 287:** Motormassekabel an oberer Gehäusehälfte anbringen.
- Untere und obere Gehäuseschrauben anbringen, *siehe Kapitel 13.1*.
- Lagerbleche anbringen. Schrauben mit flüssiger Schraubensicherung versehen.

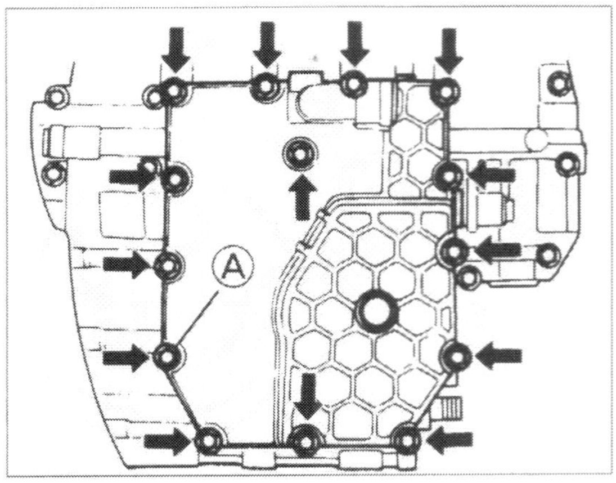

Bild 277
Pfeile Befestigungsschrauben der Ölwanne
A mit neuer Dichtung

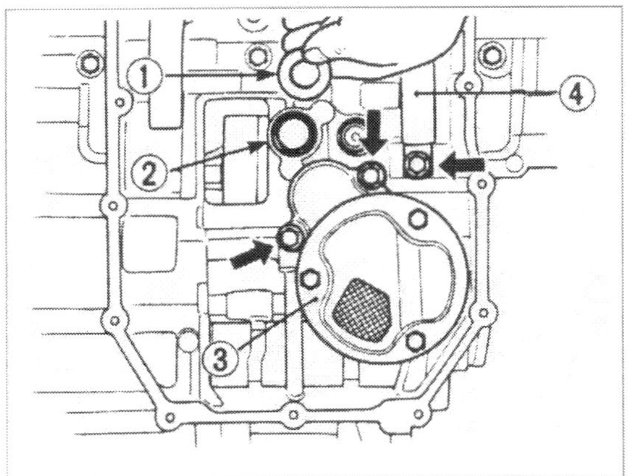

Bild 278
1 Kupferdichtscheibe
2 O-Ring
3 Ölsumpffilter
4 Ölleitung
Pfeile Befestigungsschrauben

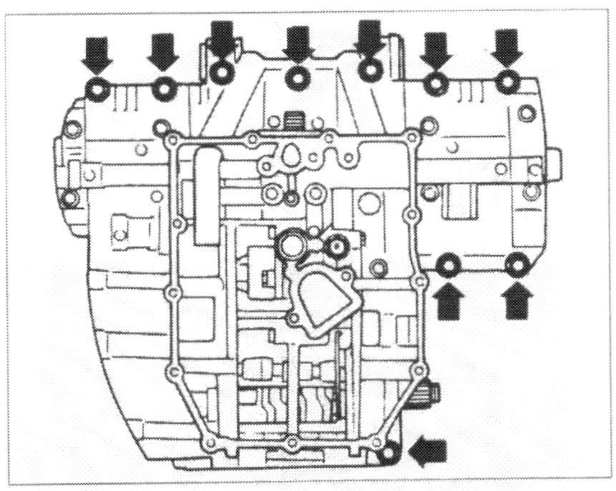

Bild 279
Pfeile Gehäuseschrauben unten

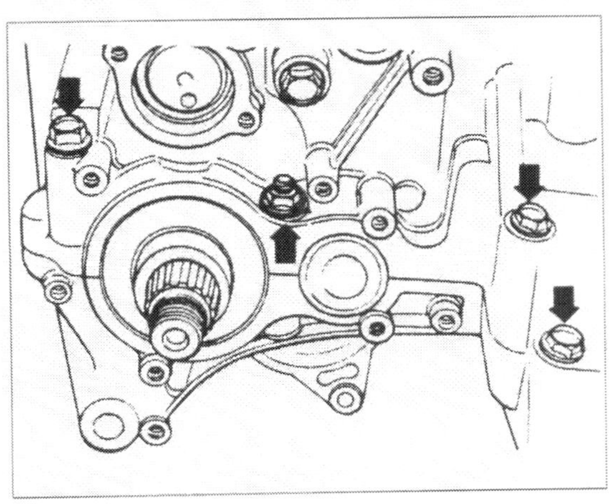

Bild 280
Pfeile Gehäusemutter und -schrauben

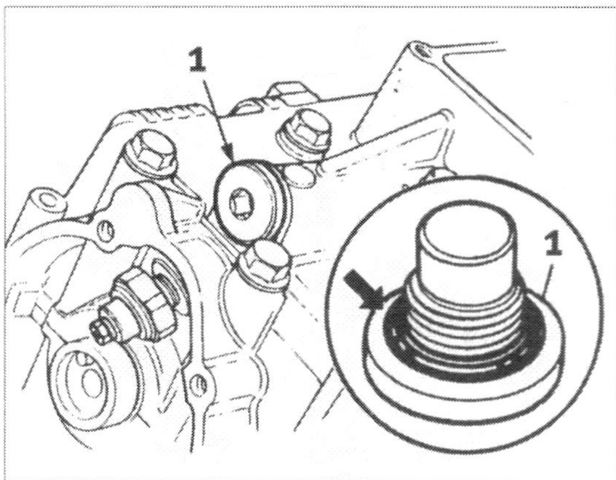

Bild 281
1 Hauptölkanalschraube
Pfeil O-Ring

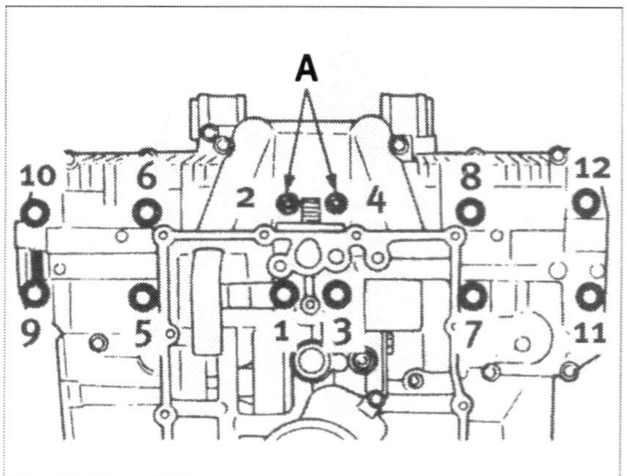

Bild 282
Anzugsreihenfolge
A 6 mm-Innensechskantschrauben

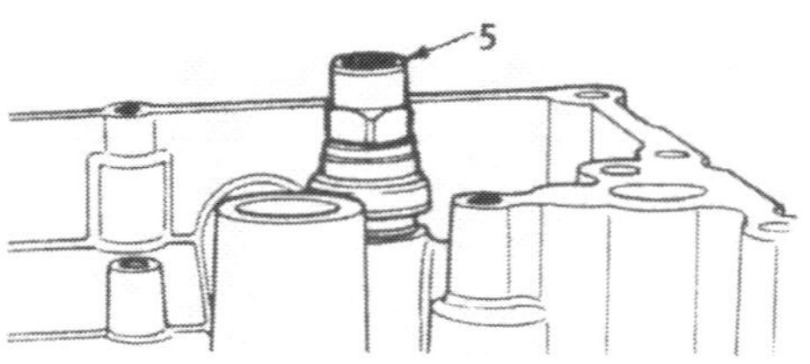

Bild 283
5 Öldruckregler

Bild 284
Pfeile O-Ringe
Kreise Passhülsen

- **Bild 278**: Ölsumpffilter ③ mit neuer Dichtung und linke Ölleitung ④ befestigen. Kupferdichtscheibe ① und O-Ring ② erneuern.
- **Bild 277**: Auf öl- und fettfreie Dichtflächen neue Dichtung auflegen und Ölwanne aufsetzen.
- Die Befestigungsschrauben schrittweise über Kreuz mit 14 Nm anziehen.
- **Bild 288**: Schraube »A« mit neuer Dichtscheibe montieren.
- **Bild 272**: Leerlaufschalter mit neuem O-Ring montieren. Auf richtige Einbaulage von Schalterkontakt und Feder achten.
- **Bild 289**: Falls ausgebaut, Öldruckschalter mit flüssiger Schraubensicherung versehen in Gehäuse eindrehen.
- **Bild 267**: Zündgeberplatte am rechten Kurbelwellenstumpf anbringen.
- Befestigungsschrauben der Impulsgeber-Halteplatte mit flüssiger Schraubensicherung eindrehen.
- Nase der Geberspule auf Gehäusenaht ausrichten.
- **Bild 290**: Zündrotor aufsetzen. Rotormarkierung ① auf Mitnehmerstift der Kurbelwelle ② ausrichten. Dichtmasse auf Kabeltülle ③ auftragen.
- **Bild 266**: Kurbelwelle gegenhalten und Rotorschraube anziehen (25 Nm).
- **Bild 291**: Dichtmasse im Bereich der Gehäusenaht auftragen.
- **Bild 292**: Deckel mit neuer Dichtung aufsetzen, Gehäuseschrauben eindrehen. Schraube »B« mit neuem Dichtring.
- **Bild 268** und **Bild 269**: Mitnehmerstift mit Scheibe in Pumpenwelle einsetzen, Ölpumpenrad aufschieben und mit Scheibe und Seegerring befestigen.

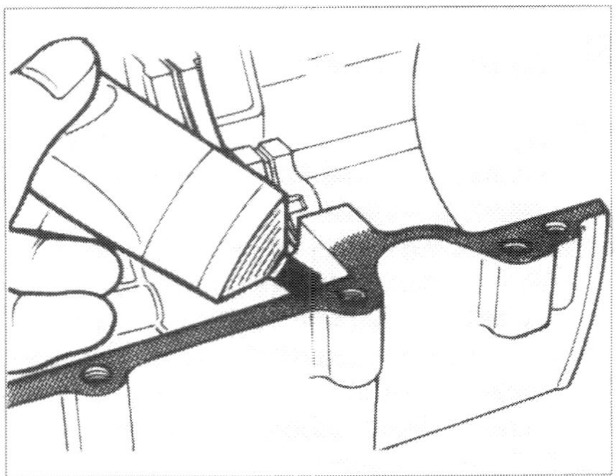

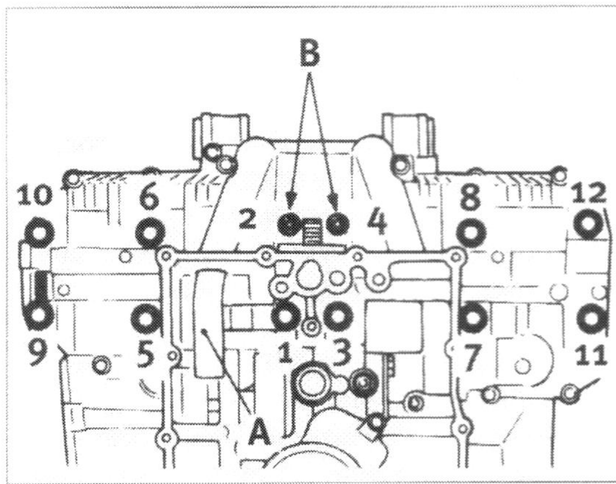

◄ Bild 285
Dichtmassefilm auftragen

Bild 286
Anzugsreihenfolge
A Rechte Ölleitung
B 6 mm-Innensechskantschrauben

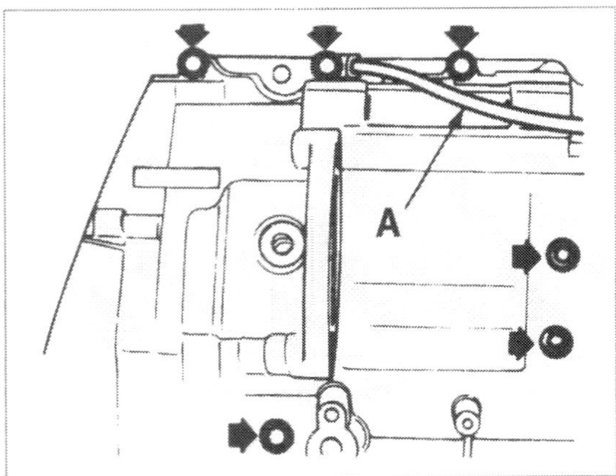

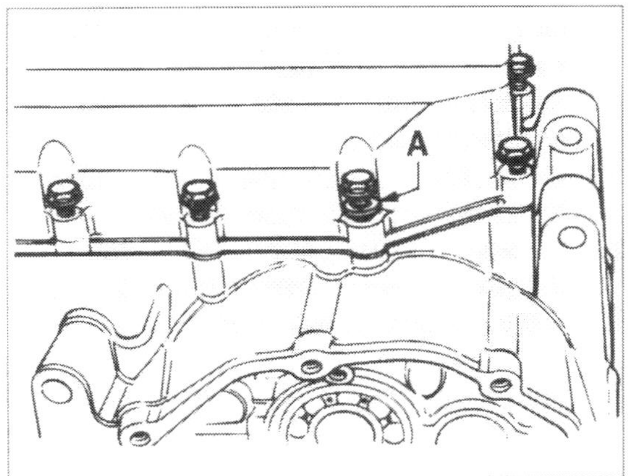

◄ Bild 287
A Motormassekabel
Pfeile Befestigungsschrauben

Bild 288
A mit neuer Dichtung

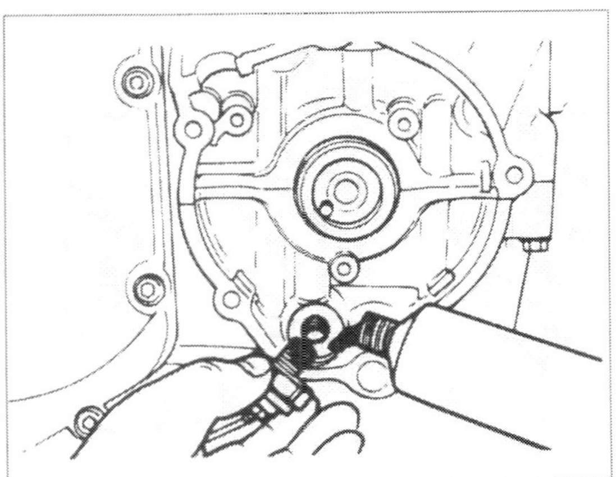

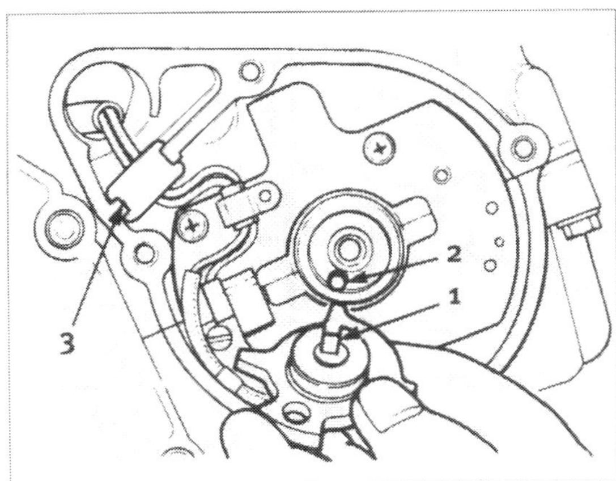

◄ Bild 289
Flüssige Schraubensicherung auftragen

Bild 290
1 Rotormarkierung
2 Mitnehmerstift
3 Kabeltülle

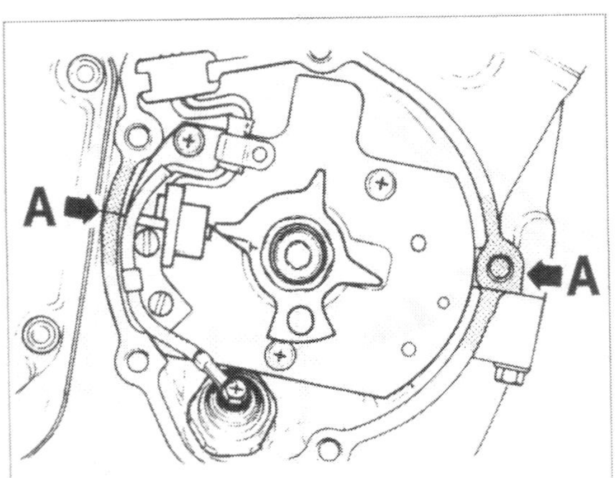

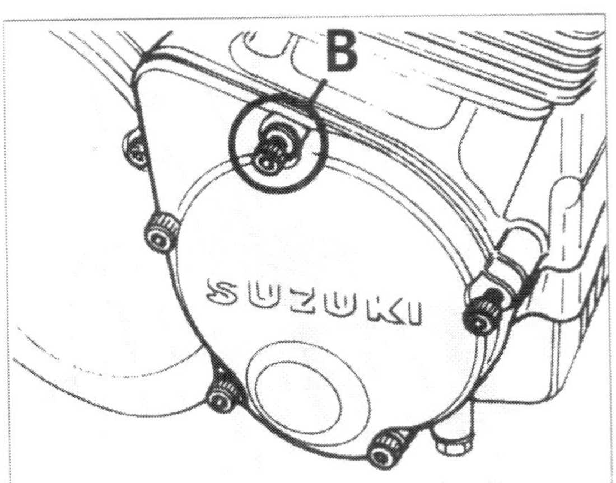

◄ Bild 291
A flüssige Dichtmasse auftragen

Bild 292
B mit neuem Dichtring

Kurbelwelle und Pleuel

Vorsicht! ⚠
Aufgepasst!

14.1 Ausbau

⚠ Vor Entnahme der Kurbelwelle aus oberer Motorgehäusehälfte Axialspiel der Kurbelwelle messen, *siehe Kapitel 14.2*.

⚠ Vor Ausbau der Lagerschalen (Pleuel und Kurbelwelle) Lagerspiel messen, *siehe Kapitel 14.2*.

■ Kurbelwelle mit Steuerkette und Pleuel von Hand entnehmen.

Bild 292: Auf Verbleib der Hauptlagerschalen und Axialspielscheiben »C« achten.

■ Einbaulage und -Richtung der Pleuel markieren. Pleuelmuttern abwechselnd schrittweise lösen und Pleuel abnehmen.

⚠ Auf keinen Fall Schrauben aus Pleuelstangen entfernen.

■ Lagerschalen (Kurbelwelle und Pleuel) mit kleinem Schraubendreher aushebeln.

■ **Bild 294** und **Bild 295**: Zwei Kunststoffdämpfer ③, Steuerkettenführung ② und O-Ring ④ und ⑤ entfernen.

14.2 Prüfen und Vermessen

Lagerschalen, Ketten und Zahnräder auf Beschädigung und übermässigen Verschleiss untersuchen.

Bild 296: Pleuelfuss-Axialspiel mit Fühlerlehre messen. Verschleissgrenze 0,30 mm.

Bild 297: Kurbelzapfenbreite mit Innentaster und Pleuelfussbreite mit Mikrometerschraube messen.
Sollwert Pleuelfussbreite 20,95 – 21,00 mm
Sollwert Hubzapfenbreite 21,10 – 21,15 mm

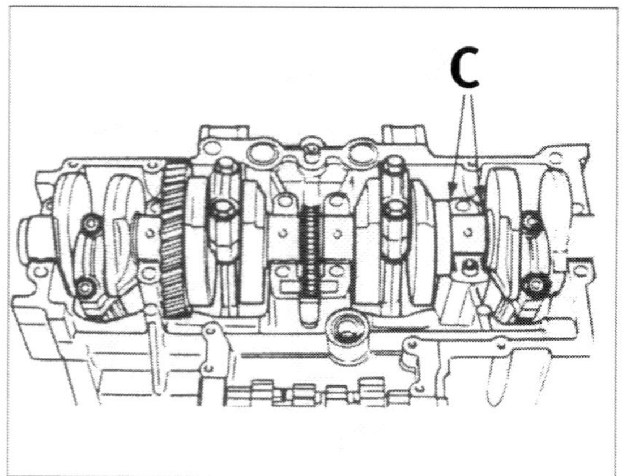

Bild 293
C Axialspielscheibe

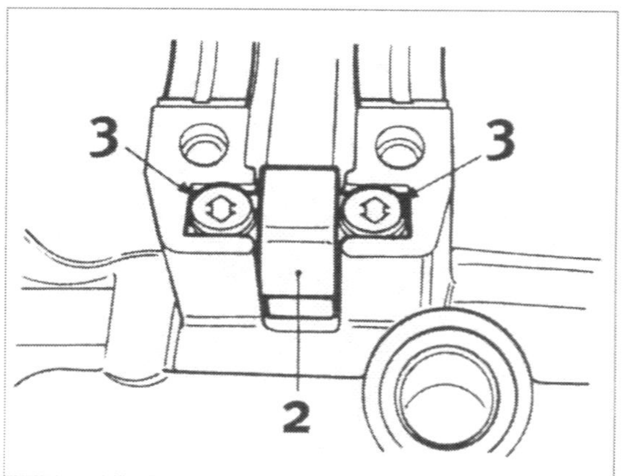

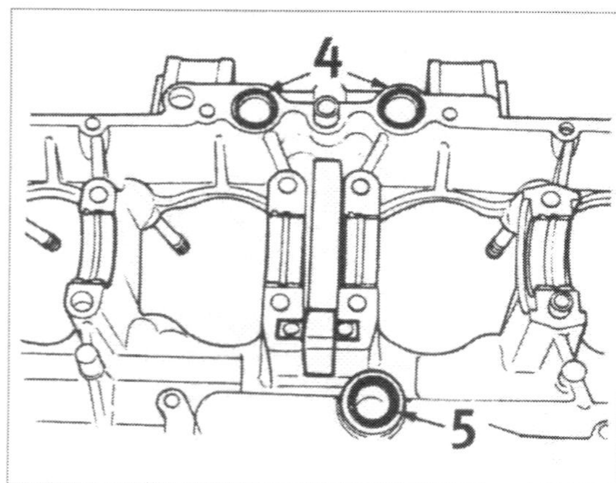

Bild 294
2 Führung
3 Dämpfer

Bild 295 ➤
4 O-Ringe
5 O-Ring

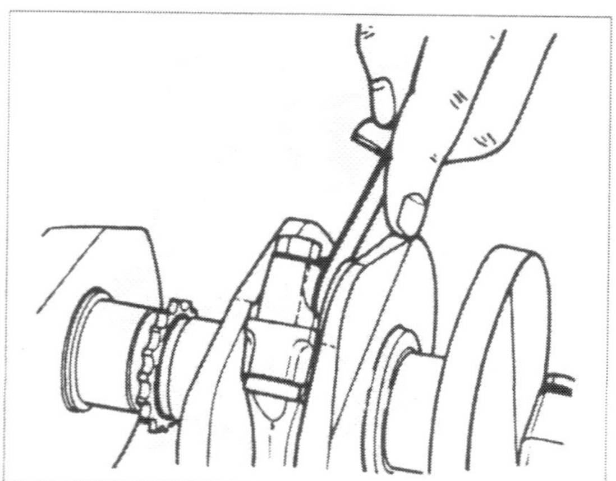

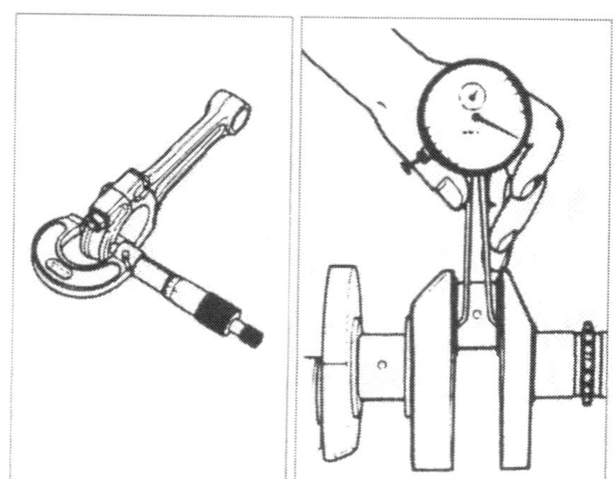

Bild 296
Pleuelfuss-Axialspiel messen

Bild 297 ➤
Pleuelfussbreite und Hubzapfenbreite messen

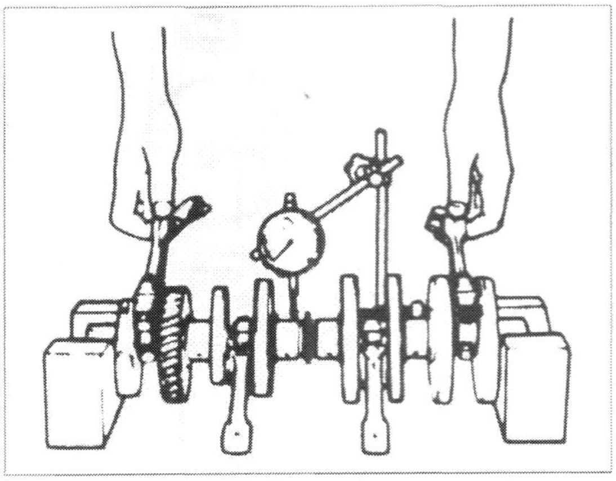

Bild 298
Kurbelwellenschlag messen

Bild 298: Kurbelwelle lagern und Schlag der Lagerzapfen messen,
Verschleissgrenze 0,05 mm.
Dabei beachten, dass tatsächlicher Schlag nur der Hälfte des angezeigten Wertes entspricht.

Mit »Plastigage« (im gut sortierten Werkzeughandel erhältlich) Lagerspiel von Kurbelwellen-Hauptlager und Pleuellager feststellen.

Pleuel-Lager

Bild 299: Darauf achten, dass der Kunststoffstreifen nicht über Ölbohrungen gequetscht wird und diese verstopft.

⚠ Messstreifen nicht am oberen oder unteren Totpunkt der Zapfen einlegen.

⚠ Pleuel und Kurbelwelle während der Montage nicht gegeneinander verdrehen!

■ Lagerdeckel montieren.

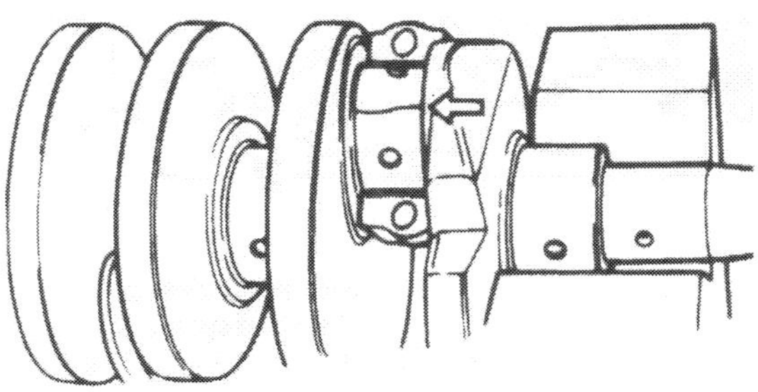

Bild 299
Ölbohrungen nicht verstopfen
Pfeil Messstreifen

Bild 300: Auf richtige Einbaulage achten. Nummerierung zeigt nach hinten zur Einlassseite.

■ Deckel in zwei Durchgängen abwechsend anziehen.
Anzugsmoment 1. Durchgang 34 Nm
Anzugsmoment 2. Durchgang 66 Nm

■ Muttern wieder ausdrehen und Lagerdeckel abnehmen.

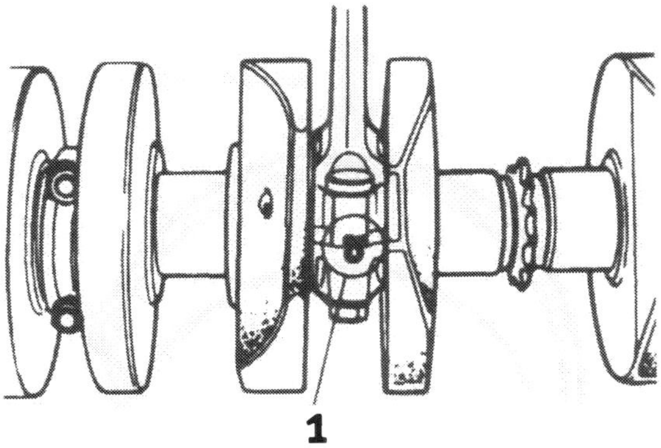

Bild 300
Markierung weist nach hinten
1 Nummerierung

Bild 301: Mit Plastigage-Skala Breite des Messstreifens bestimmen und so Lager spiel feststellen. Massgebend ist breiteste Stelle des Messstreifens.
Pleuelfuss-Radialspiel
Sollwert 0,032 – 0,056 mm
Verschleissgrenze 0,080 mm

Pleuellagerwahl

⚠ Lagerschalen im Satz auswechseln.

Bild 302: Pleuel sind an Stirnseite mit »1« (Innendurchmesser 37,000 – 37,008 mm) oder »2« (Innendurchmesser 37,008 – 37,016 mm) gekennzeichnet.

Bild 302: Hubzapfen-Kennzeichnung »1« (Aussendurchmesser 33,992 – 34,000 mm),
»2«
(Aussendurchmesser 33,984 – 33,992 mm)
oder »3«
(Aussendurchmesser 33,976 – 33,984 mm)
ist an innerer Kurbelwange von Zylinder 1 angebracht.

■ **Bild 304**: Richtige Lagerschale an Hand Tabelle auswählen.

■ **Bild 305**: Farbkennzeichnung der Lagerschalen.

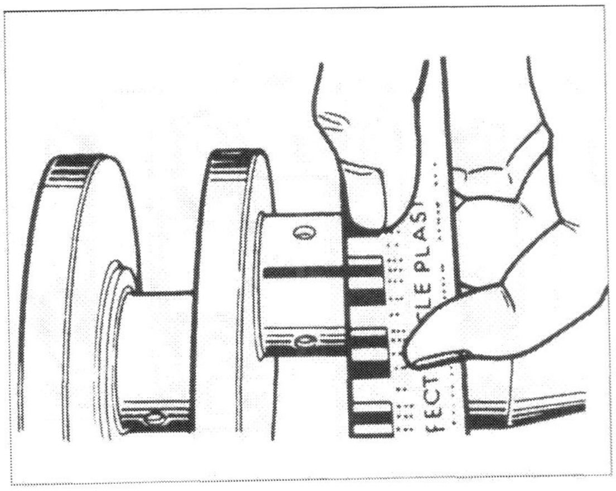

Bild 301
Plastigage-Spielmessung

Kurbelwellen-Lager

Radialspiel der Kurbelwellen-Hauptlager mit Plastigage-Messstreifen messen.

- Kurbelwellen-Lagerzapfen und Lagerschalen von Öl und Fett säubern.
- Kurbelwelle in obere Motorgehäusehälfte einsetzen.
- **Bild 306**: Messstreifen wie zur Pleuelspiel-Messung einlegen.
- **Bild 286**: Untere Kurbelgehäusehälfte aufsetzen und Hauptlagerschrauben in zwei Durchgängen von innen nach aussen anziehen.

⚠ Kurbelwelle nicht drehen, wenn Messstreifen eingelegt ist.
Anzugsmoment 1. Durchgang 13 Nm
Anzugsmoment 2. Durchgang 23 Nm

- Schrauben wieder lösen und untere Gehäusehälfte wieder abnehmen.

Bild 307: Mit Plastigage-Skala Breite des Messstreifens bestimmen und so Lagerspiel feststellen. Massgebend ist breiteste Stelle des Messstreifens.
Hauptlager-Sollspiel
0,020 – 0,044 mm
Verschleissgrenze
0,080 mm

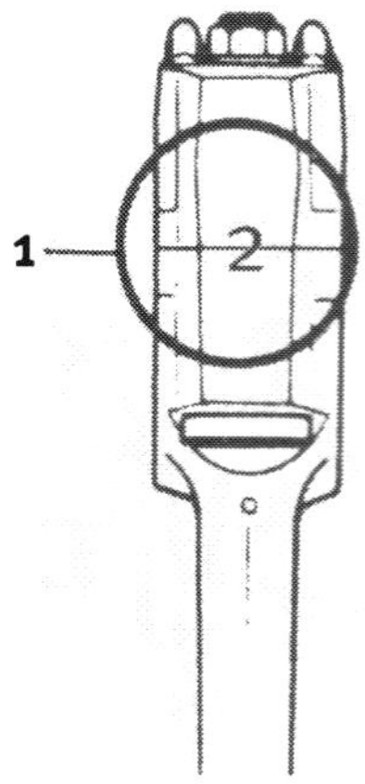

Bild 302
1 Innendurchmesser-Kennzeichnung

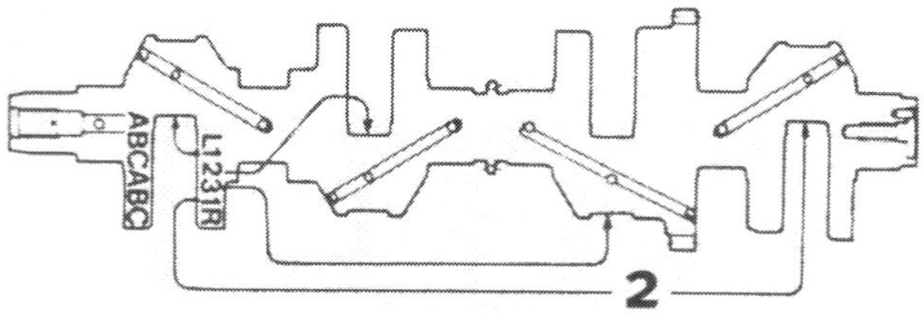

Bild 303
2 Pleuellager-Durchmesser-codes

Bild 304
Pleuellagerschalen-Wahltabelle

		Aussendurchmesser des Hubzapfens ②		
	Kenn-Nr.	**1**	**2**	**3**
Innendurchmesser des Pleuels ①	**1**	**Grün**	**Schwarz**	**Braun**
	2	**Schwarz**	**Braun**	**Gelb**

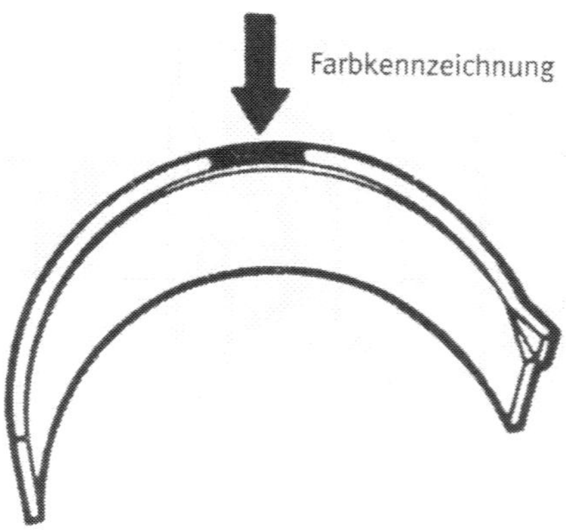

Bild 305
Lagerschalen-Markierung

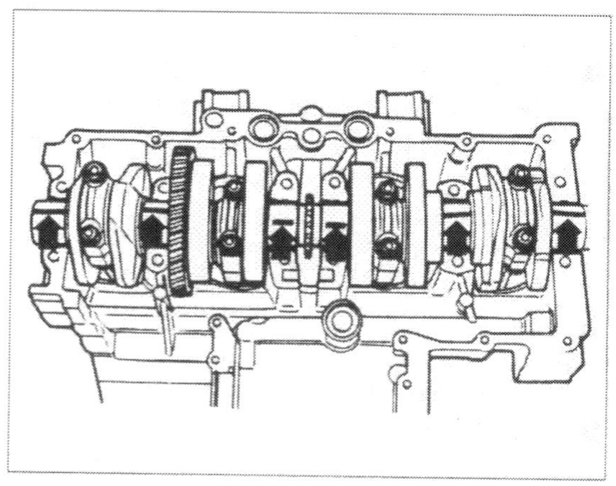

Bild 306 ➤
Plastigage einlegen
Pfeile Messstreifen

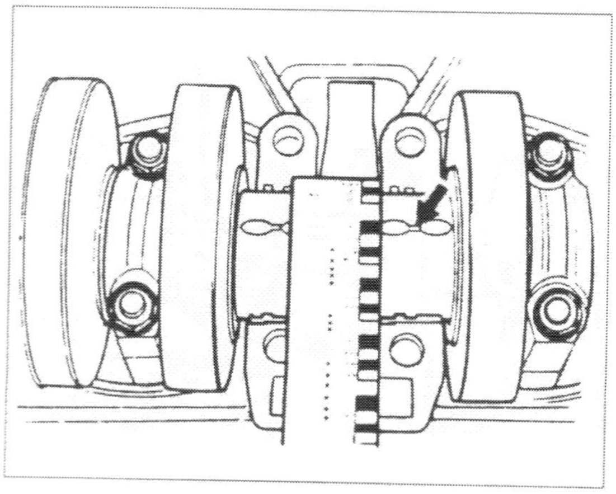

Bild 307
Plastigage-Spielmessung

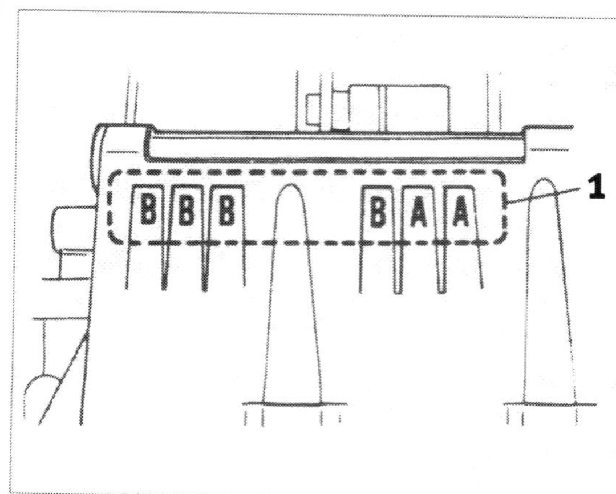

Bild 308 ➤
1 Kurbelwellen durchmessercodes

Hauptlagerwahl

⚠ Lagerschalen im Satz auswechseln.

- **Bild 308**: Kennzeichnung »A« oder »B« der Lagerinnendurchmesser im Motorgehäuse ist an Rückseite der oberen Motorgehäusehälfte angebracht.
- **Bild 309**: Kennzeichnung der Kurbelwellen-Lagerzapfen »A«, »B« oder »C« ist auf äusserer Kurbelwange von Zylinder 1 angebracht.

Kurbelwellen-Lagerkennzeichnung und zugehörige Durchmesser

»A« 31,992 – 32,000 mm
»B« 31,984 – 31,992 mm
»C« 31,976 – 31,984 mm

- **Bild 310**: Richtige Lagerschale an Hand Tabelle auswählen.

⚠ **Bild 311**: In oberer und unterer Gehäusehälfte kommen unterschiedliche Lagerschalen zum Einsatz.

Kurbelwellen-Axialspiel messen:

- **Bild 312**: Kurbelwelle in obere Gehäusehälfte einlegen und nach links schieben, damit rechtes Axiallager spielfrei ist.

Bild 313: Axialspiel auf linker Seite mit Fühlerlehre messen. Sollwert 0,06 – 0,11 mm.

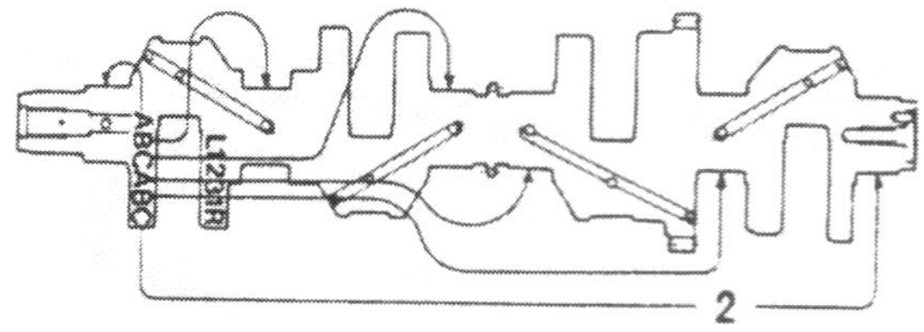

Bild 309
2 Code-Zuordnung

	Kenn-Nr.	Aussendurchmesser der Kurbelwelle ② A	B	C
Innendurchmesser des Kurbelgehäuses ①	A	**Grün**	**Schwarz**	**Braun**
	B	**Schwarz**	**Braun**	**Gelb**

Bild 310
Lagerschalen-Tabelle

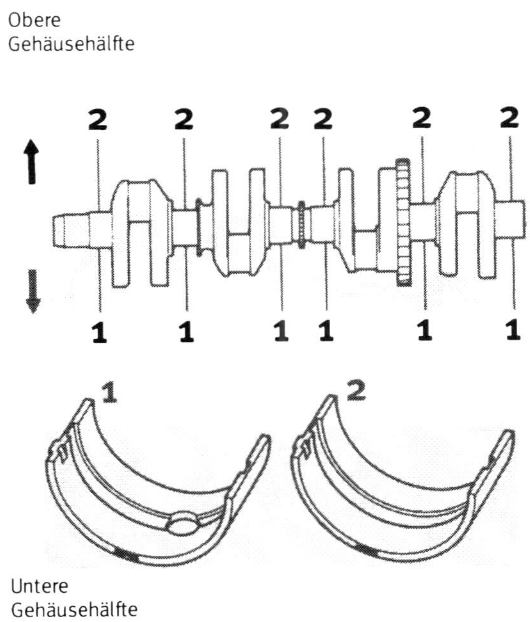

Bild 311
Lagerschalen-Kennzeichnung

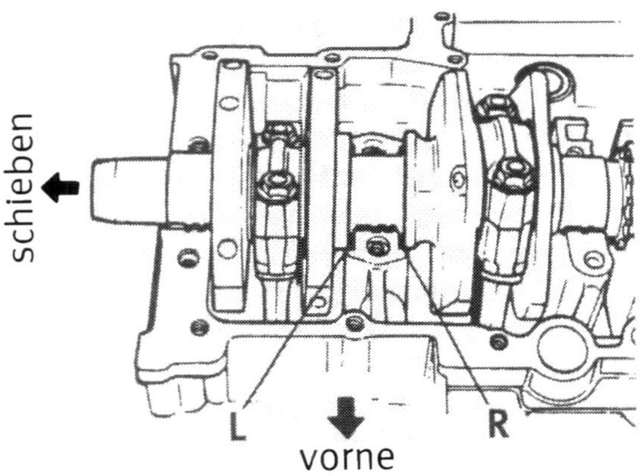

Bild 312
Rechtes Axial-Lager muss spielfrei sein

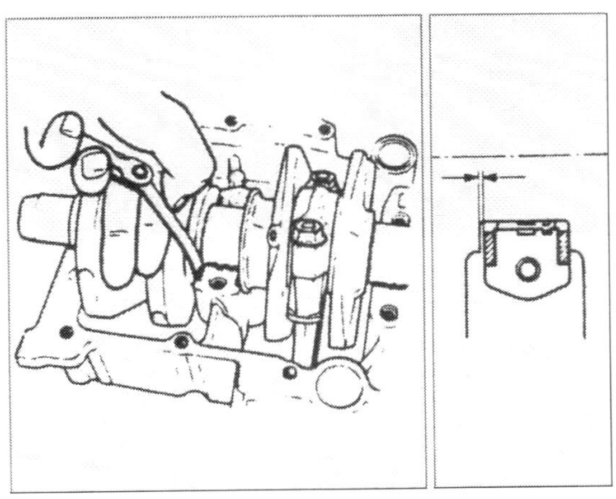

Bild 313
Axialspiel messen

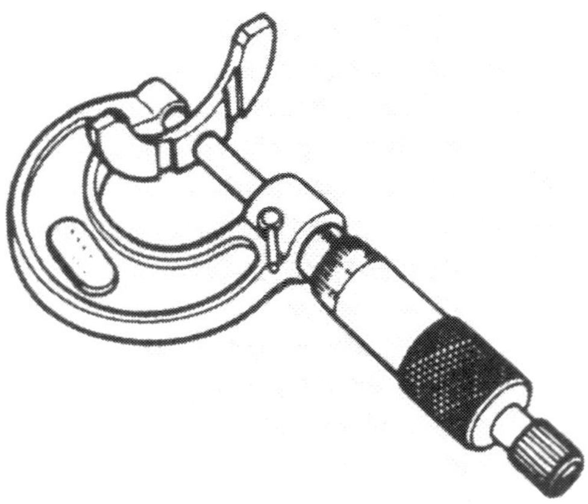

Bild 314
Lagerdicke messen

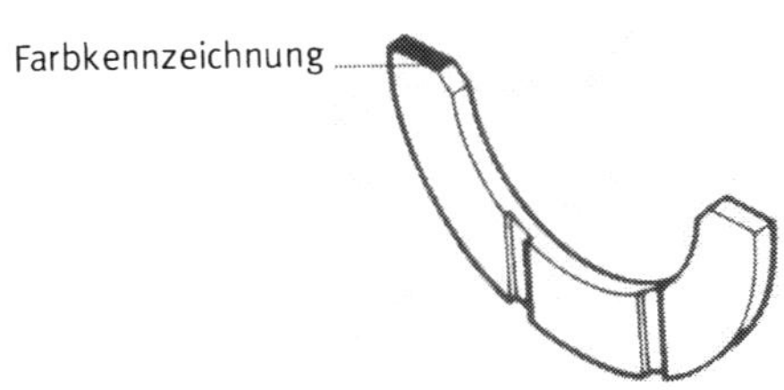

Bild 315
Kennzeichnung der Lagerschalen

Vorsicht! ⚠
Aufgepasst!

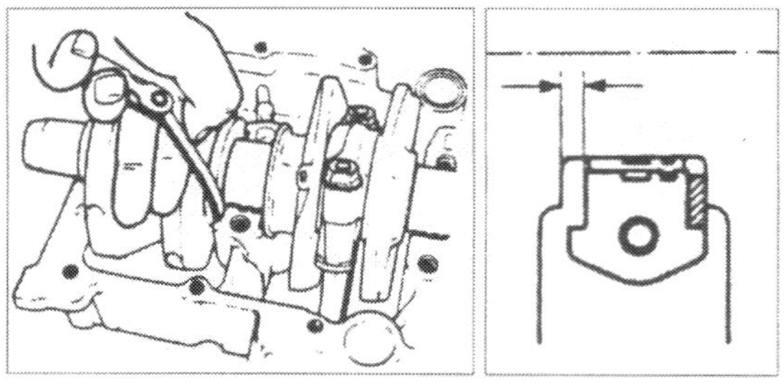

Bild 316
Axialspiel ohne Lager messen

Bild 317
Wahltabelle für Axialspiel-Lagerscheiben (linkes Drucklager)

Axialspiel bei ausgebautem linken Drucklager (mm)	Farbe ① (Teil-Nr.)	Stärke des Drucklagers (mm)	Axialspiel (mm)
2,435–2,460	**Rot** (12228-43411)	2,350–2,375	0,06–0,11
2,460–2,485	**Schwarz** (12228-43412)	2,375–2,400	0,06–0,11
2,485–2,510	**Blau** (12228-43413)	2,400–2,425	0,06–0,11
2,510–2,535	**Grün** (12228-43414)	2,425–2,450	0,06–0,11
2,535–2,560	**Gelb** (12228-43415)	2,450–2,475	0,06–0,11
2,560–2,585	**Weiss** (12228-43416)	2,475–2,500	0,06–0,11

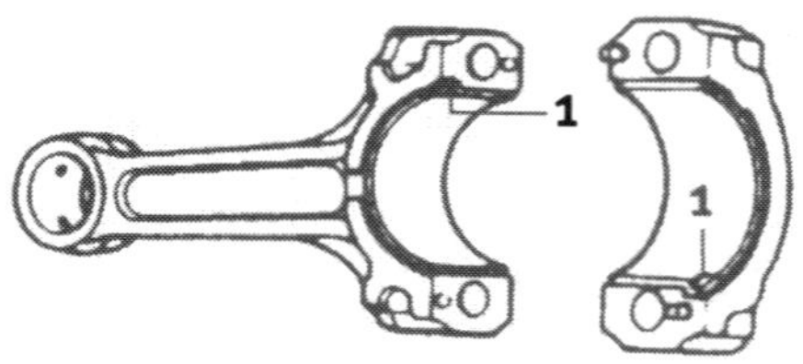

Bild 318
Nasen müssen in Nuten eingreifen
1 Fixiernase

Bild 319
Öldüsen auf Blockierung prüfen

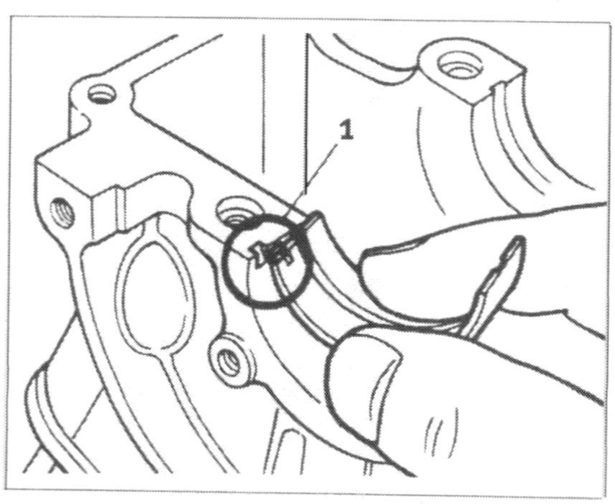

Bild 320
Lagerschalen auf Nut ausrichten
1 Fixiernase und Fixiernut

Falls Spiel zu gross:

- **Bild 314**: Rechtes Axiallager ausbauen und Dicke mit Mikrometer messen. Sollwert 2,425 – 2,450 mm
- **Bild 315**: Falls Dicke des rechten Axiallagers unter Sollwert liegt, durch neues Lager mit grüner Farbmarkierung ersetzen und Spiel erneut messen.
- Falls Dicke des rechten Axiallagers im Sollbereich liegt, Lager wieder einsetzen und linkes Axiallager ausbauen.
- **Bild 316**: Axialspiel ohne linkes Axiallager messen.
- **Bild 317**: Passendes Axiallager anhand Tabelle auswählen.
- Neues linkes Axiallager einsetzen und prüfen, ob Axialspiel innerhalb der Toleranz liegt.

14.3 Montage

- **Bild 318**: Pleuellagerschalen in Pleuelstangen und Lagerdeckel so einsetzen, dass Nasen in Nuten eingreifen.
- Pleuel an Kurbelwelle entsprechend ihrer Markierung montieren. Darauf achten, dass Pleuelstange und Lagerdeckel perfekt zueinander passen.
- **Bild 300**: Pleuel und Pleuellagerdeckel so montieren, dass Kennzeichnung »1« oder »2« nach hinten weisen.
- MoS_2-Fett auf Pleuelzapfen auftragen und Pleuelstangen mit Lagerdeckeln montieren. Muttern geölt abwechselnd in zwei Durchgängen anziehen. Anzugsmoment des zweiten Durchgangs: 66 Nm.
- ⚠ Sichergehen, dass Pleuelstangen frei beweglich sind.
- **Bild 319**: Vor Einbau der Kurbelwellen-Lagerschalen Düsen in oberer Gehäusehälfte auf freien Durchgang prüfen.
- ⚠ Laufflächen der Lagerschalen nicht mit Fingern berühren, Lagerschalen am Rand fassen und in Aufnahme eindrücken.
- **Bild 320**: Lagerschalen in Kurbelgehäuse einsetzen (Nasen greifen in Nuten ein).
- MoS_2-Fett auf Lagerschalen auftragen.
- **Bild 294**: Falls demontiert, einwandfreie Steuerkettenschiene ② und zwei Dämpferstücke ③ anbringen.
- **Bild 295**: O-Ringe ④ und ⑤ anbringen.
- Kurbelwelle mit Pleuelstangen/Steuerkette vorsichtig in obere Gehäusehälfte einsetzen.
- Axiallager mit Schmiernut zur Kurbelwange einsetzen.

Getriebe und Schaltung

15.1 Ausbau

- **Bild 321**: Getriebewellen lassen sich bei getrennten Motorgehäusehälften leicht von Hand entnehmen.
- **Bild 322**: Auf Verbleib der C-Ringe und Passstifte achten.
- **Bild 323**: Getriebewellen können leicht mit Seegerringzange und kleinem Schraubendreher zerlegt werden.
- Einzelteile in Reihenfolge des Ausbaus aufbewahren und notieren.
- Seeger- und Sicherungsringe sind Einwegartikel – einmal ausgebaut wandern sie zum Schrott. Nur Neuteile verbauen!
- **Bild 324**: Schaltgabeln mit der Hand festhalten und Schaltgabelwelle herausziehen.
- **Bild 325**: Feder der Schaltwalzen-Arretierung mit Spitzzange ausklinken.
- **Bild 326**: Seegerring der Schaltwalze ausfedern und Schaltwalze an Gehäuseinnenseite abnehmen.

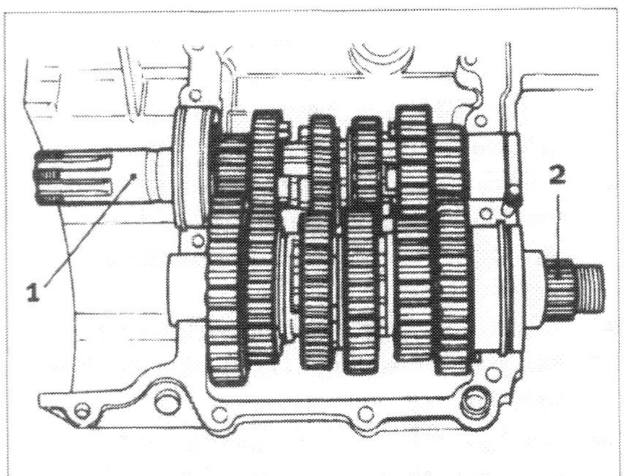

◄ **Bild 321**
Getriebewellen
1 Hauptwelle
2 Nebenwelle

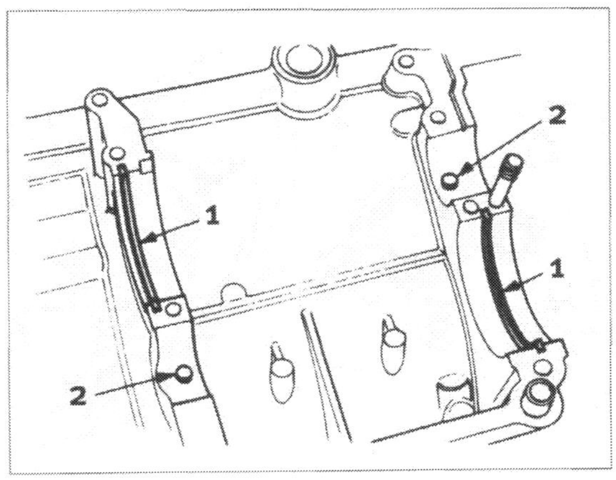

Bild 322
1 C-Ringe
2 Passstifte

Bild 323
Seegerring aushebeln

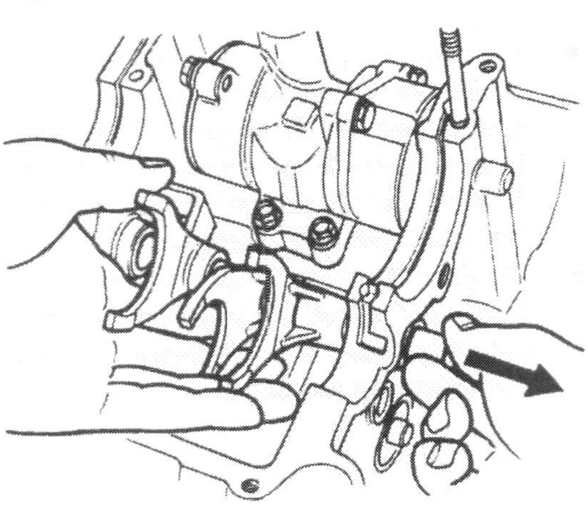

Bild 324
Schaltgabelwellen ausziehen
Pfeil Zugrichtung

15.2 Prüfen und Vermessen

Schaltgabeln, Schaltwalze und Zahnräder auf Ausbrüche in der Härteschicht, Anlaufverfärbungen (Ölmangel und Überhitzung) oder übermässigen Verschleiss untersuchen.

⚠ Zahnräder nur paarweise erneuern!

Schiene der Schaltgabeln über Richtplatte oder Glasplatte rollen. Bei Verbiegung Schiene erneuern.

Bild 327: Spiel zwischen Klauen der Schaltgabeln und Laufrillen der Zahnräder messen.
Sollwert 0,10 – 0,30 mm
Verschleissgrenze 0,50 mm

Bild 328: Breite der Schaltgabel-Laufrillen am Zahnrad messen.
Sollwert Nr. 1 4,80 – 4,90 mm
Sollwert Nr. 2 5,00 – 5,10 mm
Sollwert Nr. 3 4,80 – 4,90 mm

Bild 329: Schaltgabelstärke messen.
Sollwert Nr. 1 4,60 – 4,70 mm
Sollwert Nr. 2 4,80 – 4,90 mm
Sollwert Nr. 3 4,60 – 4,70 mm

Vorsicht! ⚠
Aufgepasst!

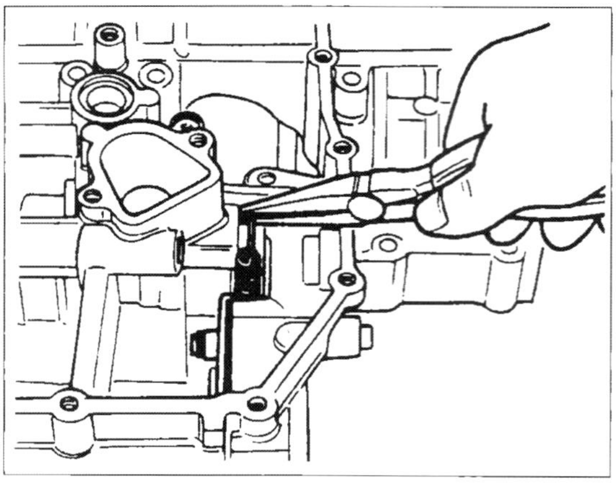

Bild 325
Schaltwalzen-Arretierungsfeder ausklinke

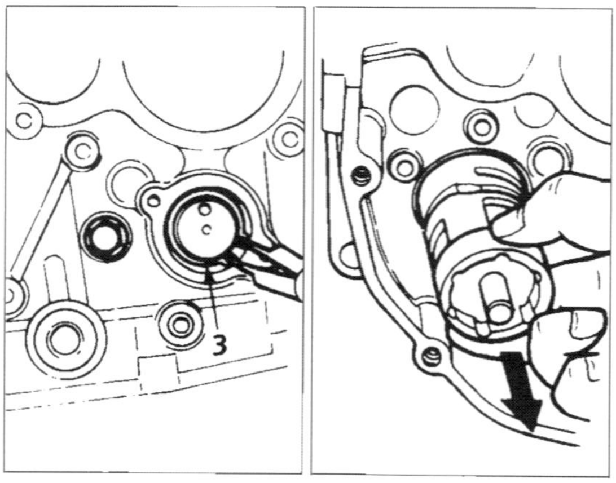

Bild 326
Schaltwalze entnehmen
3 Seegerring
Pfeil Zugrichtung

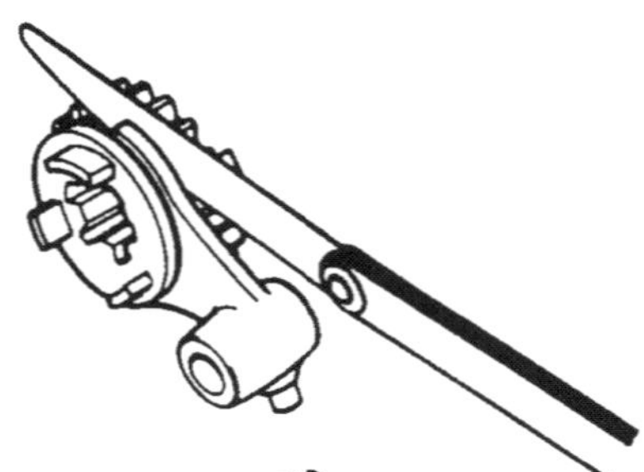

Bild 327
Schaltgabelspiel erfühlen

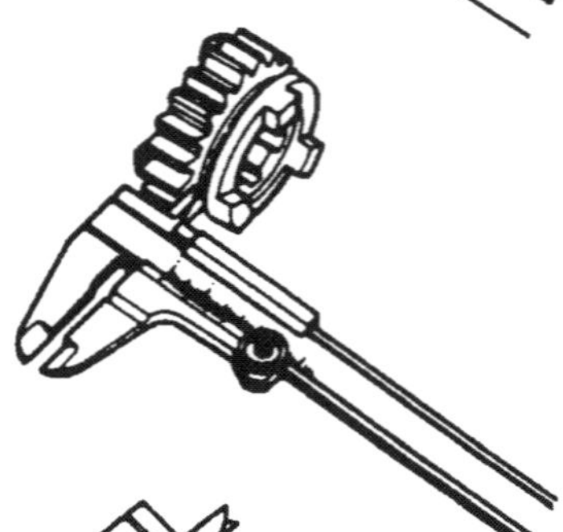

Bild 328
Nutbreite messen

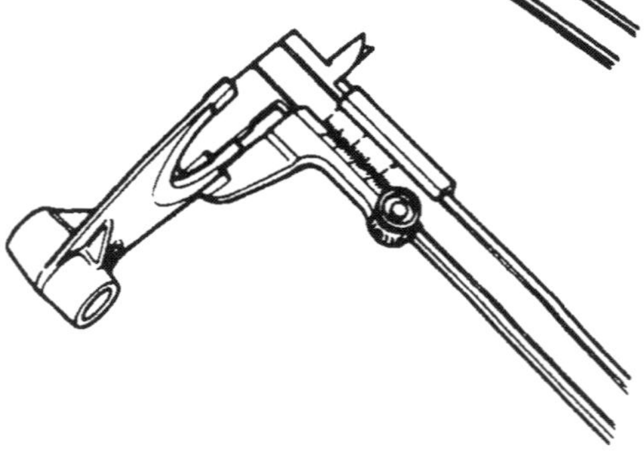

Bild 329
Gabelstärke messen

15.3 Montage

- **Bild 330**: Getriebewellen lassen sich leicht mit Hilfe von Seegerringzange und kleinem Schraubendreher vormontieren.
- **Bild 331**: Darauf achten, dass Spreng- und Seegerringe (nur Neuteile verbauen!) einwandfrei in ihren Nuten sitzen. Scharfe Kanten der Seegerringe weisen entgegen der Druckrichtung.
- **Bild 332**: Darauf achten, dass Ölbohrungen von Buchsen und Wellen fluchten.
- **Bild 333**: Nach Aufsetzen des dritten Abtriebsrads auf Hauptwelle Sperrscheibe ① auf Hauptwelle aufschieben, drehen und in Nut einsetzen. Sperrscheibe ② in Sperrscheibe ① einsetzen.
- Reichlich MoS_2-Fett oder entsprechendes Produkt beigeben. Zahnräder auf Leichtgängigkeit und Bewegungsfreiheit auf Welle prüfen.
- Wellen komplett vormontiert einsetzen.
- **Bild 334**: Auf richtige Einbaulage der Kleinteile achten.
- **Bild 335**: Neue Sicherungsringe nur so weit aufspreizen, wie unbedingt nötig. Einwandfrei in Nut einspuren und Stossfugen auf Stege der Keilverzahnung ausrichten.
- **Bild 336**: Öldichtring ② richtig auf Nebenwelle aufsetzen.
- **Bild 337**: Falls ausgebaut, Ratschenscheibe der Schaltwalze auf Schaltwalze aufschieben (Mitnehmerstift spurt in Scheibennut ein).
- Schaltwalze in untere Motorgehäusehälfte einführen und auf Ritzelseite mit neuem Seegerring befestigen.
- Schaltwalzen-Arretierung mit neuem Seegerring befestigen und Feder einklinken.
- **Bild 338**: Schaltgabeln entsprechend einsetzen.
- Stifte der Gabeln auf Schaltwalzen-Rillen ausrichten. Schaltgabelwelle in Gehäuse einschieben. Bei Montage des Motorgehäuses darauf achten, dass Richtung und Stellung der Schaltgabel-Klauen zu Laufrillen der Zahnräder passen.
- **Bild 322**: Passstifte ② und C-Ringe ① an Lagern der oberen Gehäusehälfte anbringen.
- **Bild 339**: Haupt- und Nebenwelle in obere Gehäusehälfte einsetzen.

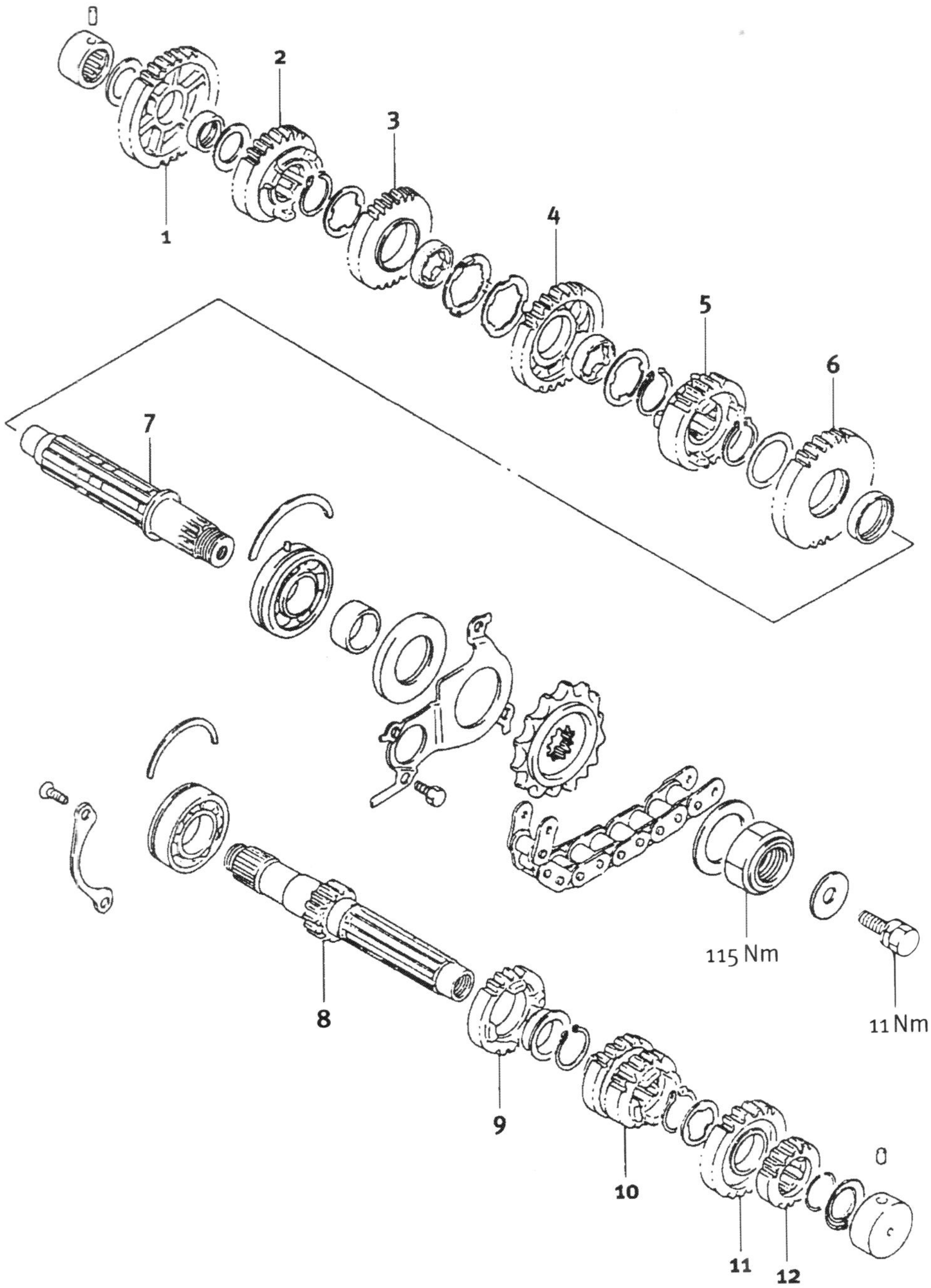

Bild 330
Getriebewellen
1 1. Abtriebsrad
2 5. Abtriebsrad
3 4. Abtriebsrad
4 3. Abtriebsrad
5 6. Abtriebsrad
6 2. Abtriebsrad
7 Antriebswelle (Hauptwelle)
8 Zwischenwelle/ 1. Antriebsrad
9 5. Antriebsrad
10 3./4. Antriebsrad
11 6. Antriebsrad
12 2. Antriebsrad

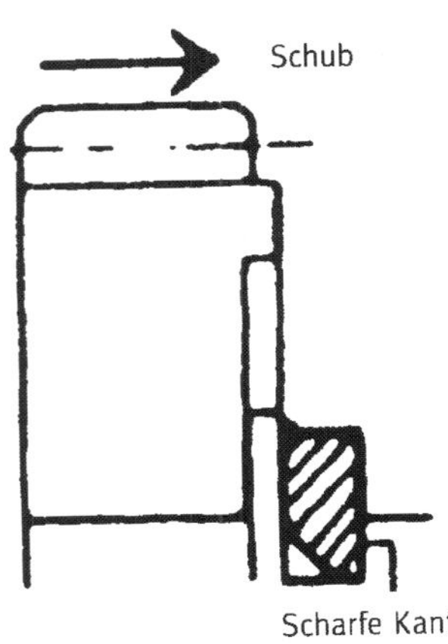

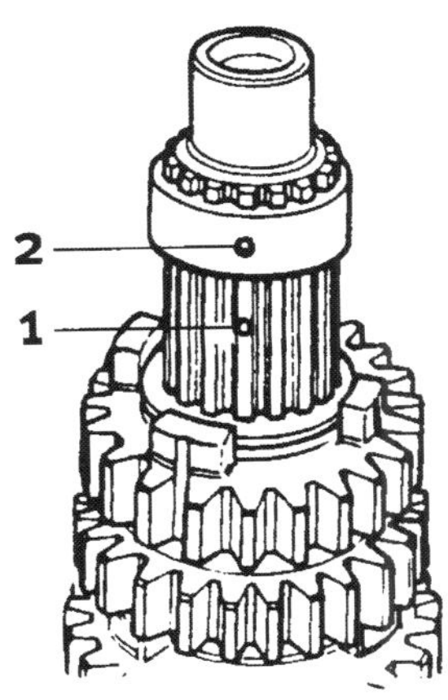

◄ Bild 331
Scharfe Kante gegen Druckrichtung

Bild 332
Öhlbohrungen ausrichten
1 auf Welle
2 auf Lagerbuchse

Bild 333
Sperrscheiben einsetzen
1 Sperrscheibe Nr. 2
2 Sperrscheibe Nr. 1

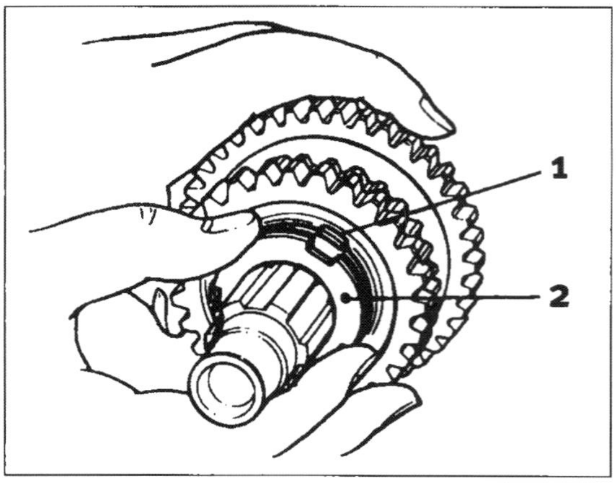

Bild 334
Einbaulage
der Kleinteile

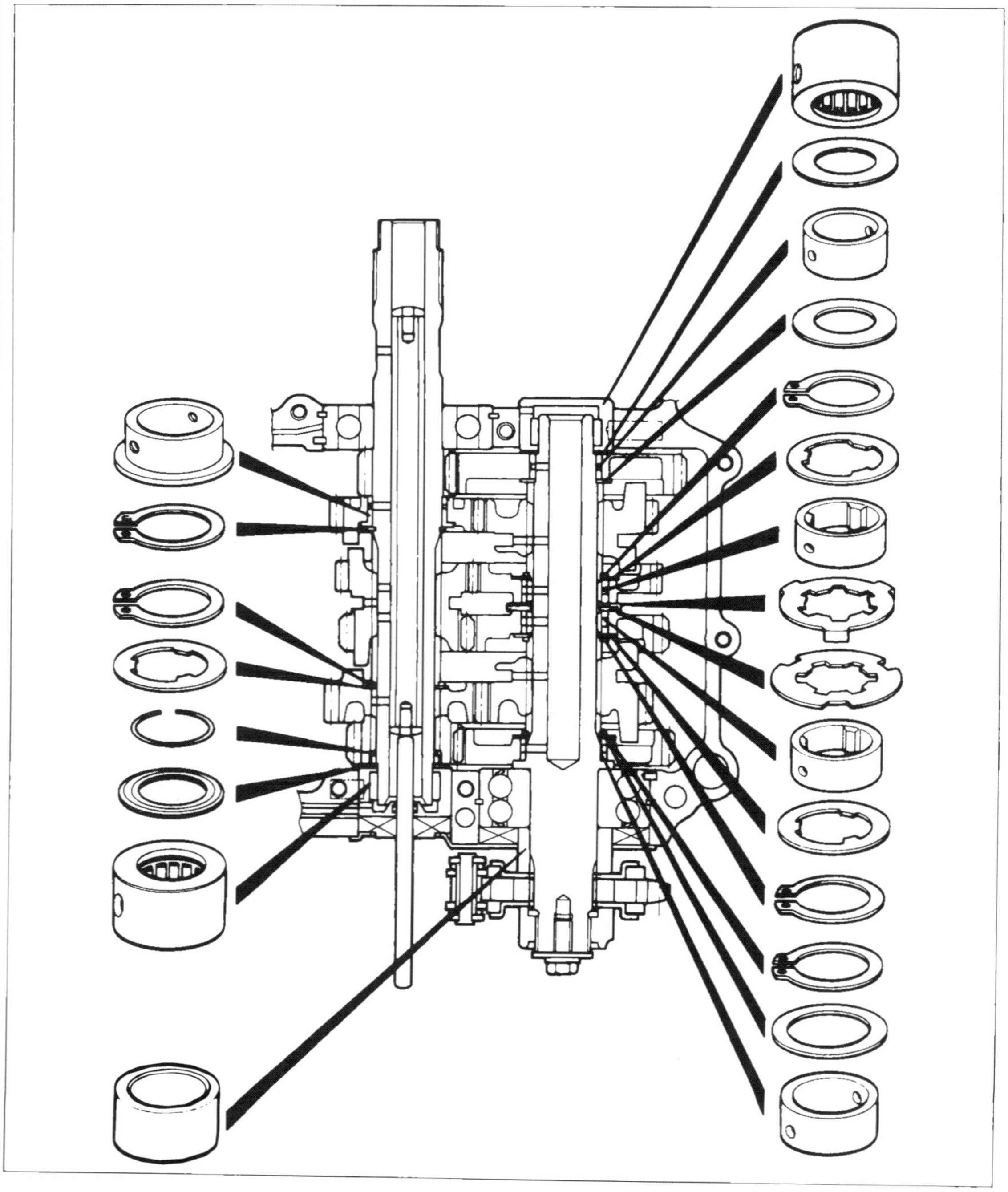

Bild 335
Stossfugen auf Steg ausrichten

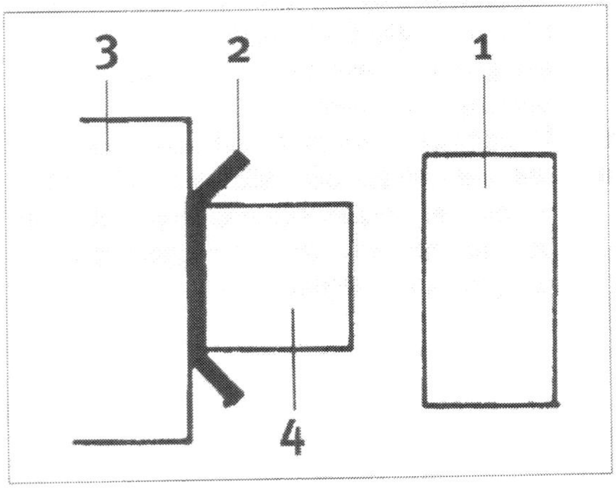

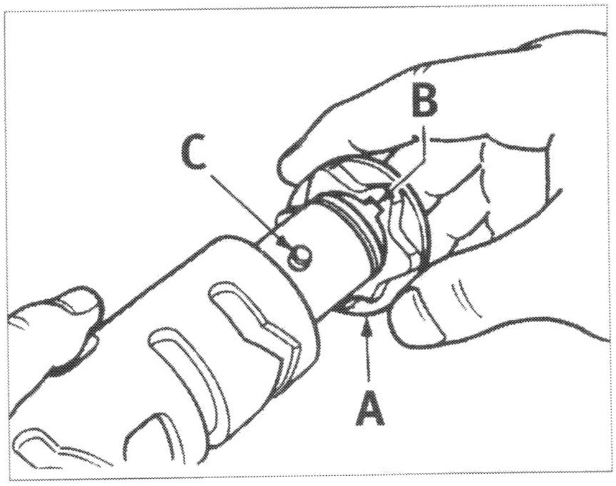

◄ Bild 336
1 Lager am linken Wellenende
2 Öldichtung
3 2. Antriebsrad
4 Nebenwelle

Bild 337
A Ratsche
B Nut
C Stift

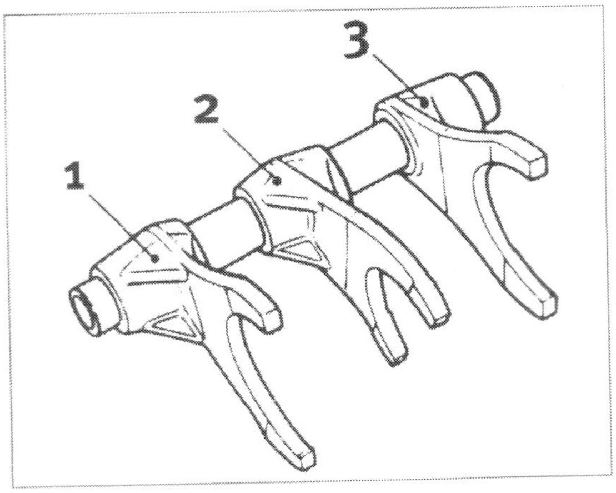

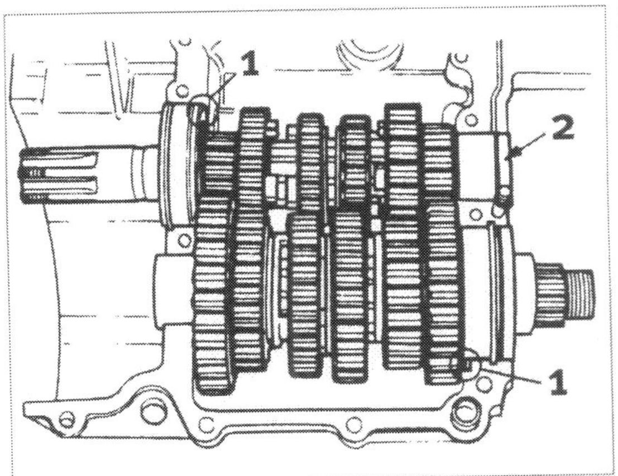

◄ Bild 338
Schaltgabeln einsetzen
1 für 6. Antriebsrad
2 für 3./4. Antriebsrad
3 für 5. Abtriebsrad

Bild 339
Haupt- und Nebenwelle in obere Gehäusehälfte einsetzen
1 Lagerpassstifte
2 Verschlusskappe

Ölpumpe

Vorsicht! ⚠
Aufgepasst! 👁

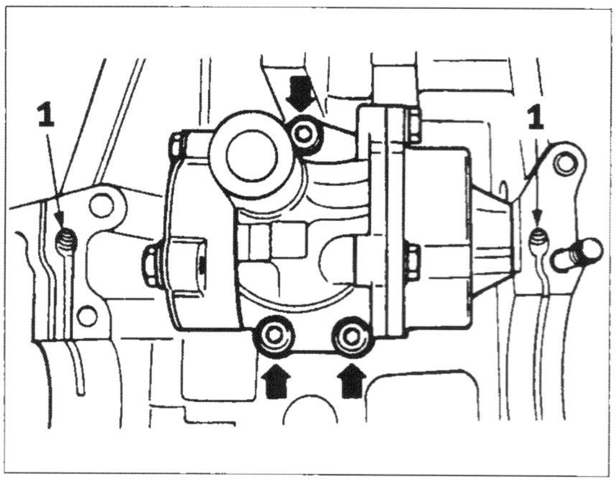

Bild 340
Ölpumpe ausbauen
1 Öldüsen
Pfeile Befestigungsschrauben

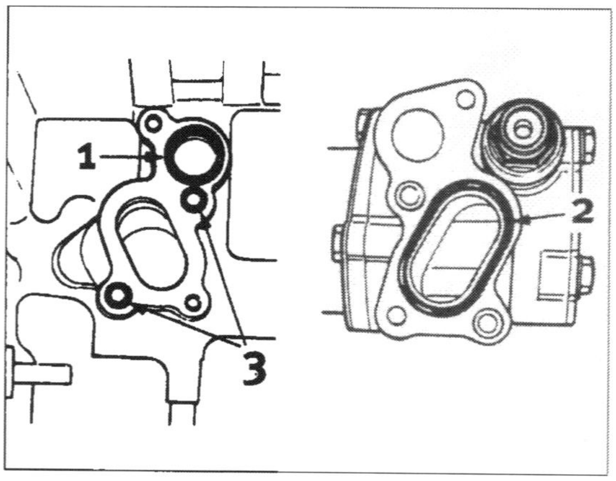

Bild 341
1 O-Ringe
2 O-Ringe
3 Passhülsen

16.1 Ausbau

- **Bild 268**: Seegerring ausfedern und Ölpumpenrad mit Anlaufscheibe von Welle abnehmen. Auf Verbleib des Mitnehmerstifts achten.
- **Bild 340**: Drei Befestigungsschrauben ausdrehen und Ölpumpe abnehmen.
- Auf Verbleib von O-Ringen und Passstiften achten.
- ⚠ Ölpumpe nicht weiter zerlegen. Ölpumpe ist nur komplett als Ersatzteil erhältlich.

16.2 Prüfen und Vermessen

- Messung des Öldrucks ist in *Wartungskapitel 3.9* beschrieben.
- 👁 Überdruckventile auf Leichtgängigkeit prüfen.
- 👁 Alle Ölleitungen und -Düsen mit Druckluft auf Durchgängigkeit prüfen.

16.3 Montage

- **Bild 341**: O-Ringe ① und ② und zwei Passhülsen ③ (geölt) einsetzen.
- **Bild 340**: Gehäuse mit drei Schrauben befestigen (10 Nm).
- Pumpenwelle auf freie Drehbarkeit prüfen.
- **Bild 268** und **Bild 269**: Mitnehmerstift mit Scheibe einsetzen, Ölpumpenrad aufschieben und mit Scheibe und Seegerring befestigen, *siehe Kapitel 13.1*.

Bremsen

17.1 Ausbau

⚠ *Es wurde zwar schon im Kapitel »Wartung« erwähnt, trotzdem hier nochmals die Warnung: Wer wenig Durchblick in die Funktion einzelner Bremsbauteile hat, soll die Finger von dieser überlebenswichtigen Baugruppe lassen und lieber einen absoluten Spezialisten mit deren Betreuung beauftragen. Die Bremse muss jederzeit hundertprozentig in Ordnung sein!*

- Für sicheren Stand der Maschine sorgen und mit Kiste o.Ä. so unterbauen, dass sie nicht unversehens nach vorne kippt.
- Bremsbeläge ausbauen und Bremsflüssigkeit ablassen wie in *Wartungskapitel 3.10* beschrieben.
- Bremsschlauch vom Sattel entfernen und Bremsschlauch geduldig in Auffanggefäss austropfen lassen. Ein paar Tröpfchen, die da immer noch raustropfen, können schon grossen Lackschaden anrichten! Verkleckerte Bremsflüssigkeit von lackierten Flächen sofort abwischen!
- Bremsflüssigkeit aus Vorratsbehälter absaugen (zum Beispiel mit Einwegspritze aus Apotheke). Im Folgenden wird von »trockener« Bremsanlage ausgegangen!
- **Bild 58**: Die Befestigungsschrauben ausdrehen und Bremssattel von Gabel abnehmen.
- Mit Holzleiste einen Bremskolben blockieren. Druckluft in Bremsschlauch-Anschlussgewinde blasen, um Kolben herauszustossen. Dabei Lappen um Bremssattel legen, um Kolben weich aufzufangen.

⚠ Vorsicht im Umgang mit Druckluft!

⚠ Vorsichtig dosieren, Mündung der Blaspistole nicht zu dicht an Einlassöffnung halten! Kolben kann geschossartig aus Zylinder »herausfahren«!

- Kolbendichtringe hineindrücken und mit Schraubendreher herausfummeln, wobei diese zerstört werden.

⚠ Vorsicht beim Entfernen der Dichtringe, Kolbengleitflächen nicht beschädigen!

⚠ Beim Zerlegen der Handpumpe gelten natürlich dieselben Vorsichtsmassnahmen in puncto Bremsflüssigkeit.

- Bremshebel abnehmen.
- Schlauchanschluss und Bremslichtanschluss trennen, Gehäusebefestigung lösen und Zylinder von Lenker abnehmen.
- **Bild 342.1**: Staubkappe mit zarter Spitzzange »herauspopeln« und Seegerring mit entsprechender Zange entfernen. Dabei Kolben gegen Feder eindrücken.
- **Bild 342.2**: Kolben und Feder entnehmen.

⚠ Beim Zerlegen der Fusspumpe gelten natürlich dieselben Vorsichtsmassnahmen in puncto Bremsflüssigkeit.

- **Bild 243.1**: Rechts hintere Fussrastenhalterung nach Ausdrehen der Befestigungsschrauben abnehmen.
- **Bild 243.2**: Hydraulikanschlüsse ① und ② abnehmen. Gegenmutter des Einstellers lösen, Befestigungsschrauben und Einsteller ausdrehen. Hauptbremszylinder abnehmen.
- Staubkappe mit zarter Spitzzange »herauspopeln« und Seegerring mit entsprechender Zange entfernen. Dabei Kolben gegen Feder eindrücken. Kolben und Feder entnehmen.

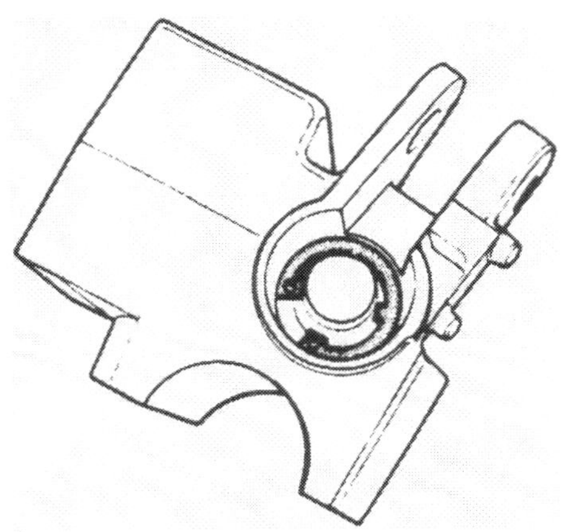

Bild 342.1
Seegerring abnehmen

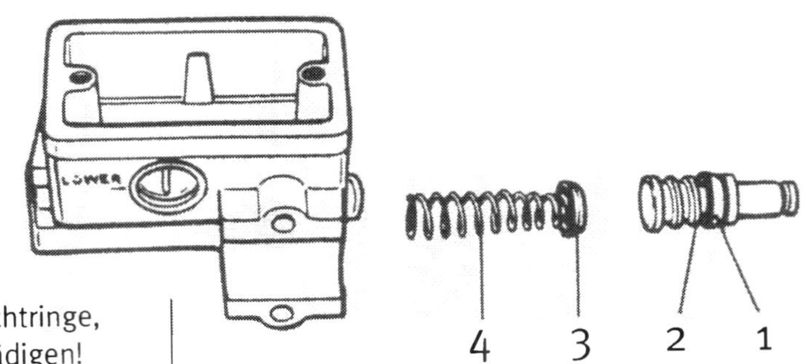

Bild 342.2
Pumpenkolben-Satz
1 Sekundärteller
2 Kolben
3 Primärteller
4 Feder

Vorsicht! ⚠
Aufgepasst!

Bild 343.1
Fussrastenhalterung
Kreise Befestigungsschrauben

Bild 343.2
Hauptbremszylinder hinten
1 Hydraulikanschluss (zur Hinterradbremse)
2 Hydraulikanschluss (vom Bremsflüssigkeitsbehälter)
3 Befestigungsschraube (Hydraulikanschluss)
4 Gegenmutter
5 Einsteller
6 Befestigungsschrauben des Bremszylinders

17.2 Prüfen und Vermessen

⚠ Verschmutzte Bremsklötze reduzieren die Bremswirkung, deshalb wegwerfen.

⚠ Verschmierte Bremsscheiben mit hochwertigem Entfettungsmittel reinigen.

Bild 344: Stärke der Bremsscheiben mit Mikrometer messen.
Verschleissgrenze vorne 4,0 mm
Verschleissgrenze hinten 4,5 mm

Bild 345: Verzug der Bremsscheibe mit Messuhr messen.
Verschleissgrenze 0,30 mm

Pumpenzylinder und -Kolben dürfen keine Riefen oder Kratzer aufweisen.

Kolben und Zylinder der Bremssättel auf Riefen, Kratzer oder sonstige Beschädigungen untersuchen.

Dichtmanschetten (oder Kolbenringe) der Bremskolben müssen in einwandfreiem Zustand sein. Nach Ausbau grundsätzlich Neuteile verwenden!

17.3 Montage
Bild 346 und **Bild 347**

⚠ Einmal ausgebaut, müssen Kolben- und Staubdichtringe des Bremssattels grundsätzlich durch neue ersetzt werden.

■ Dichtringe vor Einsetzen mit Bremsflüssigkeit schmieren. Kolben so einbauen, dass offene Seite auf Bremsbeläge gerichtet ist.

■ Vor Zusammenbau alle Teile der hydraulischen Bremsanlage mit sauberer Bremsflüssigkeit reinigen und anfeuchten.

■ Dicht- und Staubringe in Bremszylinder einsetzen. Darauf achten, dass Dichtlippen beim Einsetzen der Kolben nicht umgewendet werden.

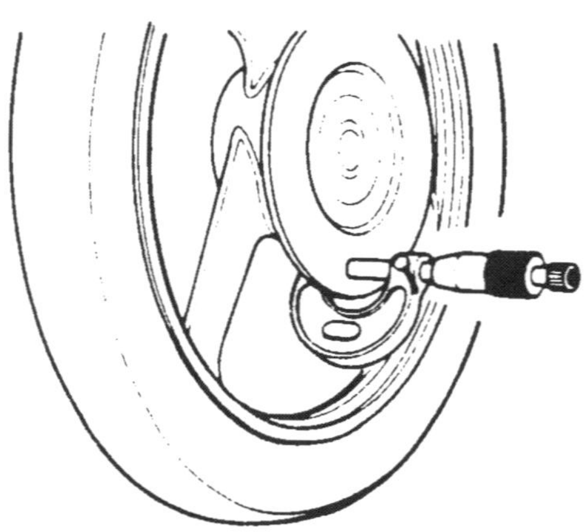

Bild 344
Scheibendicke messen

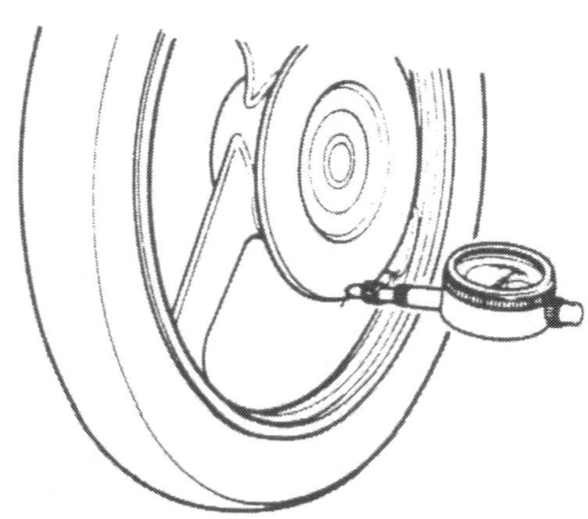

Bild 345 ➤
Scheibenschlag messen

- Belagfeder und Beläge installieren wie in *Wartungskapitel 3.10* beschrieben.
- **Bild 342.2**: Feder mit grossem Durchmesser nach innen in Handpumpe einsetzen.
- **Bild 348**: Kolbensatz eindrücken und Seegerring mit entsprechender Zange einsetzen. Staubkappe aufziehen und Bremslichtschalter anbringen. Handpumpe am Lenker anbringen.
- Sämtliche Bremsschlauchverbindungen mit neuen Dichtscheiben installieren und mit 23 Nm anziehen.
- **Bild 349**: Beim Befüllen des Hydrauliksystems abweichend vom im Wartungskapitel angegebenen Schema nach dem gezeigten Ablauf vorgehen. Dabei Entlüftungsschlauch in mit Bremsflüssigkeit befülltes Gefäss enden lassen.
- Pedallage einstellen (*Wartungskapitel 3.10*).

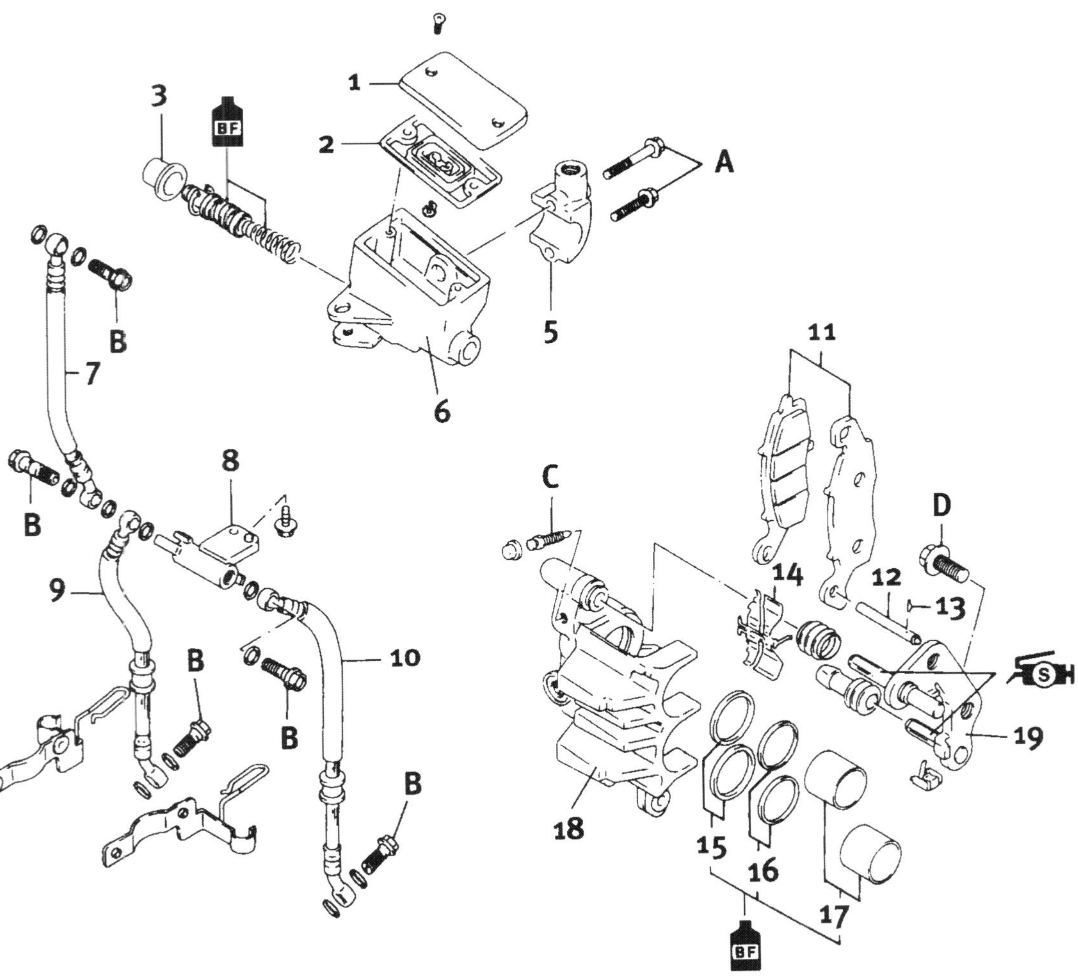

Bild 346
Vorderadbremse

1	Deckel des Hauptbremszylinder-Reservoirs
2	Membran
3	Staubschutzkappe
4	Kolben-/Manschettensatz
5	Pumpenklemmfaust
6	Handpumpe
7	Bremsschlauch Nr. 1
8	Bremsschlauch-verbindung
9	Bremsschlauch Nr. 2 (rechts)
10	Bremsschlauch Nr. 3 (links)
11	Bremsklötze
12	Bremsklotz-Montagestift
13	Sicherungsspange
14	Belagfeder
15	Staubdichtringe
16	Kolbendichtringe
17	Bremssattelkolben-Satz
18	Bremssattel
19	Bremssattelhalter
A	Hauptbremszylinder-Klemmfaustschraube (10 Nm)
B	Bremsschlauch-Anschlussschraube (23 Nm)
C	Entlüftungsventil (7,5 Nm)
D	Bremssattel-Befestigungsschraube (39 Nm)
BF	Bremsflüssigkeit
S	Silikonfett

Bild 347
Hinterradbremse

1 Bremssattel
2 Bremssattelkolben
3 Kolbendichtungen
4 Staubdichtungen
5 Belagblech
6 Bremsklötze
7 Aussenscheibe
8 Federn
9 Bremsklotz-Montagestifte
10 Spange
11 O-Ring
12 Bremsklotz-abdeckung
13 Reservoir
14 Bremsschlauch-verbindung
15 O-Ring
16 Bremsschlauch
17 Fusspumpe
18 Kolben/Manschetten-Satz
19 Stössel
20 Sicherungsring
21 Staubkappe
A Entlüftungsventil (7,5 Nm)
B Bremssattel-Befestigungs-schraube (26 Nm)
C Bremssattel-Gehäuseschraube (30 Nm)
D Bremsschlauch-Anschluss-schraube/Hohl-schraube (23 Nm)
E Fusspumpe-Befesti-gungsschraube (10 Nm)
F Pumpenstössel-Kontermutter (18 Nm)

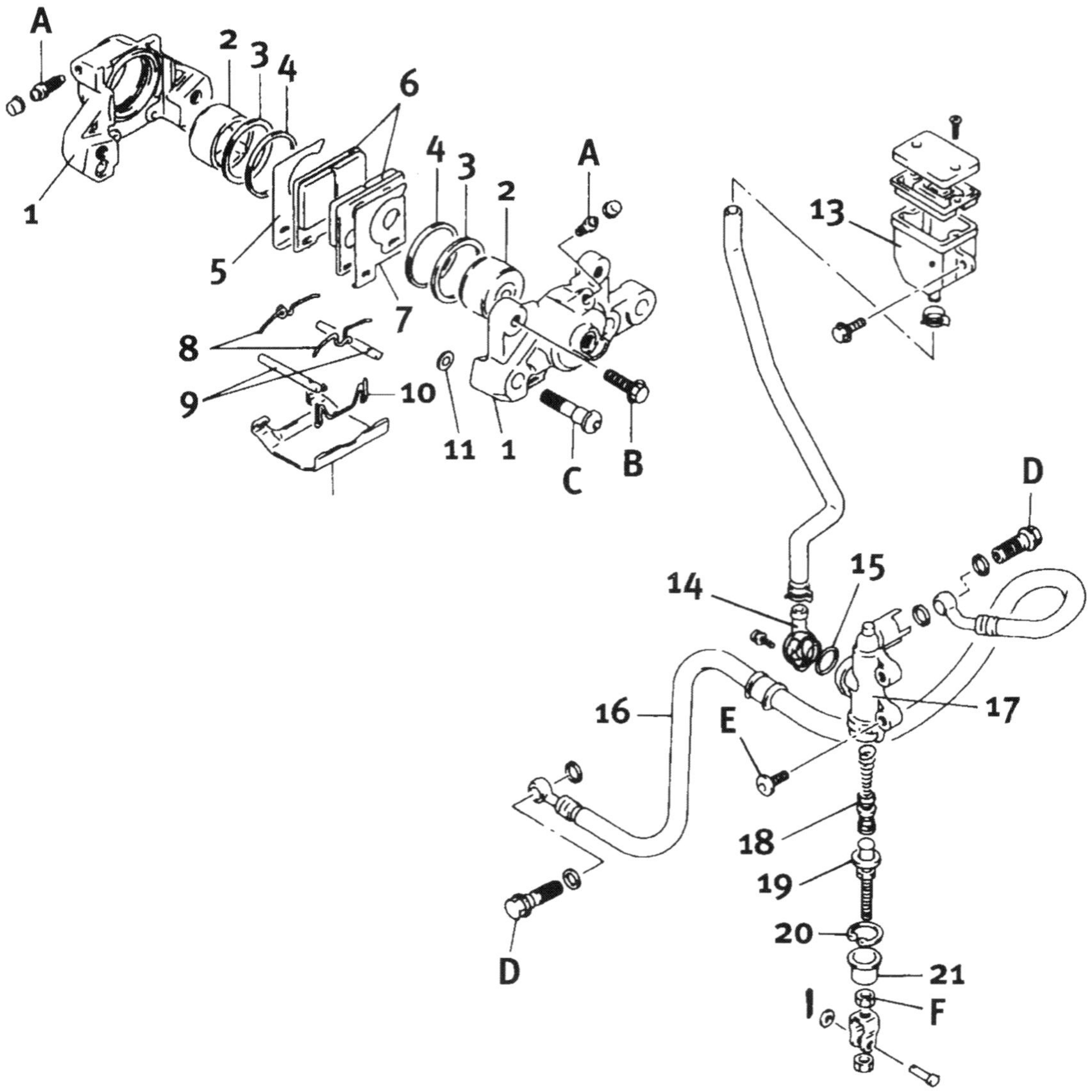

Bild 348
Handpumpe

A Bremszylinder
B Obere Klemm-schraube
C Lenker
D Klemmspalt

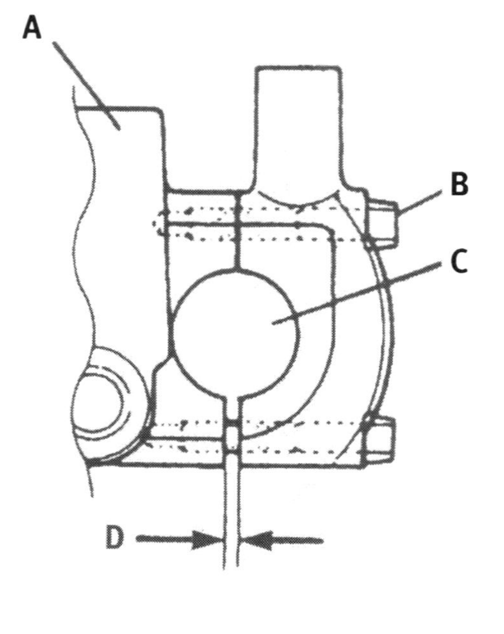

Bild 349 ➤
Befüllungsschema

1 Entlüftungsventil öffnen
2 Hebel/Pedal anziehen und halten
3 Entlüftungsventil schliessen
4 Hebel/Pedal schnell freigeben

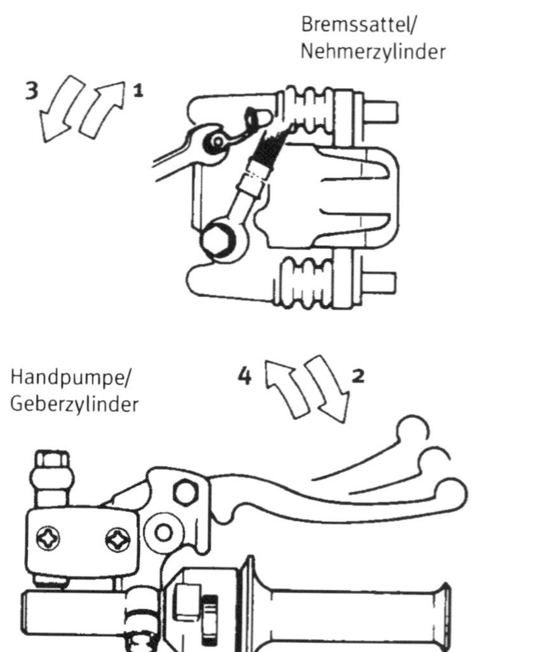

Frontpartie

18.1 Ausbau

18.1.1 Laufrad

- Zum Ausbau des Laufrads müssen beide Bremssättel ausgebaut sein.
- ⚠ Radlager nur bei Beschädigung/Verschleiss ausbauen (*siehe Kapitel 18.2*).
- **Bild 350.1**: Rechts Gabelklemmschrauben ① lösen und Achse ② ausdrehen.
- **Bild 350.2**: Auf Verbleib der Buchse und des Distanzstücks achten. Rad entnehmen.
- **Bild 351.1**: Links an Radnabe Tachoantriebsschnecke abnehmen.
- **Bild 351.2**: Fünf Innensechskantschrauben ausdrehen und Bremsscheibe abnehmen.
- **Bild 352**: Radlager schrittweise über Kreuz austreiben, um Aufweiten der Lagersitze zu vermeiden.

18.1.2 Teleskopgabel

Die GSX hat eine konventionelle Gabel ohne Einstellmöglichkeiten von aussen. Es besteht allerdings die Möglichkeit, durch die Auswahl der Ölviskosität das Dämpfungsverhalten zu beeinflussen. Niedrigere Viskositäten »verhärten« die Dämpfung – hohe machen sie »weich«.

TIP Eine weitere Möglichkeit zur Abstimmung auf individuelle Bedürfnisse besteht darin, die Ölmenge zu erhöhen (im Bereich bis 10%) und so die Federprogression zu erhöhen (wegen dem dann geringeren Luftpolster in der Gabel).

- Die Gabel muss zum Wechsel des Gabelöls ausgebaut werden.
- **Bild 352.2:** »Schutzblech« abbauen.
- **Bild 72:** Obere und untere Gabelklemmschrauben lockern.

TIPP Bevor Gabelbein aus Gabelbrücken herausgezogen wird, obere Verschlussschraube bei angezogener unterer Klemmung lockern (noch nicht ganz ausdrehen).

- **Bild 353:** Obere Verschlussschraube ausdrehen. Vorsicht, die Verschlussschraube steht unter Federdruck.
- Gabelbeine zusammenschieben.
- **Bild 354:** Distanzbüchse, Federsitz und Feder entnehmen.
- **Bild 355:** Gabelbein umdrehen und Gabelöl in Auffanggefäss ablassen. Dabei Gabelrohre mehrmals zusammenpumpen.

Bild 350.1
1 Klemmschrauben
2 Achse

Bild 350.2
1 Buchse
2 Distanzstück

Bild 351.1
Pfeil Tachoschnecke

Bild 351.2
Bremsscheibe
Kreise Befestigungsschrauben

Bild 352.1
Lager austreiben

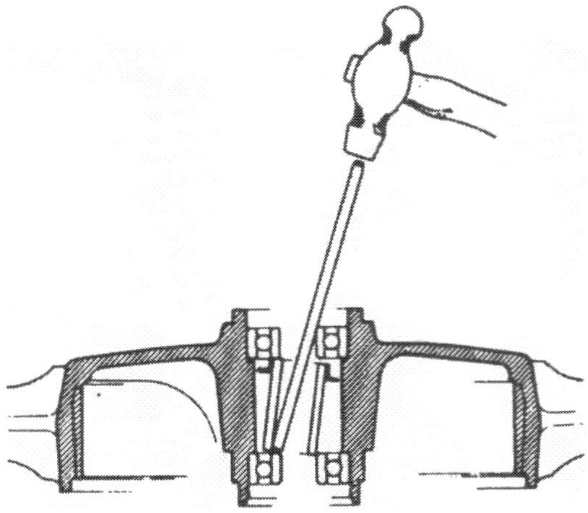

Bild 352.2 ➤
«Schutzblech»
Kreise Befestigungsschrauben

Bild 353
Pfeil Obere Verschlussschraube

Bild 354
2 Distanzbüchse
3 Federsitz
4 Feder

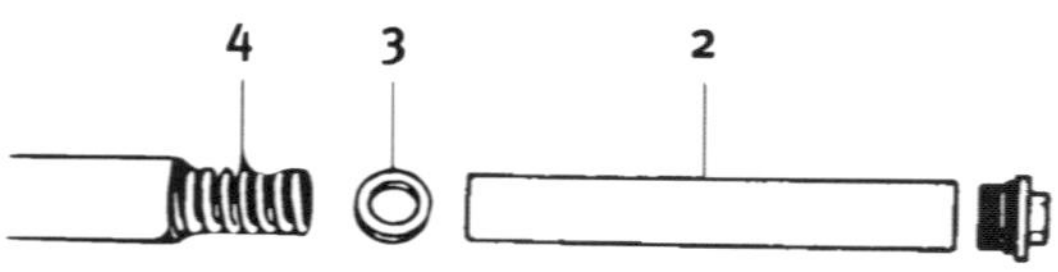

Bild 355
Gabelöl auspumpen

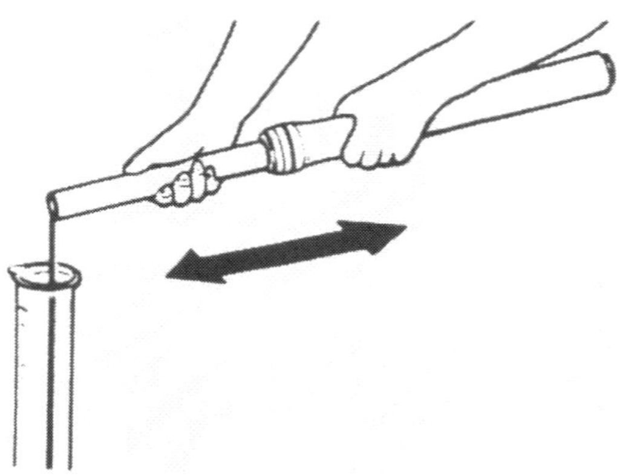

Bild 356
1 Staubmanschette
2 Federring

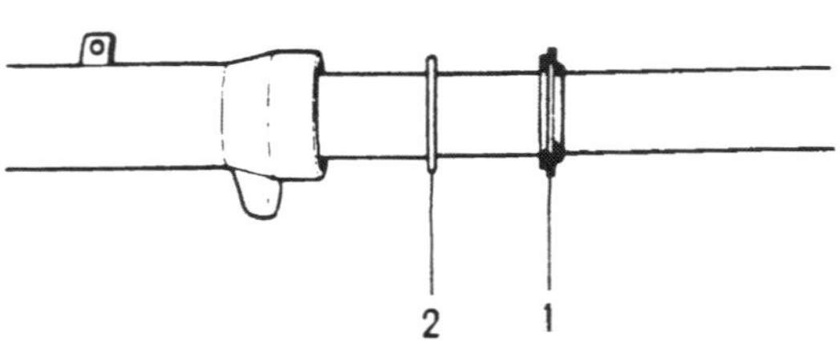

- **Bild 357**: Untere Befestigungsschraube der Dämpferstange »B« ausdrehen.
- **Bild 356**: Staubmanschette ① von Sitz loshebeln und Anschlag-Federring ② aushebeln.
- Untere Gabelverschlussschraube (Innensechskant SW 6) ausdrehen.
- **Bild 357**: Falls sich Dämpferstange mitdreht, mit **Suzuki**-Spezialwerkzeug (konischer Vierkant) Dämpferstange gegenhalten oder Feder, Vorspannhülse und obere Gabelverschlussschraube provisorisch einsetzen, um Dämpferstange am Mitdrehen zu hindern.
- **Bild 358**: Tauchrohr gut geschützt in Schraubstock spannen und Standrohr nach Ziehhammer-Prinzip unter kräftigen Ruckbewegungen samt Wellendichtring und Stützring ausziehen.
- Gleitbuchsen und Dämpferstange samt Kolbenring, die jetzt aus Tauchrohr rausgeschüttelt wird, lassen sich leicht von Hand demontieren, ist jedoch zur Sichtprüfung nicht nötig.

18.1.3 Lenkkopflager

- Bremsleitungsverteiler von unterer Gabelbrücke abnehmen.
- ⚠ Lagerschalen nur bei Beschädigung/Verschleiss ausbauen (*siehe Kapitel 3.14*).
- **Bild 359**: Zwei Befestigungsschrauben an oberen Lenker-Lagerböcken ausdrehen und Lenker abnehmen.
- Lenkschaftmutter ausdrehen und obere Gabelbrücke nach oben abnehmen.
- **Bild 73**: Einstellmutter ① ganz ausdrehen und untere Gabelbrücke/Gabelschaftrohr nach unten entnehmen.

TIPP Fingerzeig
Exakt messen

■ **Bild 360**: Lagerschalen oben und unten im Lenkkopf mit entsprechend langem und kräftigem Dorn von oben bzw. unten mit Stahlhammerschlägen schrittweise über Kreuz oder mit **Suzuki**-Spezialwerkzeug austreiben.

⚠ Lager nicht verkanten und so Lagersitz aufweiten!

■ **Bild 361**: Unteren Laufring mit Hammer und Meissel vom Sitz treiben.

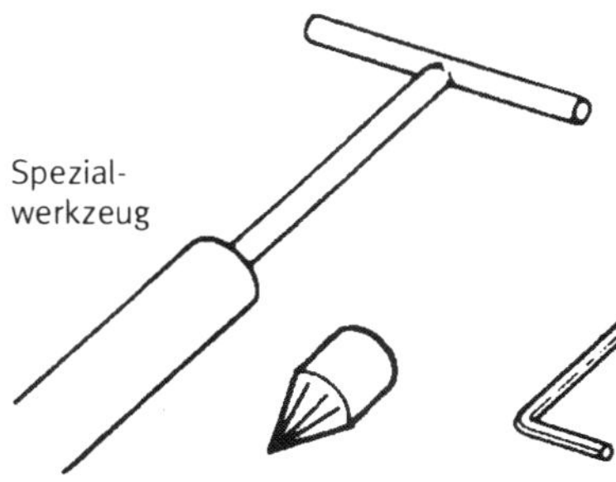

◄ **Bild 357**
Suzuki-Spezialwerkzeug

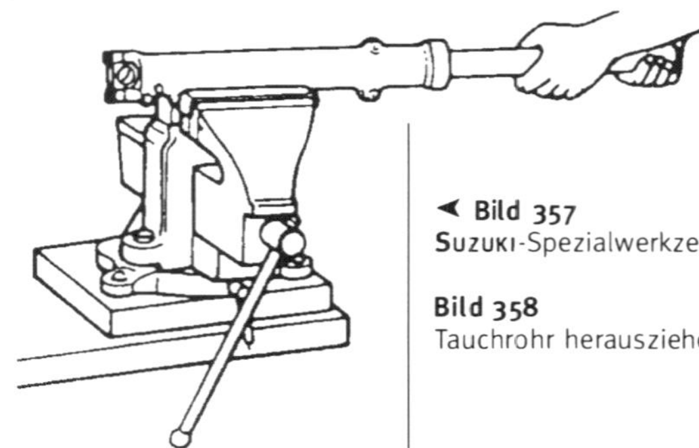

Bild 358
Tauchrohr herausziehen

Bild 359
Kreise Befestigungsschrauben
Pfeil Lenkschaftmutter

18.2 Prüfen und Vermessen

18.2.1 Laufrad

Bild 362: Radachsen in Prismenblöcke legen und Achsschlag mit Messuhr messen, Verschleissgrenze 0,25 mm.
Bei Verzug Achse erneuern.

⚠ Niemals versuchen, die Achse geradezurichten.

Bild 363.1: Räder auf Zentrierständer lagern, Seiten- und Höhenschlag mit Messuhr prüfen, Verschleissgrenze jeweils 2,0 mm.

⚠ Unrund laufende Räder nicht richten lassen, sondern ersetzen.

Bild 363.2: Auf Zentrierständer auch Schlag der Radfelge feststellen (einen solchen Stützbock kann man leicht improvisieren oder selbst herstellen). Ein stabiler Schraubstock reicht oft schon aus, um die verschraubte Radachse einzuspannen.

Wuchtung des Rades nach jedem Reifenwechsel prüfen.

TIPP Manche Reifenhersteller markieren leichteste Stelle des Reifens mit Farbpunkt. Dieser muss genau in Höhe des Ventils stehen.

⚠ An Vorderradfelge nicht mehr als 60 Gramm Wuchtgewichte anbringen.

Innenlaufringe der Radlager mit Finger auf einwandfreien und geräuschlosen Lauf prüfen.

Aussenlaufring muss fest in Nabe sitzen.

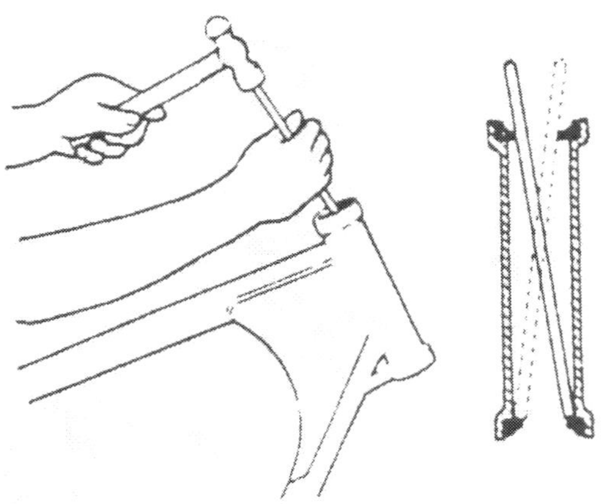

Bild 360
Lager austreiben

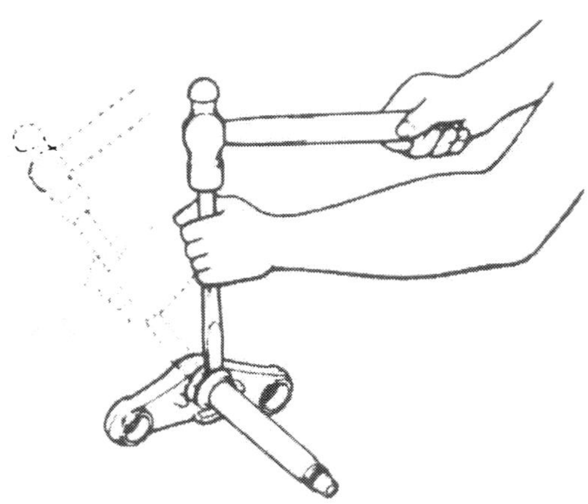

Bild 361
Unteren Laufring vom Sitz treiben

Vorsicht! ⚠
Aufgepasst!

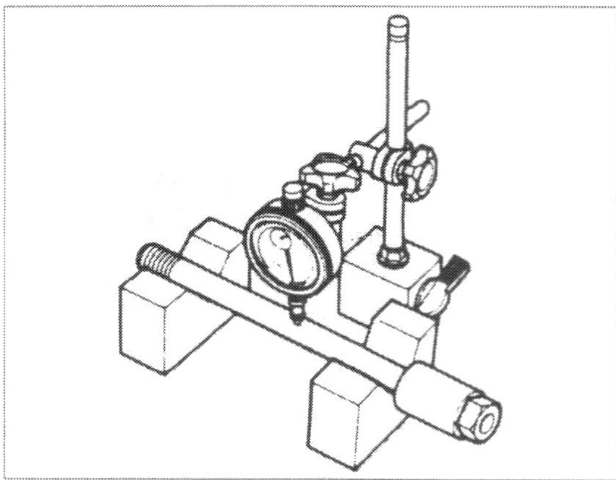

Bild 362
Achsschlag messen

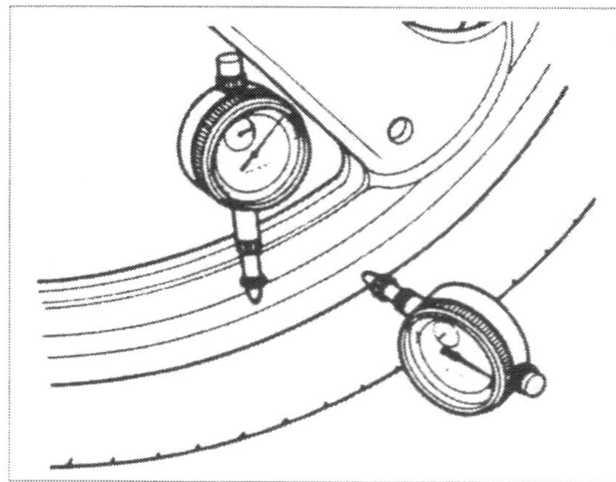

Bild 363.1 ➤
Felgenschlag messen

Bild 363.2
Radachse in Schraubstock einspannen

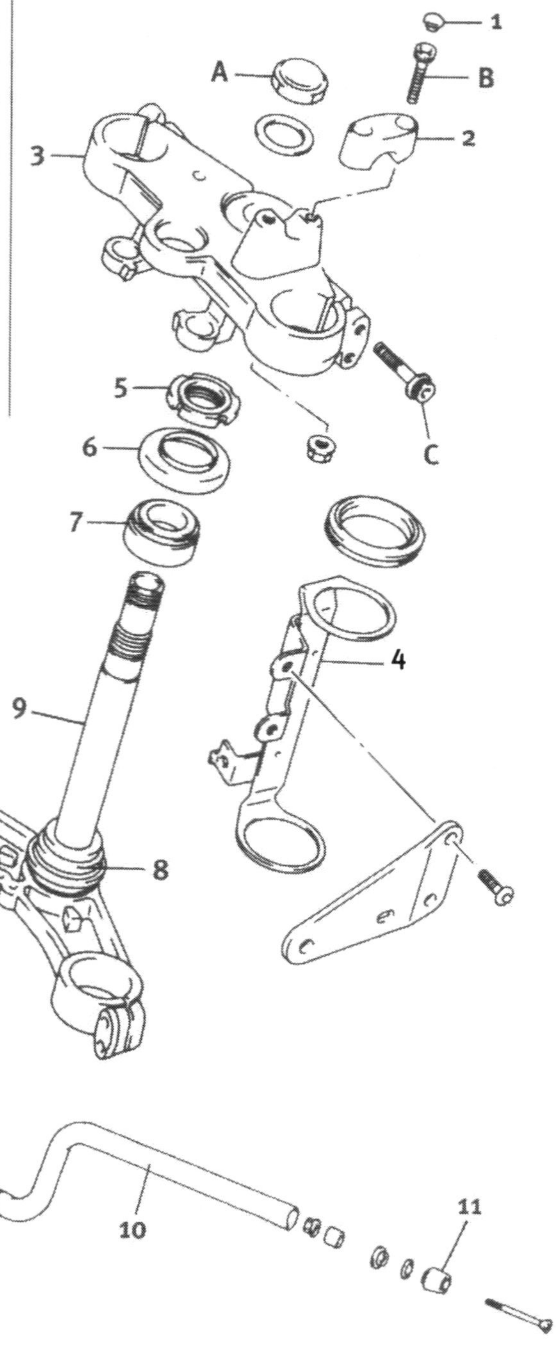

Bild 364
Lenkschaft

1	Kappe
2	Klemmfaust
3	Obere Gabelbrücke
4	Scheinwerfer-halterung
5	Lenkkopfmutter
6	Staubdichtring
7	Oberes Lager
8	Unteres Lager
9	Lenkschaft
10	Lenker
11	Ausgleichsgewicht
A	65 Nm
B	23 Nm
C	23 Nm
D	23 Nm

TIPP Fingerzeig
Exakt messen

18.2.2 Teleskopgabel

Gabelstandrohre in Prismenblöcke legen und mit Messuhr auf Schlag prüfen. Dabei beachten, dass tatsächlicher Schlag der Hälfte des gemessenen Wertes entspricht! Ab 0,1 mm Schlag Fachwerkstatt zu Rate ziehen, ob Standrohr wieder gerichtet werden kann.

Freie Länge der Gabelfeder messen, Verschleissgrenze 380 mm.

Bauteile auf Kratzer, Riefen oder anormalen Verschleiss untersuchen. Gleitbuchsen müssen ausgewechselt werden, wenn Beschichtung über mehr als Dreiviertel der Oberfläche abgenutzt ist.

18.2.3 Lenkkopflager

Lagerlaufringe des Lenkkopflagers auswechseln, wenn sie beschädigt sind oder Druckstellen und Vertiefungen aufweisen (feinstpolierte Oberfläche!).

Lagerlaufringe müssen fest und spielfrei in ihren Lagerbohrungen im Rahmenlenkkopf bzw. fest auf dem Lenkrohr sitzen.

- Übrige Prüfpunkte siehe *Kapitel 3.14*, Lenkkopflager *ab Seite 37*.

18.3 Montage

18.3.1 Lenkkopflager **Bild 364**

- **Bild 365**: Unteren Kegellaufring samt Staubdichtung auf Lenkerschaftrohr mit passendem Rohrstück auftreiben, bis er rundum satt aufsitzt.

TIPP Erwärmen des Laufrings auf circa 100° C erleichtert sein Aufschieben.

- **Bild 366.1**: Lagerschalen in Lenkkopflagersitz mit passendem Rundmaterial eintreiben.
  Besser mit Gewindestange und passenden Adaptern/Scheiben einziehen.
  Darauf achten, dass Lagerschalen nicht verkanten und so Lagersitze aufweiten.
- Lagerlaufkörper gefettet in ursprüngliche Lagerschale einsetzen.
- Untere Gabelbrücke/Lenkschaftrohr von unten in Lenkkopf einführen.

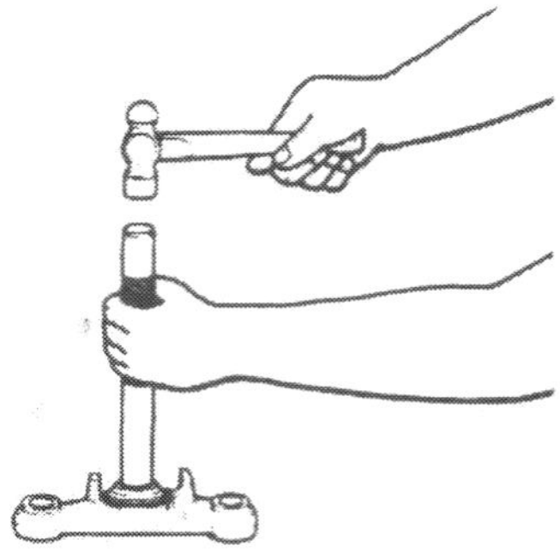

Bild 365
Lager eintreiben

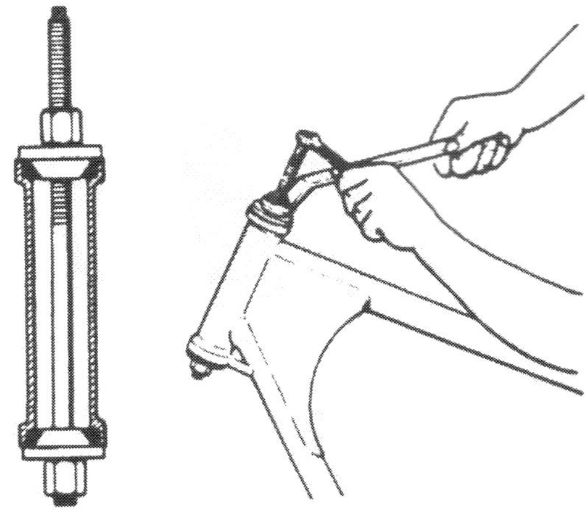

Bild 366.1
Lager einziehen

Bild 366.2
Parallelität der Standrohre prüfen

- Lagerdeckel auflegen und Einstellmutter anziehen (45 Nm) und Lenkkopf mehrmals von Anschlag zu Anschlag schwenken (damit sich Lagerschalen setzen).
- Anschliessend Einstellmutter wieder vollständig lösen, und Einstellmutter anziehen, bis Lager spielfrei und leichtgängig ist (*siehe Kapitel 3.14*).
- Obere Gabelbrücke samt Gegenmutter montieren.
  Dabei Gabelstandrohre provisorisch einsetzen.
- Lenkschaftmutter mit 65 Nm anziehen.
- **Bild 366.2**: Bei leicht angelegter Gabelbrückenklemmung der Standrohre mit geschliffener Platte Parallelität der Standrohre prüfen (Platte darf auf beide Standrohre aufgelegt nicht kippeln).
  Gegebenenfalls Standrohre vor endgültigem Festziehen der Klemmung ausrichten.

Bild 367
Teleskopgabel

1 O-Ring
2 Distanzhülse
3 Federsitz
4 Gabelfeder
5 Dämpfer
6 Zugstufenfeder
7 Innenrohr
8 Innenrohr-Gleitmetall
9 Staubdichtring
10 Öldichtungs-Anschlagring
11 Öldichtring
12 Öldichtringhalter
13 Tauchrohrbuchse
14 Ölverschluss-stopfen
15 Aussenrohr
A Teleskopgabel-Verschlussstopfen (23 Nm)
B Dämpferschraube (20 Nm)
C Vorderachs-Klemmschraube (23 Nm)

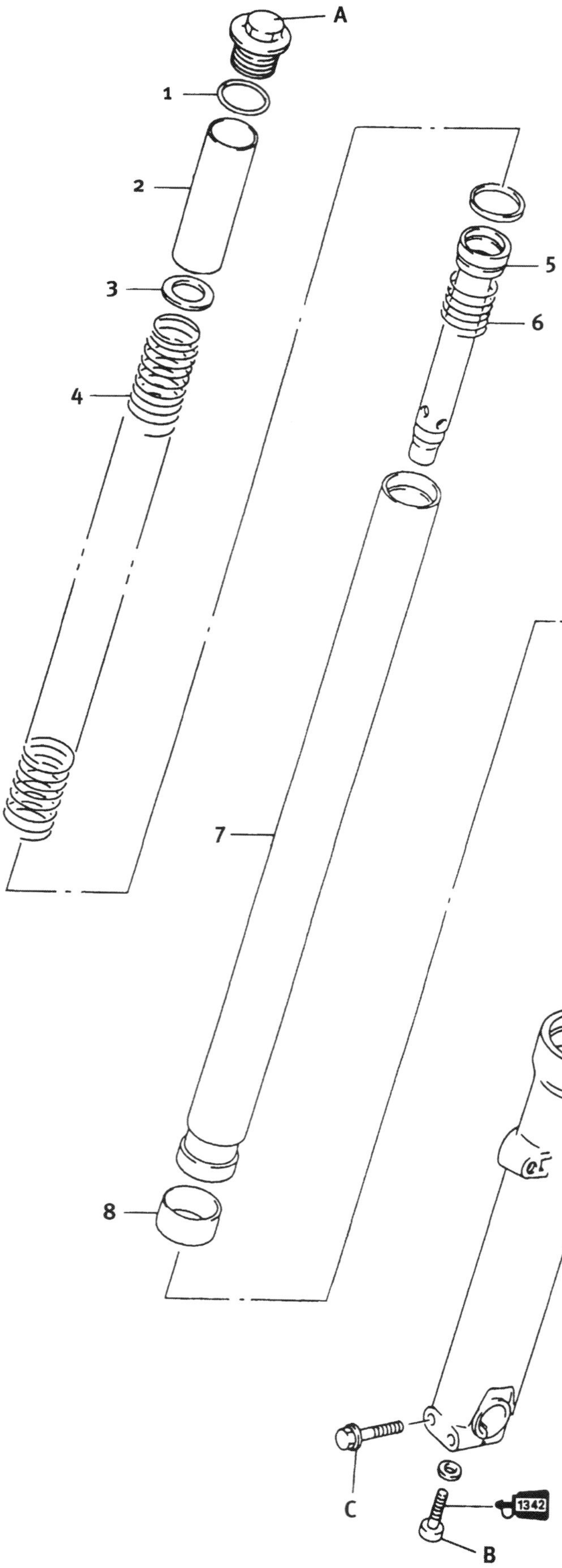

18.3.2
Teleskopgabel
Bild 367

- **Bild 368**: Falls demontiert, Nylon-Kolbenring von Hand auf Dämpferstange anbringen.
- **Bild 369**: Dämpferstange mit Rückprallfeder von oben durch Standrohr durchstecken und Öldichtstück mit konischer Seite auf Ende der Dämpferstange aufsetzen.
- Standrohr so vormontiert in Tauchrohr einschieben.
- Untere Gabelverschluss-Schraube mit flüssiger Schraubensicherung versehen und mit Kupferdichtring eindrehen. Falls sich Dämpferkolbenstange mitdreht, mit **SUZUKI**-Spezialwerkzeug und langer Verlängerung gegenhalten, oder Gabelfeder mit Distanzstück und Gabelverschluss-schraube provisorisch montieren.
- Staubdichtung, Federsicherung, Wellendichtring und Gleitrohrbuchse von Hand auf Standrohr anbringen.
- **Bild 370**: Buchse (geölt) zusammen mit Stützring mit passendem Rohrmaterial oder schrittweise über Kreuz mit langem Dorn oder mit **SUZUKI**-Spezialwerkzeug zusammen mit Wellendichtring eintreiben.

⚠ Vorsicht, Standrohr nicht mit Dorn zerschrammen!

- Es folgt Wellendichtring. Diesen mit Gabelöl anfeuchten und mit Beschriftung nach oben entweder mit passendem Rohrmaterial oder schrittweise über Kreuz mit Dorn eintreiben.
- **Bild 371**: Anschlagring in Nut des Gleitrohrs einsetzen und darauf achten, dass dieser einwandfrei in seiner Nut sitzt.
- Staubdichtung einsetzen.
- Standrohr bis zum Anschlag in Tauchrohr einschieben und pro Gabelbein 573 cm^3 Gabelöl einfüllen (10er Viskosität).
- Gabelrohre mehrmals auf- und abpumpen, bis keine Luftbläschen mehr auftauchen und so Dämpfer entlüften.

(Exakt messen) Ölstand ab Oberkante des Standrohrs messen, Sollwert 95 mm.

- Darauf achten, dass Ölstand in beiden Gabelbeinen gleich ist (Gabel ganz zusammengeschoben ohne Feder).
- Gabelfeder in Standrohr einführen (grosser Windungsabstand nach unten weisend). Es folgen Federsitz, Distanzhülse und obere Gabelverschlussschraube mit geöltem O-Ring (23 Nm).
- Dämpferstangenschraube mit flüssiger Schraubensicherung versehen und von unten in Tauchrohr eindrehen (23 Nm).
- Untere und obere Gabelklemmschrauben anziehen (23 Nm).

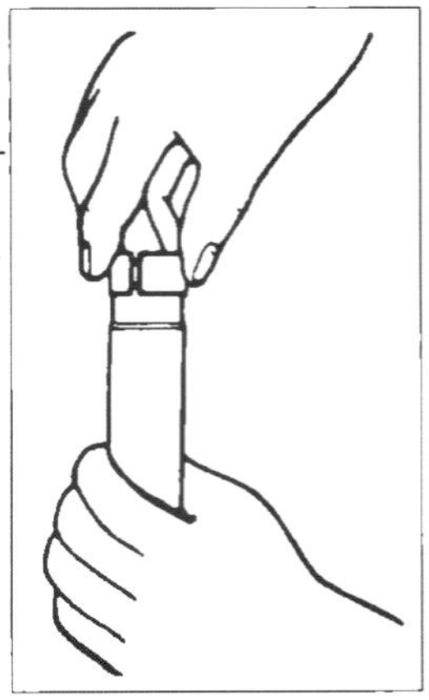

Bild 368
Standrohrbuchse von Hand aufschieben

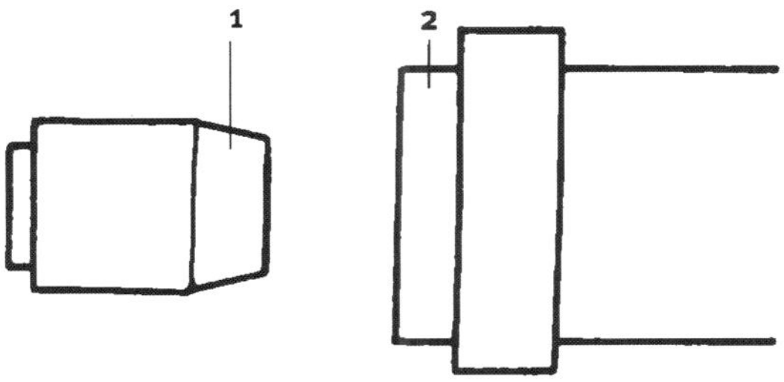

Bild 369
1 Konus
2 Standrohr

Bild 370
Tauchrohrbuchse eintreiben

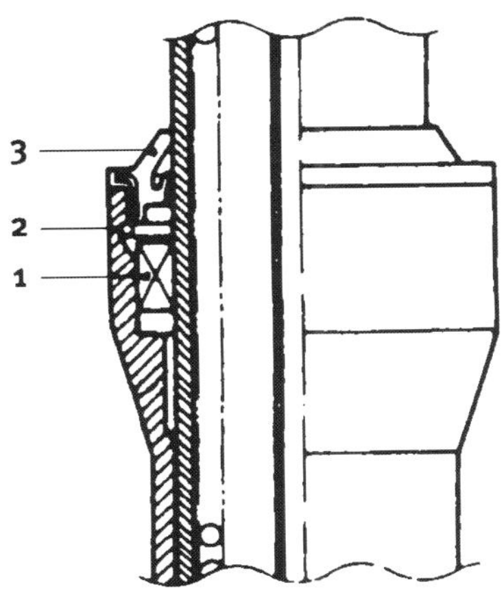

Bild 371
1 Wellendichtring
2 Anschlagring
3 Staubdichtung

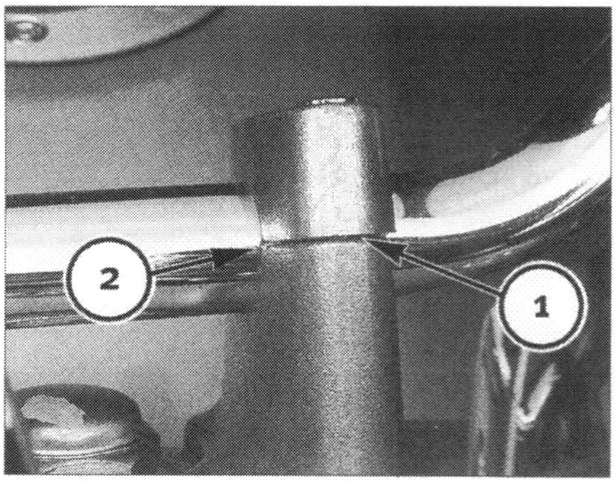

Bild 372
1 Klemmspalt
2 Körnermarkierung

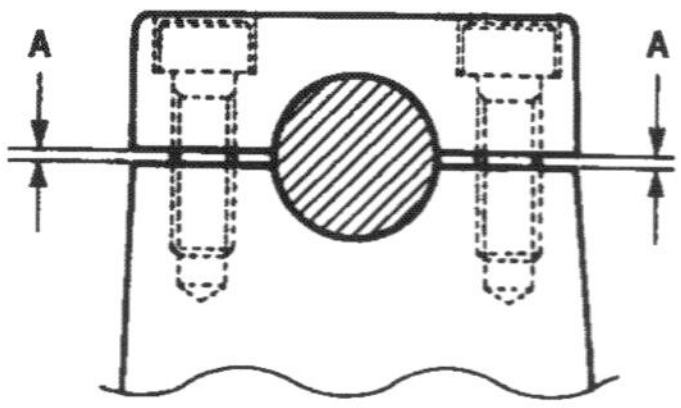

Bild 373
A Klemmspalt

- **Bild 372**: Lenkerhalterung montieren. Dabei Körnermarkierung auf Klemmspalt ausrichten.
- **Bild 373**: Klemmspalt »A« muss über gesamte Klemmfläche konstant sein.
- Schutzblech und Hilfsgabelbrücke montieren.

18.3.3 Laufrad **Bild 374**

- **Bild 375**: Einbau der Lager und Staubdichtungen wie Lenkkopflager einziehen. Zuerst linkes Lager (fettgefüllt) einziehen, Distanzhülse einsetzen, dann rechtes Lager einziehen. Dichtringe mit passender Nuss einschlagen. Gegebenenfalls Lager nur am Aussenring mit passender Nuss oder Rundmaterial nachsetzen.

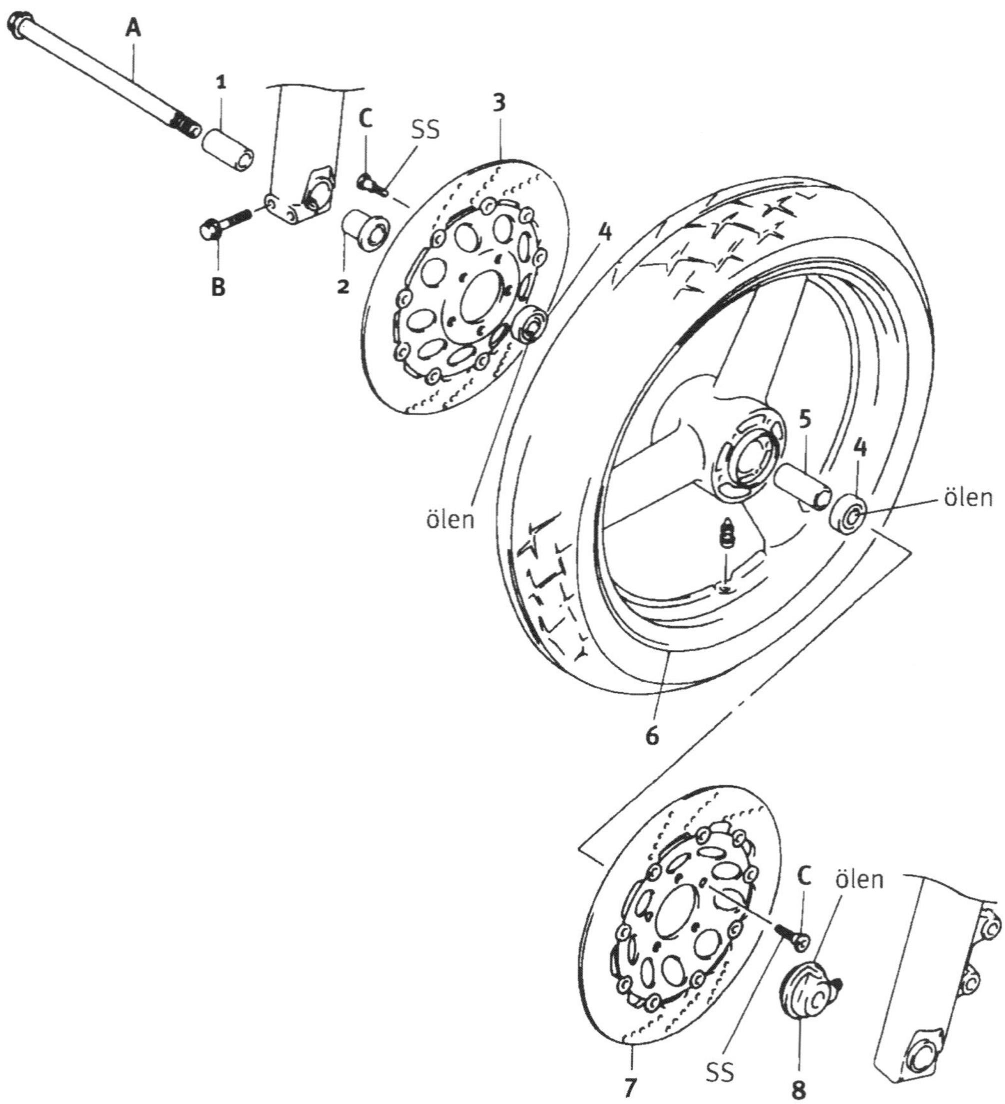

Bild 374
Laufrad
1 Buchse
2 Distanzhülse
3 Bremsscheibe rechts
4 Lager
5 Distanzhülse
6 Laufrad
7 Bremsscheibe links
8 Tachoschnecke
A Vorderachse (100 Nm)
B Klemmschraube (23 Nm)
C Befestigungsschrauben der Bremsscheibe (23 Nm)
SS Schraubensicherung

- Bremsscheibe montieren. Befestigungsschrauben mit flüssiger Schraubensicherung anziehen (23 Nm).
- **Bild 376**: Tachogetriebe-Mitnehmer (Tachoschnecke) einfetten und so einsetzen, dass seine Zungen in Schlitze der Naben einspuren.
- **Bild 377**: Anschlag der Tachoschnecke auf Tauchrohranschlag ausrichten.
- Bremsscheibe mit hochwertigem Entfettungsmittel (Bremsscheibenreiniger) reinigen.
- Rad mit Distanzhülsen rechts und Tachoschnecke links zwischen Gabelbeine einsetzen. Achse einschieben und anziehen (100 Nm).
- Teleskopgabel mehrmals bei blockiertem Vorderrad (jedoch nicht mit Bremse blockieren!) zusammendrücken, um Achse aufzusetzen, und dann erst Achsklemmschraube mit 23 Nm anziehen.

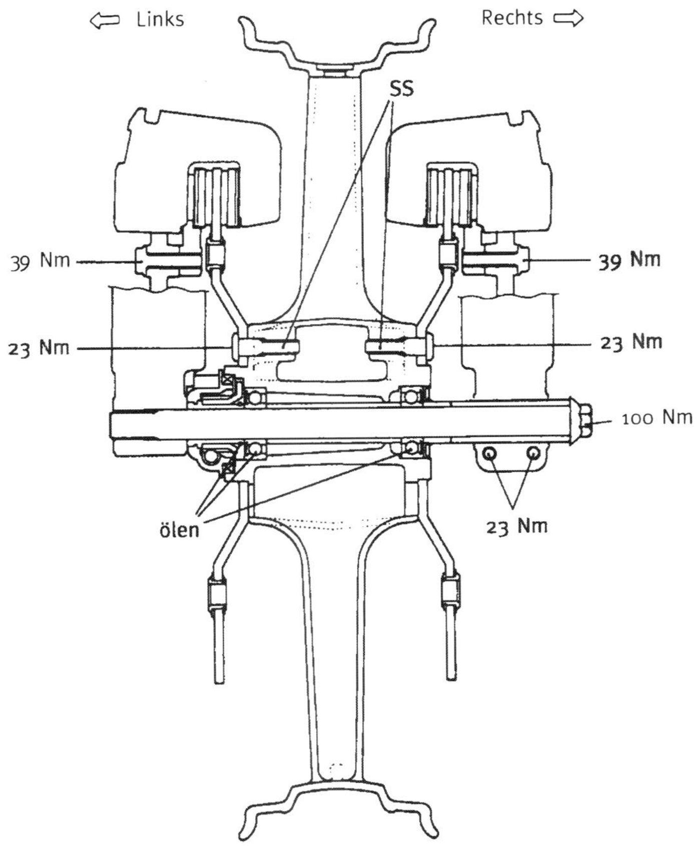

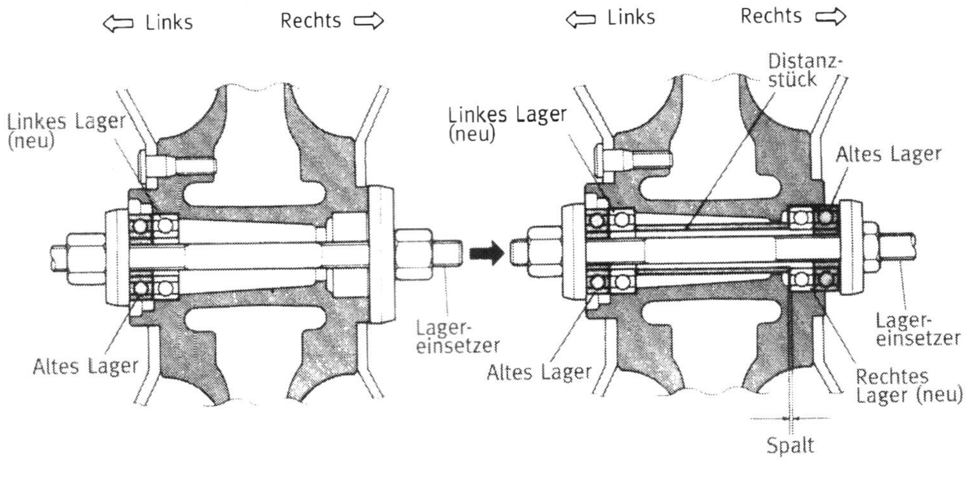

Bild 375
Lager einziehen/
Anzugsmomente

Bild 376
1 Mitnehmer
2 Aussparungen

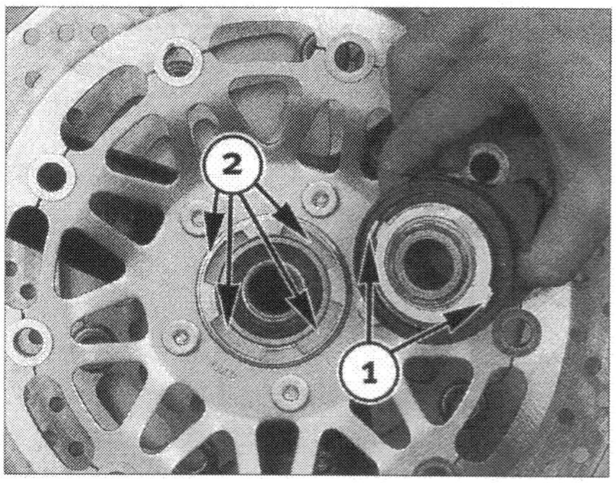

Bild 377
1 Tachoschnecken-anschlag
2 Tauchrohranschlag

Heckpartie

19.1 Ausbau

19.1.1 Laufrad

- Motorrad auf Kiste o.Ä. stabil so untermauern, dass Hinterrad freikommt.
- Hinterradachse wie zum »Antriebskette spannen« (*Wartungskapitel 3.12*) lockern.
- Kette von Kettenrad abnehmen, Achsmutter ausdrehen, Hinterrad anheben und Achse ausziehen.

Auf Distanzhülse jeder Seite achten!

- Bremsscheibe nach Lösen von fünf Befestigungsschrauben abnehmen.
- Kettenblatt-Träger (Abtriebsflansch) von Hand abnehmen.
- Zum Entfernen des Kettenblatts sechs Muttern lösen.
- Wellendichtringe mit Schraubendreher o.Ä. aushebeln.

TIPP Zum Austreiben der Radlager Radnabe bzw. Abtriebflansch auf elektrischer Kochplatte anwärmen. Einmal ausgebaut, gehören Radlager auf den Schrott!

- Distanzhülse zwischen den Radlagern aushebeln bzw. wegdrücken.
- Lager mit einem 10 mm-Dorn mit leichten Schlägen schrittweise über Kreuz austreiben.
- Nach Ausbau eines Lagers Distanzhülse entnehmen und gegenüberliegendes Lager austreiben.

19.1.2 Federbeine und Schwinge

- Sitzbank und Seitenverkleidung abbauen.
- Bremsflüssigkeit ablassen (*siehe Wartungskapitel 3.10*).
- **Bild 378**: Hydraulikanschluss vom Bremssattel abnehmen und Bremsschlauch aus Führungen (Innenseite der Schwinge) abnehmen.
- Befestigungsschraube ausdrehen und Bremsanker von Schwinge abnehmen.
- **Bild 379**: Abdeckkappen abnehmen.
- **Bild 380**: Schwingenachsmutter ausdrehen.

TIPP In diesem Montagezustand Spiel der Schwingenlagerung am Schwingenende prüfen (max. 1 mm Spiel am Schwingenende).

- **Bild 381**: An oberer Federbeinbefestigung Abdeckkappen aushebeln, Befestigungsschrauben lösen und Federbeine abnehmen.

Bild 378
Bremssattel
1 Bremsankerschraube
2 Bremssattelschrauben
3 Hydraulikanschluss

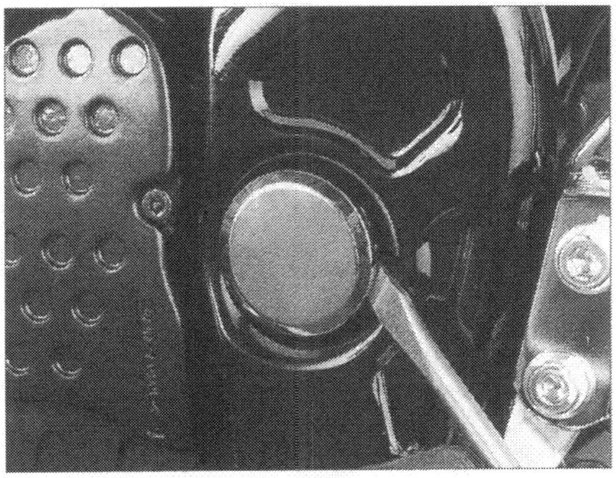

Bild 379
Abdeckkappen aushebeln

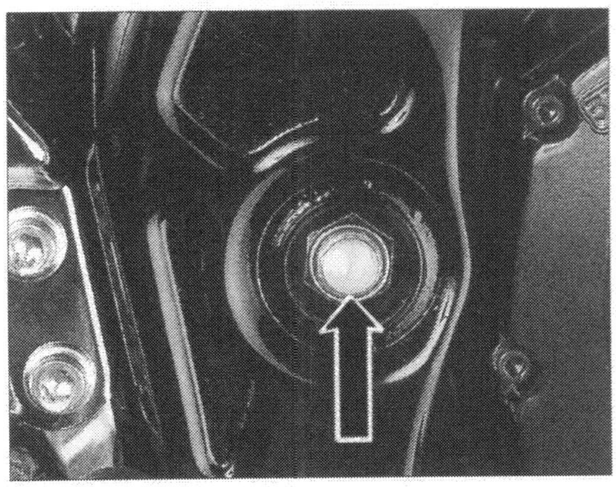

Bild 380
Pfeil Achsmutter

Bild 381
Federbein
Pfeile Befestigungsschrauben

Bild 382
Kettenschutz
Pfeil Befestigungsschrauben

Bild 383 ➤
Achsschlag messen

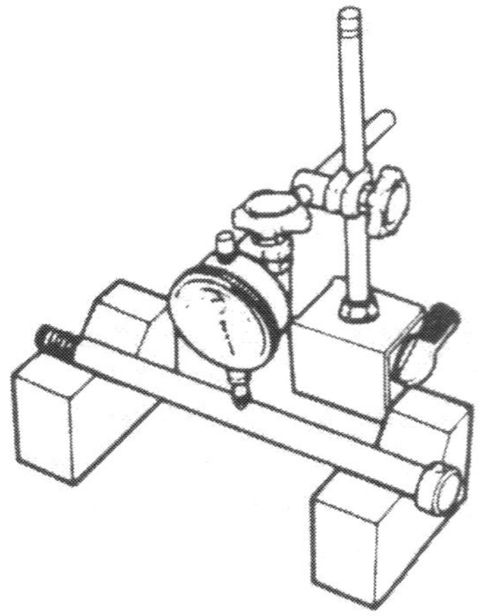

Bild 384
Hinterrad-Schwinge

1	Kappe
2	Hinterer Stossdämpfer
3	Kettengehäuse
4	Hinterer Bremsanker
5	Staubdichtung
6	Distanzstück
7	Lager
8	Schwinge
9	Distanzstück
10	Kettenführung
11	Achse/ Drehlagerwelle
A	Obere Befestigungsschraube des Stossdämpfers (23 Nm)
B	Untere Befestigungsschraube des Stossdämpfers (35 Nm)
C	Bremsankermutter (35 Nm)
D	Drehlagermutter (100 Nm)

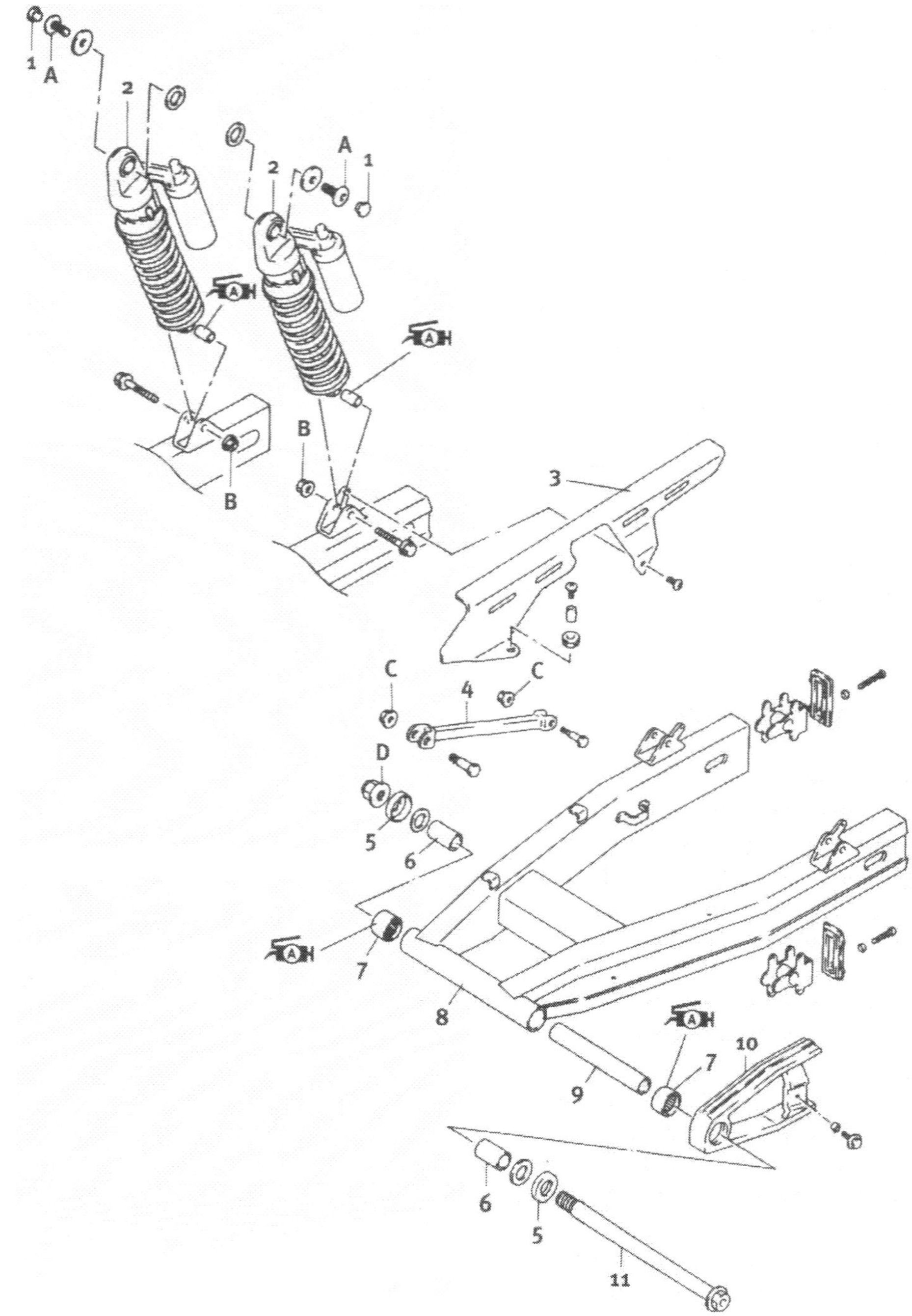

⚠ Stossdämpfer enthält hoch komprimiertes Stickstoffgas und Öl! Das unter hohem Druck stehende Federbein kann bei unsachgemässer Beseitigung schwere Verletzungen verursachen! Beseitigung eines verschlissenen Federbeines ist Sache der SUZUKI-Werkstatt. Auf keinen Fall einfach zum Schrott werfen!

- **Bild 382**: Kettenschutz abnehmen.
- Schwinge entlasten und Schwingenachse nach links herausziehen und Schwinge abnehmen. Gegebenenfalls mit bedachten Gummihammerschlägen nachhelfen, um festsitzende Schwingenachse zu lockern.
- Auf Verbleib der Distanzbuchsen achten – und deren Einbaulage.
- Distanzbuchsen und Staubschutzdeckel lassen sich von Hand entnehmen. Lagerkäfige mit passendem Abzieher nach »Ziehhammer-Prinzip« oder mit passendem Dorn austreiben, wobei diese zerstört werden.

19.2 Prüfen und Vermessen

- Verschleissgrenzen Felgenschlag wie am Vorderrad (*Kapitel 17.2*) prüfen.
- Schwinge auf Verzug oder Risse prüfen. Schwinge muss sich bei demontiertem Hinterrad und Stossdämpfer ohne Unregelmässigkeiten auf- und abbewegen lassen.
- Seitliches Spiel der Schwinge wie im vorher gehenden Kapitelabschnitt (*18.1*) beschrieben messen: maximal 1 mm, gemessen am Schwingenende.
- **Bild 383**: Schwingenachse in Prismenblöcke legen und mit Achsschlag messen, Verschleissgrenze 0,3 mm.
- Staubdichtungen der Federbeinbefestigung auf Beschädigung überprüfen.
- Druckdeckel und Buchse dürfen keine Riefen oder Kratzer aufweisen.
- Lager auf Grübchenbildung und übermässiges Spiel untersuchen.
- Stossdämpfer auf Ölaustritt an Dämpferstange untersuchen.
- Kettenrad auf Beschädigung und Verschleiss untersuchen.

19.3 Montage

19.3.1 Schwinge und Federbein **Bild 384**

- In Fachwerkstatt Nadellager in Schwinge, Relais-Arm und Pleuelstange mit passendem Dorn eintreiben.
- Buchsen, Distanzscheiben und Staubdichtungen gefettet einsetzen.
- Federbein und Schwinge vormontiert am Rahmen anbringen.
- Federbein mit voreingestellter Federvorspannung an oberer Federbeinaufnahme anbringen.
- Federvorspannung an oberem Einsteller (Drehring an Federbein) wählen:
  Stellung 1 weich
  Stellung 4 Standard
  Stellung 7 hart
- **Bild 385**: Anzugsmomente.
- Sämtliche Verbindungsbolzen von links einschieben und Muttern rechts anziehen.
- Schwinge mit vormontierter Hebelei und aufgelegter Kette (falls Endloskette montiert) in Rahmen einsetzen.

Vorsicht! ⚠
Aufgepasst! 👁

Bild 385
Anzugsmomente
A

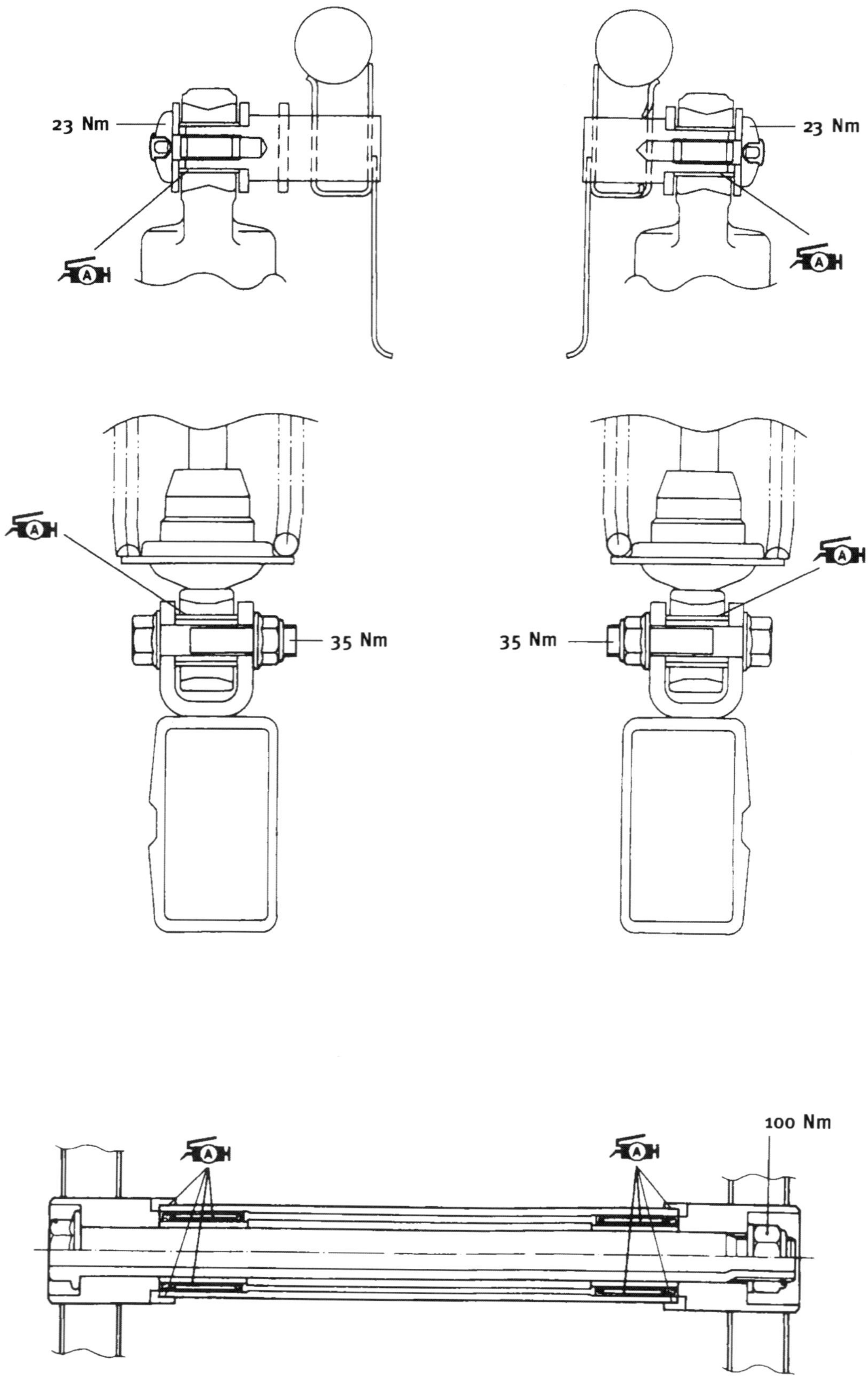

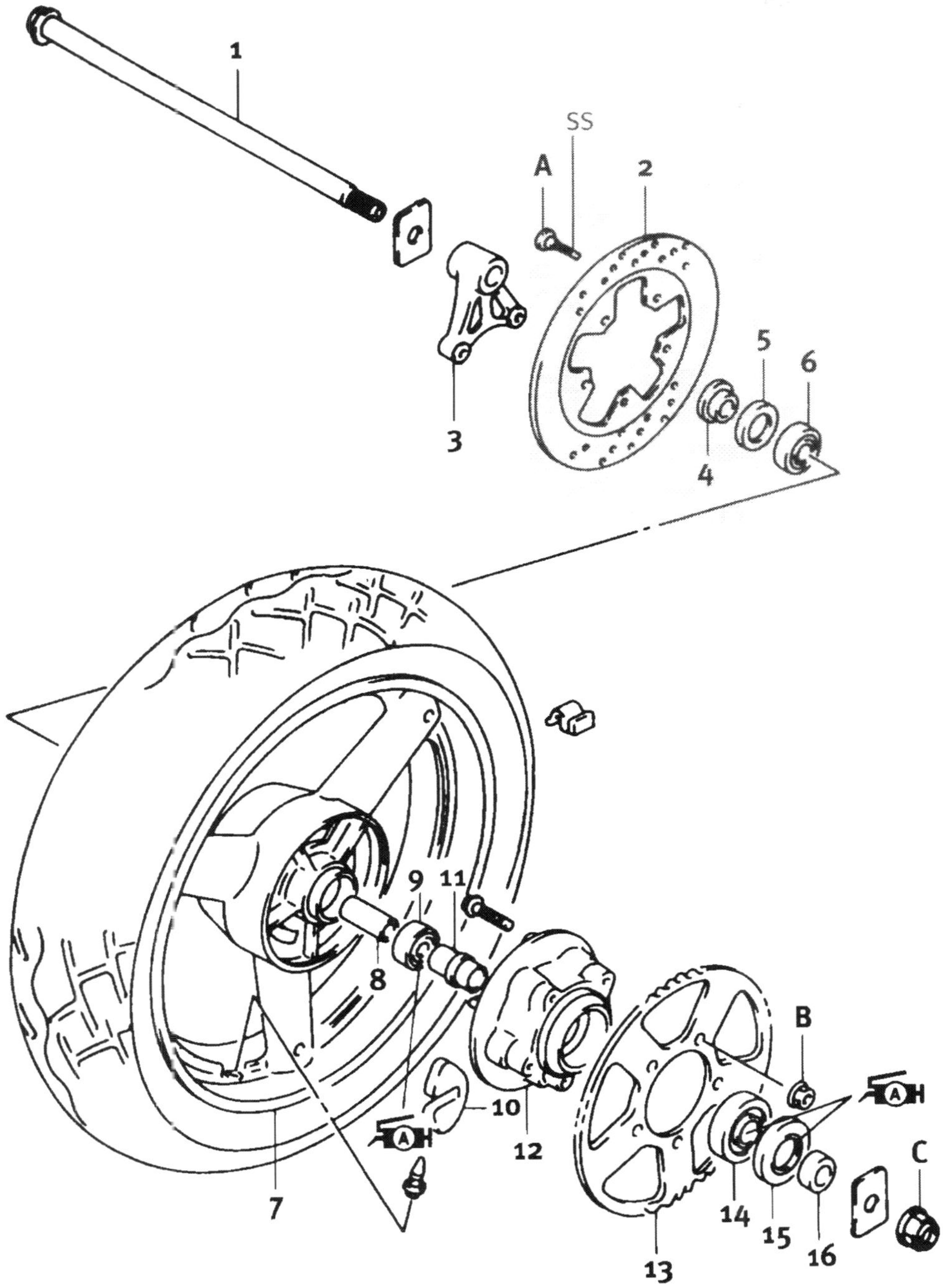

Bild 386
Hinteres Laufrad

1	Hinterachse
2	Bremsscheibe
3	Bremssattelhalterung
4	Distanzhülse
5	Staubdichtring rechts
6	Lager
7	Hinterrad
8	Distanzhülse
9	Lager links
10	Dämpfer
11	Hülse
12	Kettenblattflansch
13	Ritzel
14	Lager
15	Staubdichtring links
16	Distanzhülse
A	Bremsscheiben-Befestigungs-schraube (23 Nm)
B	Ritzelmutter (60 Nm)
C	Hinterachs-mutter (100 Nm)
SS	Schrauben-sicherung

19.3.2
Laufrad
Bild 386

⚠ Ausgebaute Lager nicht wieder verwenden. Hier ist Sparsamkeit nicht angesagt.

- Lager einziehen wie Lenkkopflager, siehe *Kapitel 18.3*.
  Bild 387: Anzugsmomente.
- Kettenblatt anbringen und Muttern anziehen.
- Dämpfergummis in Radnabe einsetzen und Abtriebsflansch einsetzen.
- Hinterrad einsetzen, Kette auffädeln, Achse leicht gefettet einschieben und Achsmutter locker anlegen. Antriebskette spannen (*Wartungskapitel 3.12*).

Vorsicht! ⚠
Aufgepasst!

Bild 387
Lagermontage: Anzugsmomente
A Hochleistungsfett
SS Schraubensicherung

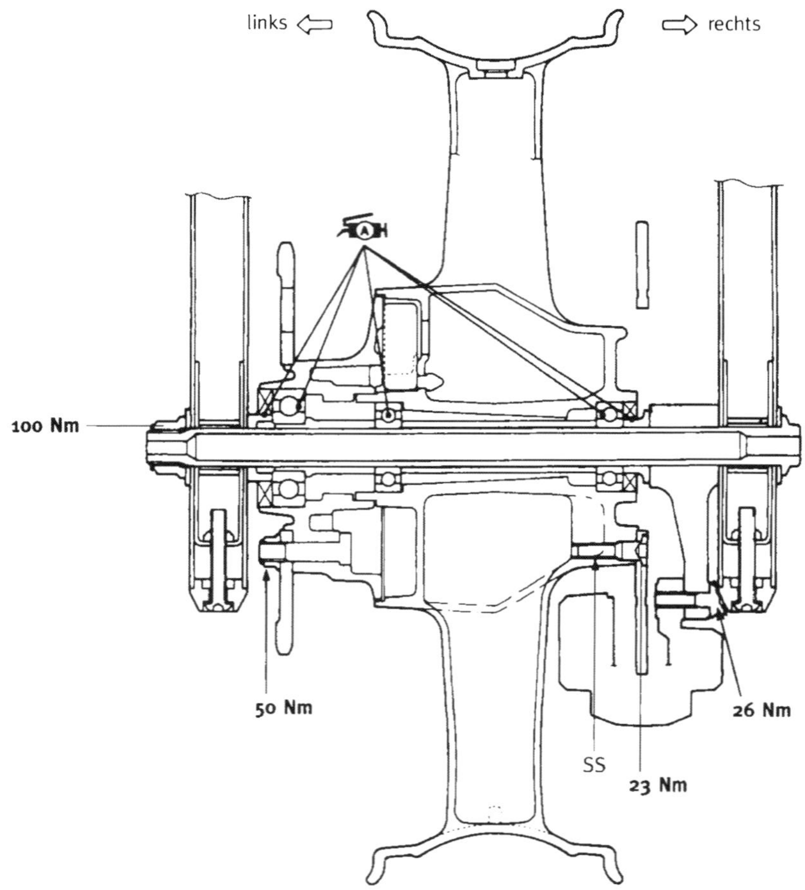

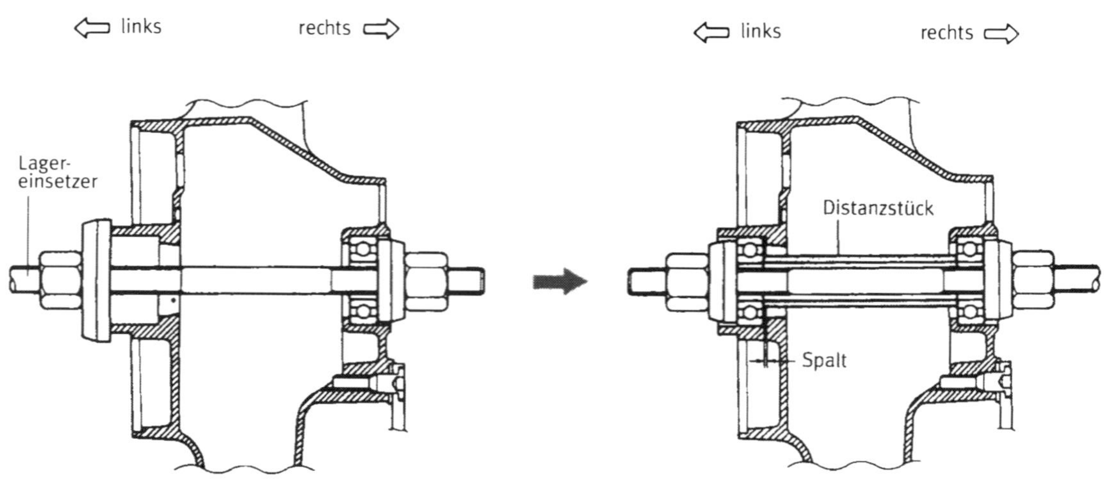

Einwintern

Richtiges Einwintern oder »Einmotten« für längere Zeiträume (etwa ab einem Monat) macht sich auf jeden Fall bezahlt. Und zwar nicht nur durch den Werterhalt der Maschine, sondern es entfallen auch mühseliges Gefummel und Verwünschungen, wenn die Kiste nach dem Winterschlaf ihre Arbeit wieder aufnimmt, als wäre nichts gewesen.
Als Aufbewahrungsort empfiehlt sich eine trockene und gut belüftete Garage oder Ähnliches. Und im Fall einer Garage bitte darauf achten, dass nicht etwa salzhaltige Feuchtigkeit durch Fahrzeuge eingeschleppt wird, die auch bei Streusalz-Einsatz bewegt werden und die Garage mitbenutzen. Eine spezielle Abdeckplane aus dem Zubehörhandel hilft natürlich auch – und zwar der Kasse des Verkäufers. Im geschilderten Idealfall genügt ein altes Bettlaken als Staubschutz.
Anders sieht es bei einem weniger günstigen Abstellplatz aus, etwa ein überdachter Stellplatz im Freien. Hier ist eine hochwertige Abdeckplane natürlich angebracht. Hochwertig heisst in dem Fall, dass die Plane aus einer so genannten Klimamembran aufgebaut ist, welche von aussen nach innen wasser- und luftdicht abschliesst und umgekehrt entsprechend durchlässig ist. Bei Verwendung einer preisgünstigeren Kunststoffplane (oft auch innen mit Baumwolle beschichtet) unbedingt unten soweit geöffnet lassen, dass die Luftzirkulation nicht behindert wird und sich dann auch keine Feuchtigkeitsnester bilden können. So oder so, bevor die Maschine eingestellt wird, steht penibles Putzen und Abschmieren auf dem Programm. Frisches Motoröl und Ventilspielwartung beim Viertakter runden den letzten Inspektionsgang ab, wo auch nach »schwitzenden« Motordeckeln, angescheuerten Kabeln und »gammeligen« Steckern Ausschau gehalten wird.

20.1 Batterie

- Ausbauen, Säurestand kontrollieren und gegebenenfalls regulieren wie in *Kapitel 3.15* beschrieben und »warm« lagern.
- Mit Ladegerät Batterie regelmässig alle 10 bis 14 Tage nachladen.

TIPP Im Zubehörhandel sind auch praktische Ladungserhaltungsgeräte erhältlich, die das zuweilen nervenaufreibende Nachdenken, wann mit wie viel Strom geladen wurde, erübrigen.

20.2 Vergaser und Tank

Der verdunstende Sprit hinterlässt Oxidations-Rückstände, welche feine Düsen oder Bohrungen verstopfen und dann Vergaser-Zerlegung und Reinigung notwendig machen.

- Schwimmerkammer-Ablassschraube aufdrehen und Sprit in geeignetes Auffanggefäss ablassen.
- Unversiegelten Stahlblechtank randvoll auffüllen (Rust never sleeps, sagt der Engländer – und Recht hat er).

20.3 Räder und Reifen

- Reifen etwa 0,5 kg/cm² über Normaldruck aufpumpen.
- Wenn möglich Fahrzeug so am Rahmen, Schwinge oder Motor (Gehäuse oder Ölwanne nicht eindrücken!) aufbocken, dass beide Räder frei in der Luft hängen.

20.4 Inbetriebnahme

Wenn alles wie in den Vorkapiteln ausgeführt wurde, heisst es – in der Regel – wenn die Sonne wieder richtig ‘raus kommt: kontrollieren und starten!

→ Motorölstand
→ Reifenluftdruck
→ Beleuchtungseinrichtungen
→ Hebel und Pedale
→ Bremssystem: unter Druck setzen und nach etwa 20 Sekunden System auf Leckage sichtprüfen (besonders die Verbindungselemente). Druckpunkt immer noch deutlich fühlbar?

Kabel und Züge

Für die dauerhafte Funktion der Bodenzüge, Elektrokabel und Schläuche ist die richtige Verlegung die wichtigste Grundvoraussetzung. Geknickte Züge scheuern durch und brechen, verklemmte Kabel können Kurzschlüsse verursachen.

Die folgenden Übersichtszeichnungen sollen helfen, Kabel, Schläuche und Züge exakt zu verlegen.

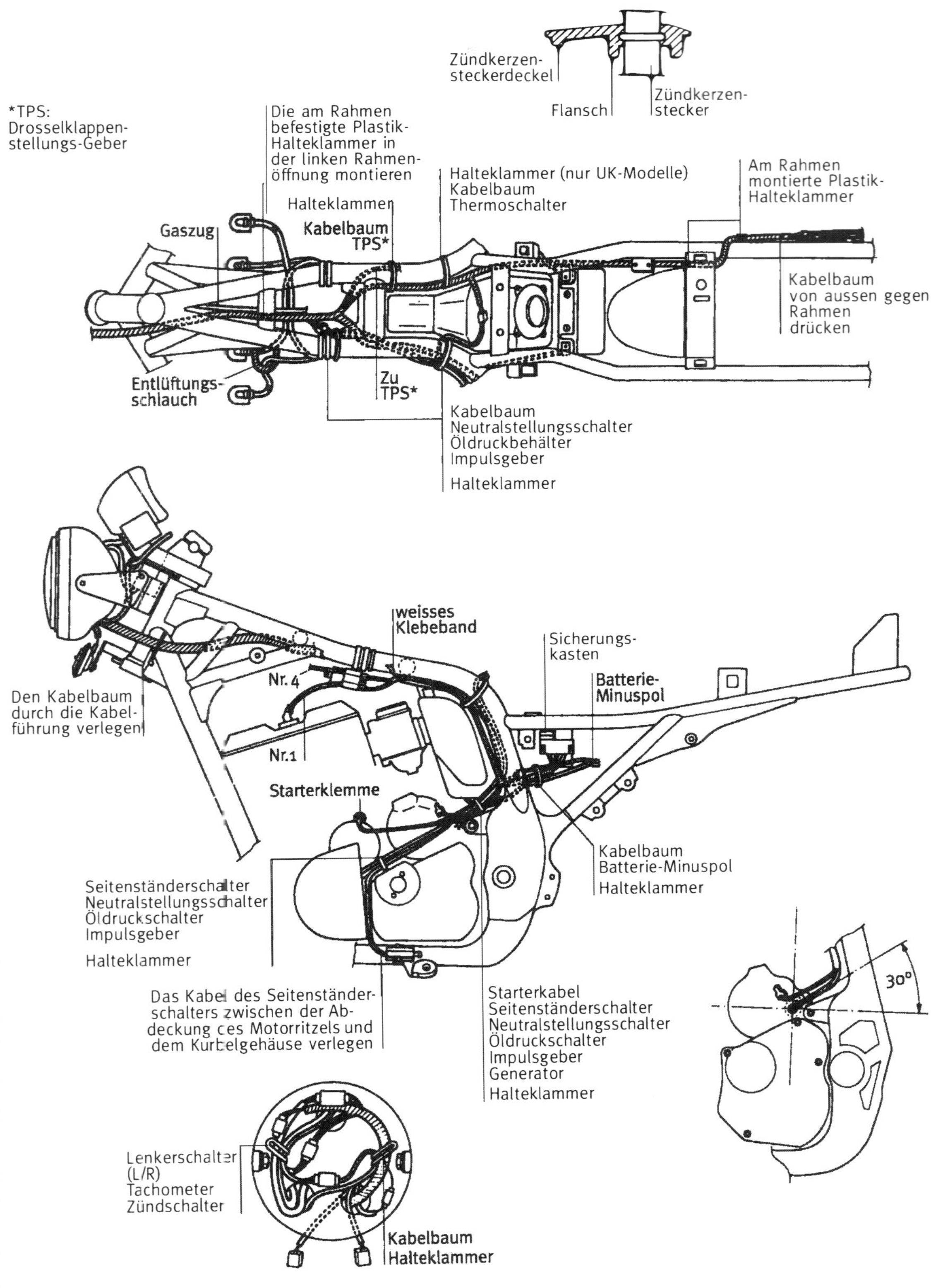

Bild 388
Kabel und Züge

Bild 389
Kabel und Züge

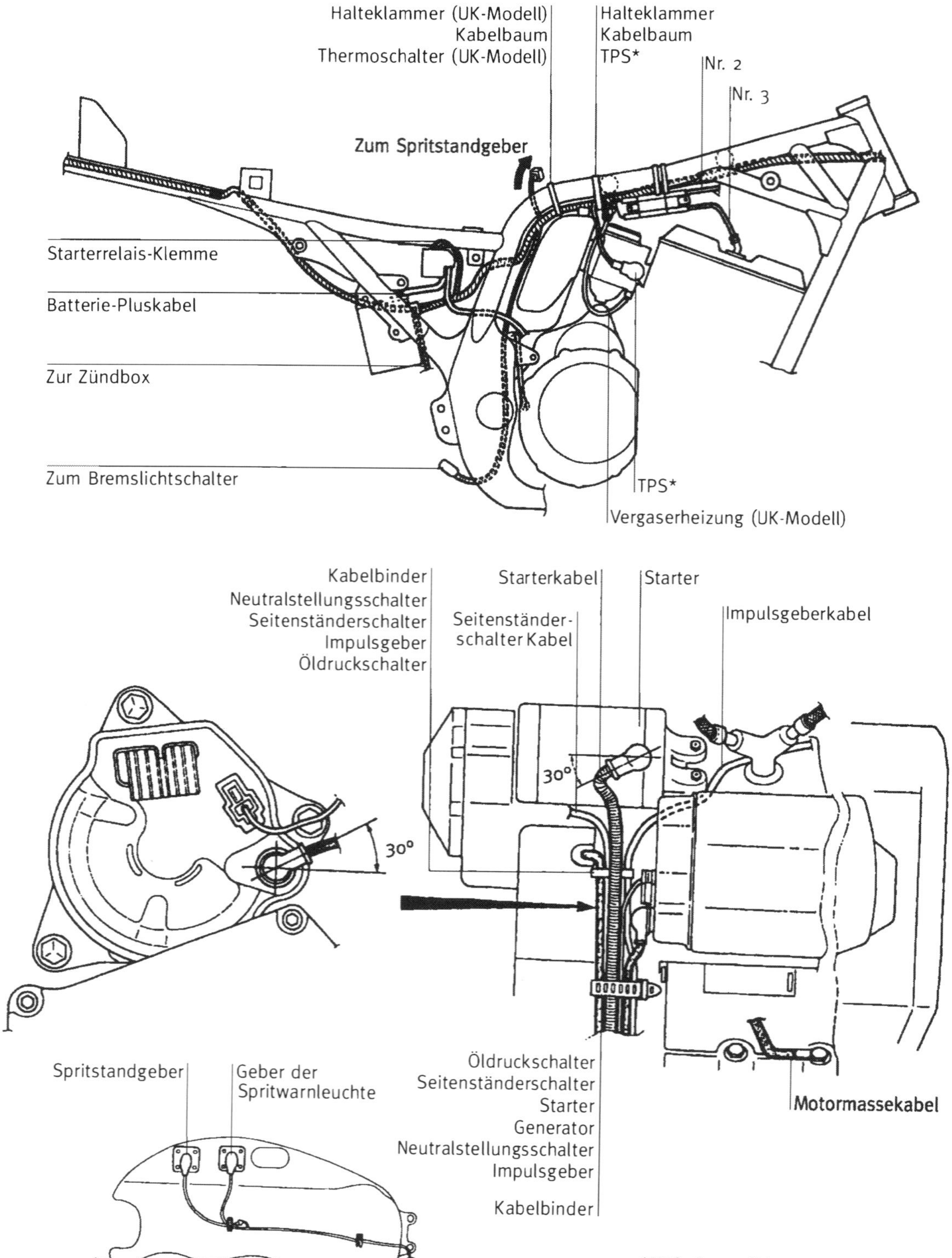

*TPS: Drosselklappenposition-Geber

Bild 390
Kabel und Züge
Gasseilzüge,
Choke- und
Kupplungsseilzug

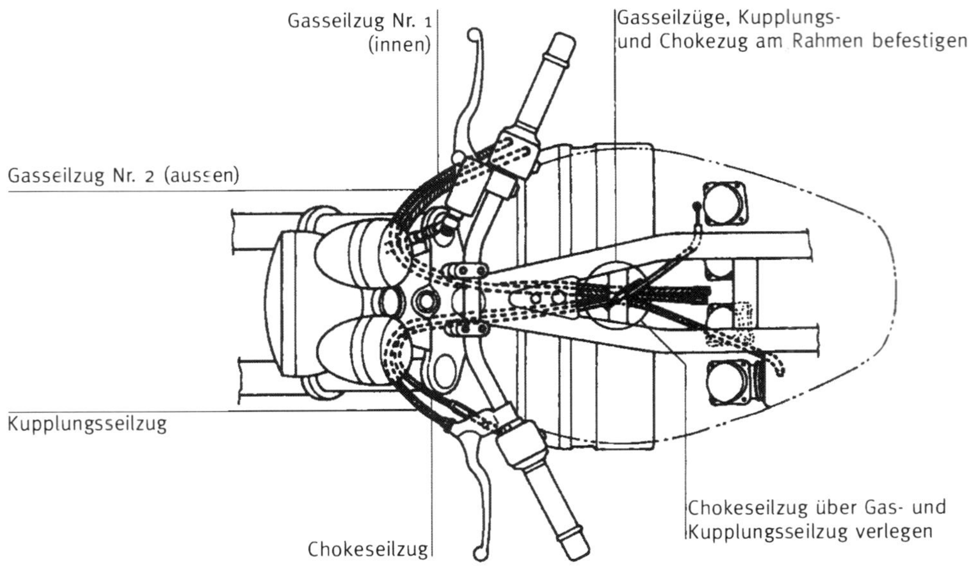

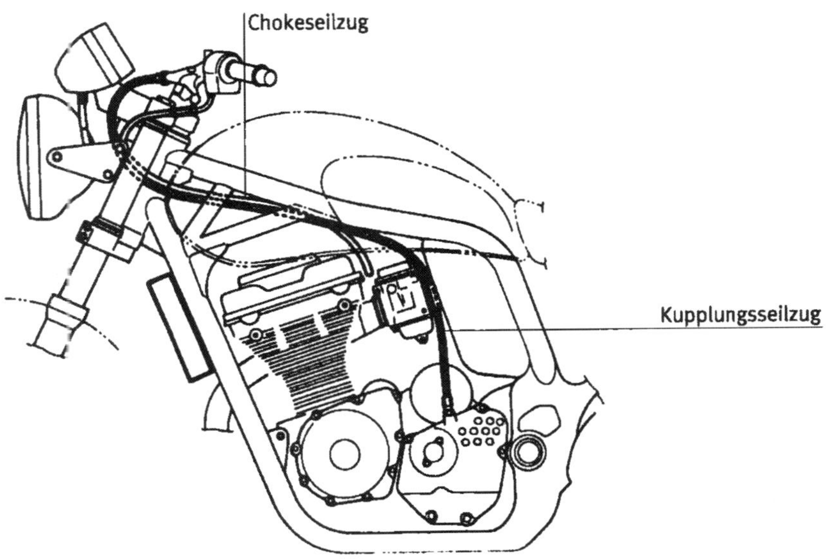

Bild 391
Kabel und Züge

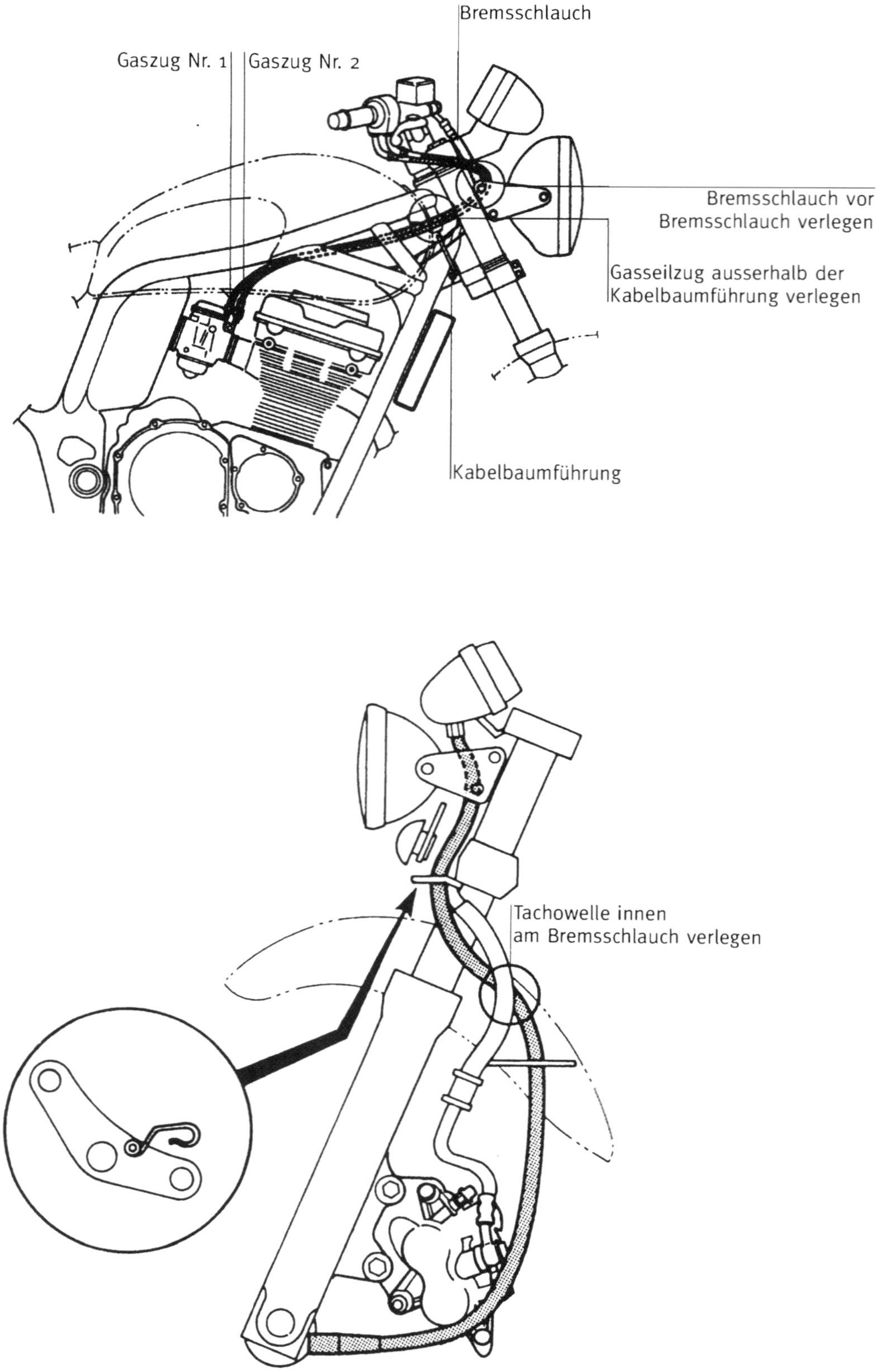

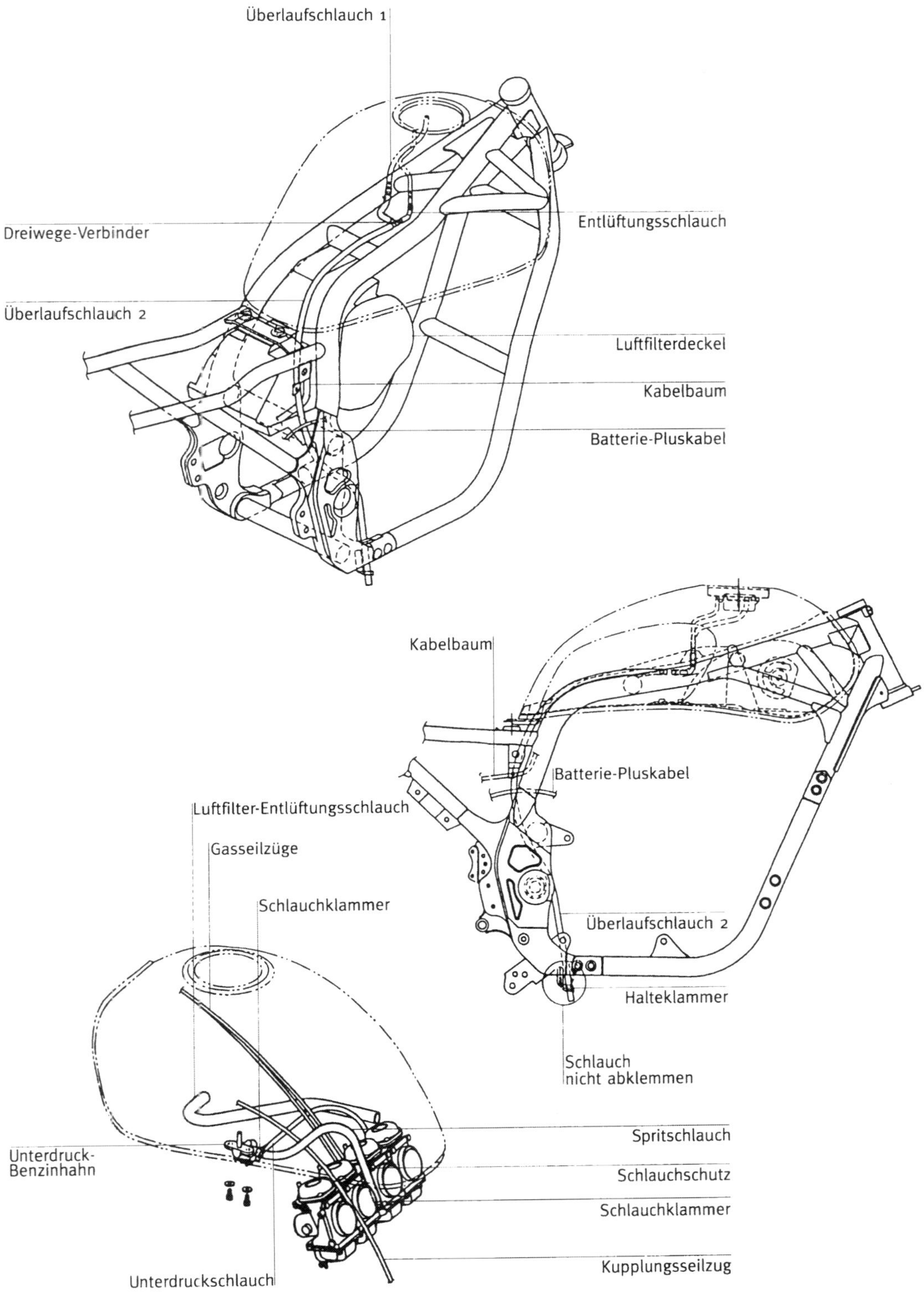

Bild 392
Kabel und Züge
Benzinschläuche

Bild 393
Kabel und Züge
Vorderradbremse

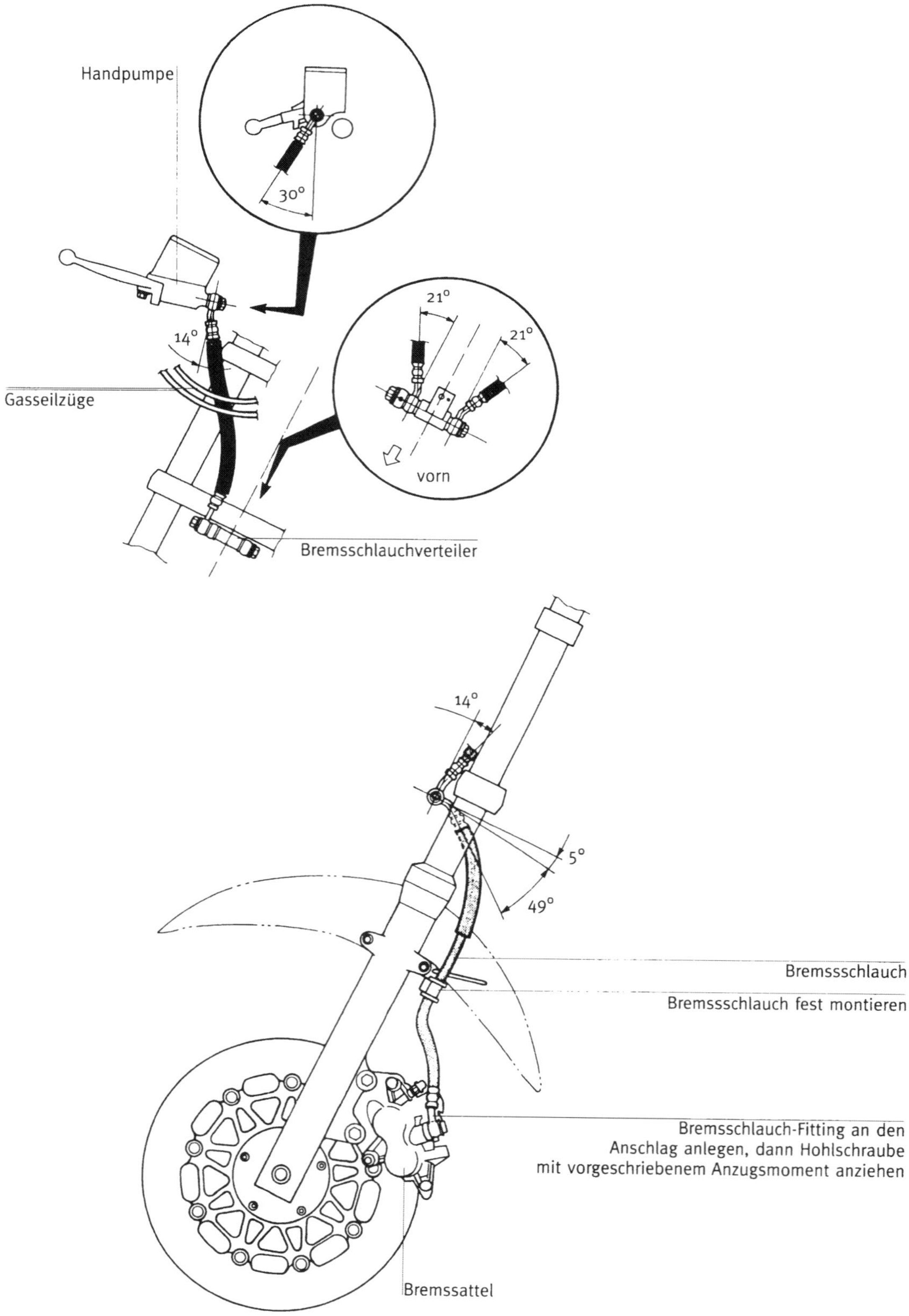

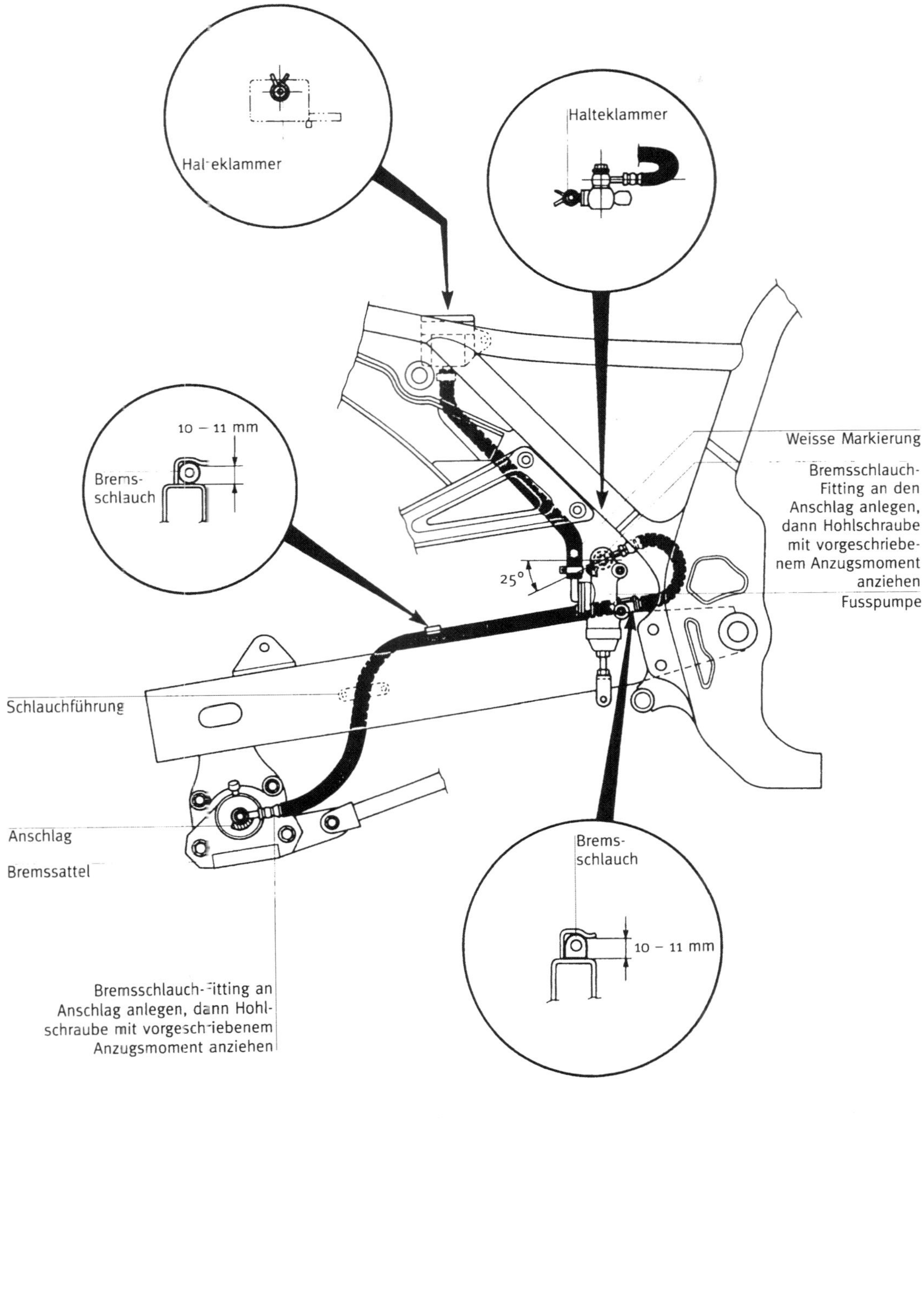

Bild 394
Kabel und Züge
Hinterradbremse

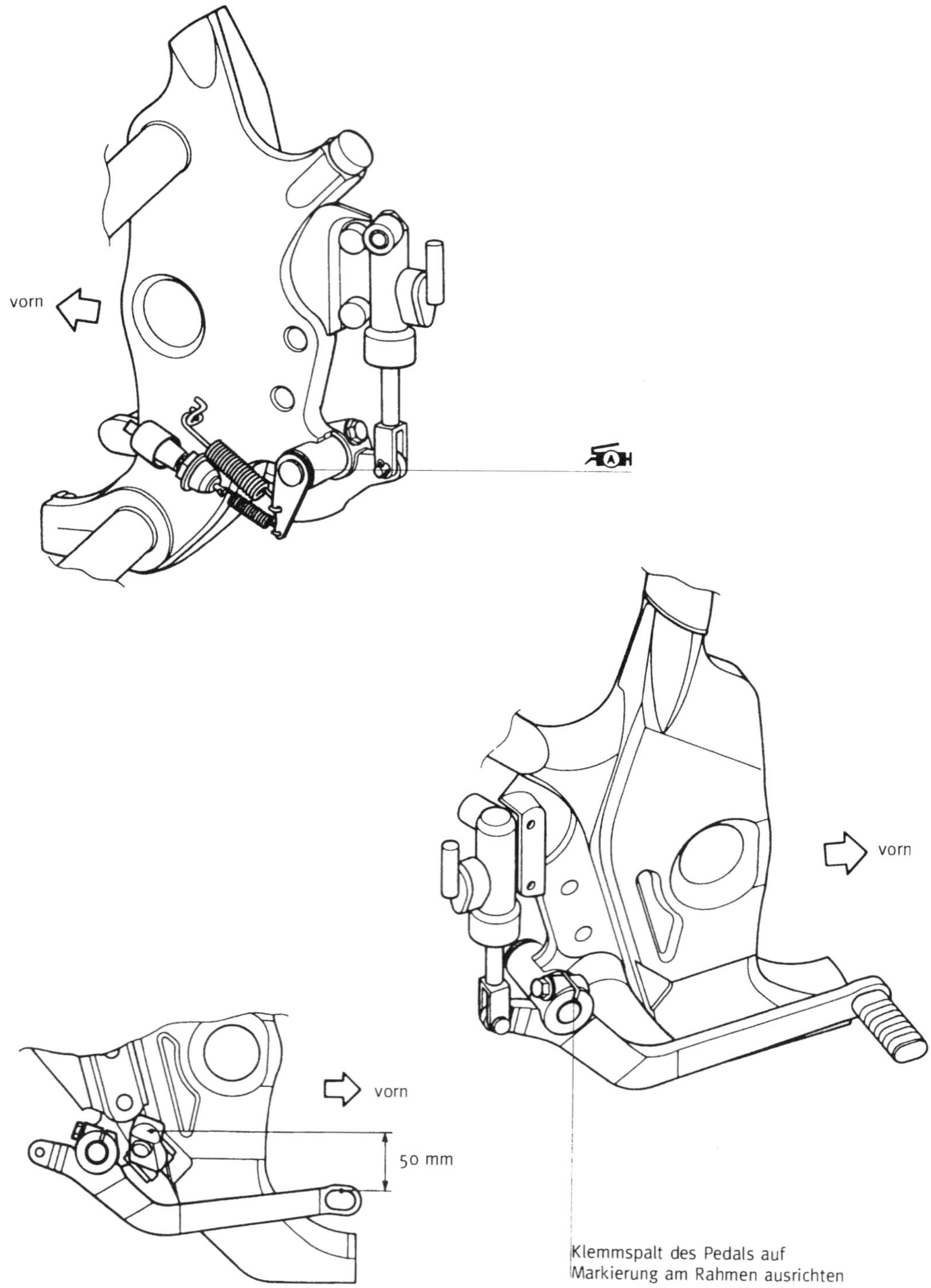

Bild 395
Bremspedal

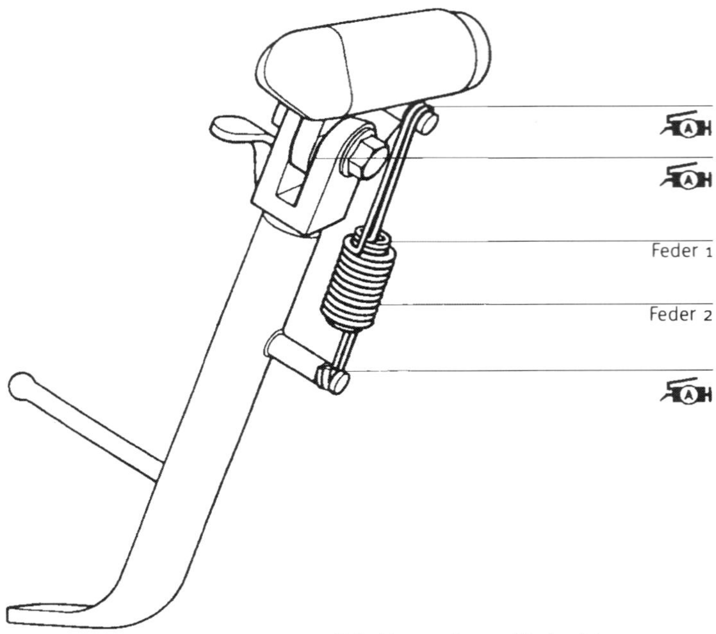

Bild 396
Seitenständer

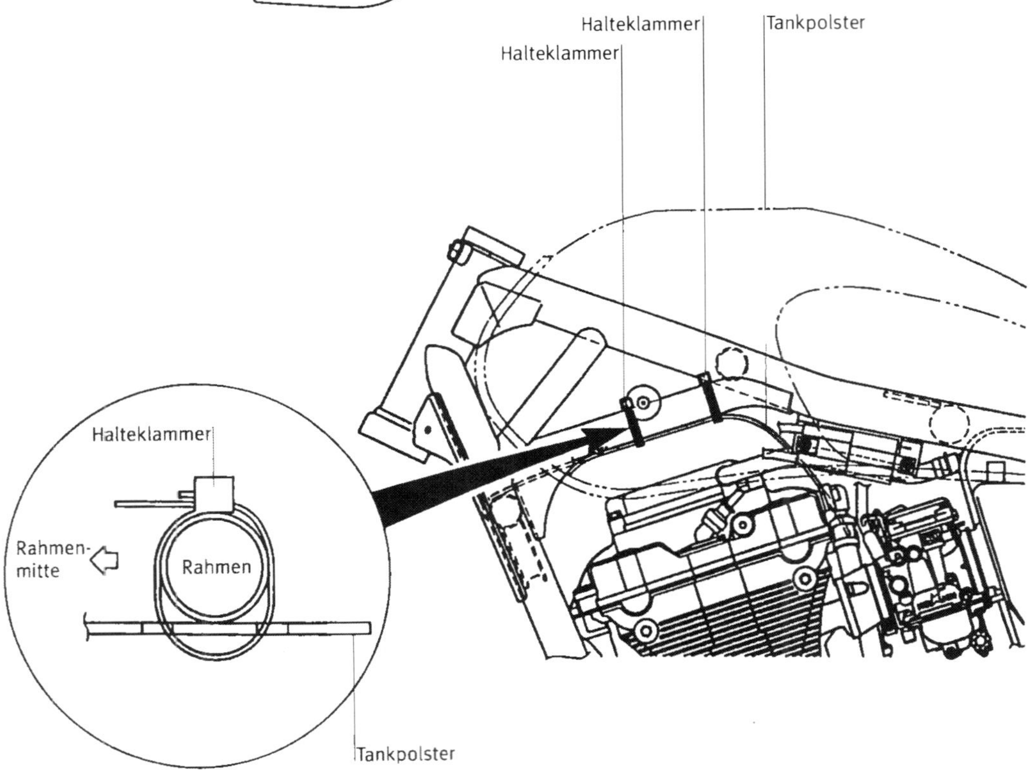

Bild 397
Tankpolster

Technische Daten

Abmessungen und Leergewicht
Einheit: mm

Gesamtlänge	2175 (*Österreich: 2145*)
Gesamtbreite	750
Gesamthöhe	1095
Radstand	1470
Bodenfreiheit	130
Sitzhöhe	785
Leergewicht	201 kg

Motor

Typ	4-Takt, Fahrtwind-/Ölgekühlt, DOHC
Anzahl der Zylinder	4
Bohrung	70,0
Hub	48,7
Hubraum	750 cm³
Verdichtungsverhältnis	10,7:1
Vergaser	Keihin CVK 32
Luftfilter	Polyesterfaser-Element
Starter	elektrisch
Schmiersystem	Nasssumpf/Druckumlauf

Kraftübertragung

Kupplung	Mehrscheiben-Ölbadkupplung
Getriebe	6-Gang-Synchrongetriebe
Schaltschema	1 abwärts, 5 aufwärts
Primäruntersetzung	1,744 (75/43)
Enduntersetzung	2,800 (42/15)
Getriebestufung	
1. Gang	3,083 (37/12)
2. Gang	2,062 (33/16)
3. Gang	1,647 (28/17)
4. Gang	1,400 (28/20)
5. Gang	1,227 (27/22)
6. Gang	1,095 (23/21)
Antriebskette	Takasago RK50MFOZ1, 112 Glieder

Fahrgestell

Vorderradaufhängung	Teleskopgabel, Schraubenfeder, ölgedämpft
Hinterradaufhängung	Schwinge, gas-/ölgedämpfte Federbeine
Federvorspannung	fünffach einstellbar
Lenkeinschlag	34°
Wendekreis	2,7 m
Nachlaufwinkel	25° 30'
Nachlaufbetrag	101
Vorderbremse	Doppelscheibenbremse
Hinterbremse	Scheibenbremse

Fahrgestell
Einheit: mm

Vorderreifengrösse	120/70 ZR17 (58 W)
Hinterreifengrösse	170/60 ZR17 (72 W)
Teleskopgabelweg	130
Hinterrad-Federweg	120

Elektrische Anlage

Zündung	Transistorzündung
Zündzeitpunkt	10° vor OT bei 1200/min
Zündkerze	NGK: CR9 EK Nippon Denso: U27 ETR
Batterie	12 V/8 Ah
Generator	Drehstrom
Hauptsicherung	30 A
Sicherung	15/15/15/10/10 A
Scheinwerfer	12 V 60/55 W
Blinklicht	12 V 21 W
Standlicht vorn	12 V 5 W
Brems-/Rücklicht	12 V 21/5 W
Tachometerbeleuchtung	12 V 1,7 W
Drehzahlmesserbeleuchtung	12 V 1,7 W
Neutral-Anzeigelämpchen	12 V 1,7 W
Fernlicht-Anzeigelämpchen	12 V 1,7 W
Öldruckkontrolle	12 V 1,7 W
Kraftstoffstand-Anzeigelämpchen	12 V 3,0 W
Blinker-Anzeigelämpchen	12 V 1,7 W

Füllmenge
Einheit: Liter

Kraftstofftank/	
davon Reserve	18/5
Motoröl	
Ölwechsel	3,3
mit Filterwechsel	3,5
Überholung	4,7
Teleskopgabelöl	0,573

Ventil und Führung
Einheit: mm

	Standard	*Verschleissgrenze*
Ventil		
Durchmesser		
Ein	27	–
Aus	24	–
Ventilspiel (bei kaltem Motor)		
Ein	0,10 – 0,15	–
Aus	0,18 – 0,23	–
Ventilschaftschlag		
Ein und Aus	–	0,05
Innendurchmesser der Ventilführung		
Ein und Aus	5,000 – 5,012	–
Ventilschaftdurchmesser		
Ein	4,965 – 4,980	–
Aus	4,945 – 4,960	–
Ventilführungsspiel (Schaft/Führung)		
Ein	0,020 – 0,047	–
Aus	0,040 – 0,067	–
Ventiltellerdicke		
Ein und Aus	0,5	–
Ventilschaft-Endlänge		
Ein und Aus	2,3	–
Ventilsitzbreite		
Ein und Aus	0,9 – 1,1	–
Ventiltellerschlag		
Ein und Aus	0,03	–
Ventilfederlänge (unbelastet)		
Innenfeder:		
Ein und Aus	33,9	–
Aussenfeder:		
Ein und Aus	37,3	–
Ventilfederspannung		
Innenfeder (bei 28,0 mm Länge):		
Ein und Aus	6,0 – 6,8 kg	–
Aussenfeder (bei 31,5 mm Länge):		
Ein und Aus	15,4 – 17,8 kg	–

Nockenwelle und Zylinderkopf
Einheit: mm

	Standard	*Verschleissgrenze*
Nockenhöhe		
Einlass	32,660 – 32,710	32,36
Auslass	32,650 – 32,700	32,35
Nockenwellenlagerspiel		
Ein und Aus	0,032 – 0,066	0,150
Innendurchmesser des Nockenwellenlagers		
Ein und Aus	22,012 – 22,025	–
Durchmesser des Nockenwellenlagerzapfens		
Ein und Aus	21,959 – 21,980	–
Nockenwellenschlag		
Ein und Aus	–	0,10
Steuerkettenlänge		
(24 Nietbolzen)	–	158
Steuerkettennietbolzen		
(bei Pfeil »3«)	24. Bolzen	
Kipphebel-Innendurchmesser	12,000 – 12,018	–
Kipphebelwelle-Aussendurchmesser	11,973 – 11,984	–
Zylinderkopfverzug	–	0,20

Zylinder, Kolben und Kolbenringe
Einheit: mm

	Standard	Verschleissgrenze
Kompressionsdruck	10 – 15 kg/cm²	8 kg/cm²
Kompressionsdruckunterschied	–	2 kg/cm²
Kolbenlaufspiel	0,049 – 0,062	0,12
Zylinderbohrung	70,000 – 70,015	70,081
Kolbendurchmesser	69,943 – 69,961	69,880
Zylinderverzug	–	0,20
Kolbenringspalt (frei)		
1. Ring R	8,2	6,6
2. Ring RN	7,7	6,2
Kolbenringspalt (eingesetzt)		
1. Ring	0,20 – 0,30	0,50
2. Ring	0,20 – 0,35	0,50
Abstand Kolbenring/Ringnut		
1. Ring	–	0,18
2. Ring	–	0,15
Breite der Kolbenringnut		
1. Ring	1,01 – 1,04	–
2. Ring	1,004 – 1,027	–
Ölabstreifring	1,51 – 1,53	–
Kolbenringdicke		
1. Ring	0,97 – 0,99	–
2. Ring	0,97 – 0,99	–
Kolbenauge	18,002 – 18,008	18,030
Aussendurchmesser des Kolbenbolzens	17,992 – 18,000	17,980

Pleuel und Kurbelwelle
Einheit: mm

	Standard	Verschleissgrenze
Innendurchmesser des Pleuelkopfs	18,010 – 18,018	18,040
Seitenspiel am Pleuelfuss	0,10 – 0,20	0,30
Pleuelfussbreite	20,95 – 21,00	–
Kurbelzapfenbreite	21,10 – 21,15	–
Pleuelfuss-Radialspiel	0,032 – 0,056	0,080
Aussendurchmesser des Kurbelzapfens	33,976 – 34,000	–
Kurbelwellen-Lagerspiel	0,020 – 0,044	0,080
Aussendurchmesser der Kurbelwellenlagerstelle	31,976 – 32,000	–
Kurbelwellen-Axialspiel	0,060 – 0,110	–
Kurbelwellen-Lagerzapfens	24,00 – 24,05	–
Kurbelwellenschlag	–	0,05

Ölpumpe

Ölpumpenuntersetzungsverhältnis	1,898 (75/43 x 37/34)
Öldruck (bei 60° C)	3 kg/cm² – 6 kg/cm² bei 3000/min

Kupplung

	Standard	Verschleissgrenze
Kupplungszugspiel	10 – 15	–
Reiblamellenstärke		
Nr. 1	2,92 – 3,08	2,62
Nr. 2	3,42 – 3,58	3,12
Klauenbreite	15,9 – 16,0	15,1
Stahllamellenverzug	–	0,10
Kupplungsfederlänge (unbelastet)	–	47,6

Getriebe und Endantrieb

	Standard	*Verschleissgrenze*
Primäruntersetzung	1,744 (75/43)	
Enduntersetzung	2,800 (42/15)	
Gangabstufung		
1. Gang	3,083 (37/12)	
2. Gang	2,062 (33/16)	
3. Gang	1,647 (28/17)	
4. Gang	1,400 (28/20)	
5. Gang	1,277 (27/22)	
6. Gang	1,095 (23/21)	
Spiel Schaltgabel/ Laufrille	0,10 – 0,30 mm	0,50 mm
Schaltgabel-Laufrillenbreite	5 – 5,10 mm	–
Schaltgabelstärke		
Nr. 1 & 3	4,80 – 4,90 mm	–
Nr. 2	5,00 – 5,10 mm	–
Antriebskette		
Typ	RK50MFOZ1	
Glieder	112 Glieder (endlos)	
Länge über 20 Abstände	319,4 mm	
Schaltpedalhöhe	45 mm	

Vergaser

	Österreich/Deutschland	*Schweiz*
Hersteller	→	Keihin
Typ	→	CVK 32
Bohrung	→	32,5 mm
Kenn-Nr.	03F3	03F2
Leerlaufdrehzahl	1200 ± 50 U/min	1200 ± 100 U/min
Schwimmerhöhe	→	17,0 mm ± 1,0 mm
Hauptdüse	→	Nr. 105
Düsennadel	→	N2NQ
Nadeldüse	→	2,6 mm
Drosselklappe	→	11°
Leerlaufdüse	→	Nr. 35
Leerlaufgemisch-Einstellschraube Grundstellung (heraus/Umdrehungen)	1 3/4	2 1/4
Gaszugspiel (Öffnerzug)	→	2,0 – 4 mm
Chokezugspiel	→	0,5 – 1,0 mm

Elektrische Anlage

Zündzeitpunkt	10° vor OT bei 1200 U/min
Zündfolge	1 – 2 – 4 – 3
Zündkerze	
Hersteller/Typ	NGK CR9EK oder Nippon Denso U27ETR
Elektrodenabstand	0,6 – 0,7 mm
Funkenleistung	über 8 mm bei 1 bar
Widerstand der Pickupspule (blau – gelb)	ca. 135 – 200 Ω
Widerstand der Zündspule	
Primär (Pluspol – Minuspol)	ca. 2,4 – 4,0 Ω
Sekundär (Stecker – Stecker)	ca. 30 – 40 kΩ
Primärspitzenspannung der Zündspule	über 140 V

Generator

	Standard	*Verschleissgrenze*
Aussendurchmesser des Schleifrings	–	14 mm
Bürstenlänge	–	4,5 mm
Maximalleistung des Generators	ca. 648 W bei 5000/min	
Regelspannung	13,6 – 14,4 V bei 5000/min	
Widerstand des Starterrelais	3 – 6 Ω	
Batterie		
Typenbezeichn.	YTX9-BS	
Kapazität	12 V 28,8 kC/8 Ah	
Säuredichte	1,320 bei 20°C	
Sicherungen		
Scheinwerfer		
HI	15 A	
LO	15 A	
Blinklicht	15 A	
Zündung	10 A	
Rück-/Bremslicht	10 A	
Hauptsicherung	30 A	

Wattzahlen

Scheinwerfer	
Hi	60 W
Lo	55 W
Standlicht	5 W
Rücklicht	5 W
Bremslicht	21 W
Blinklicht	21 W
Drehzahlmesserbeleuchtung	1,7 W
Tachometerbeleuchtung	1,7 W
Blinkeranzeigelämpchen	1,7 W
Fernlichtanzeigelämpchen	1,7 W
Leerlaufanzeigelämpchen	1,7 W
Öldruckanzeigelämpchen	1,7 W
Kraftstoffstand-Anzeigelampe	3,0 W

Bremsen und Räder
Einheit: mm

	Standard	*Verschleissgrenze*
Hinterbremspedalhöhe	50	–
Bremsscheibenstärke		
vorn	4,5 ± 0,2	4
hinten	5 ± 0,2	4,5
Bremsscheibenschlag		
vorne/hinten	–	0,30
Hauptbremszylinderbohrung		
vorn	14,000 – 14,043	–
hinten	12,700 – 12,743	–
Durchmesser des Hauptbremszylinderkolbens		
vorn	13,957 – 13,984	–
hinten	12,657 – 12,684	–
Bremssattelzylinderbohrung		
vorn	30,230 – 30,306	–
hinten	38,180 – 38,256	–
Durchmesser des Bremssattelkolbens		
vorn	30,150 – 30,200	–
hinten	38,098 – 38,148	–
Radfelgenschlag (vorn/hinten)		
Axial	–	2
Radial	–	2
Radachsschlag		
vorn	–	0,25
hinten	–	0,25
Felgengrösse		
vorn	J17 MT 3,50	
hinten	J17 MT 5,50	
Reifengrösse		
vorn	120/70 ZR17 (58 W)	
hinten	170/60 ZR17 (72 W)	
Reifenprofiltiefe		
vorn	–	1,6
hinten	–	2

Aufhängung
Einheit: mm

	Standard	Verschleissgrenze
Teleskopgabelhub	130	
Länge der Teleskopgabelfeder (unbelastet)	–	380
Gabelölstand	95	–
Federkrafteinstellung hinten	2/5	–
Hinterradfederweg	120	–
Schwingachsschlag	–	0,3

Reifenluftdruck (bei kaltem Reifen)

	Solo	mit Sozius
vorn	2,50 kg/cm²	2,50 kg/cm²
hinten	2,50 kg/cm²	2,50 kg/cm²

Kraftstoff und Öl

Kraftstofftyp	bleifrei Benzin mit 85–95 Oktan oder höher verwenden
Kraftstofftank einschliesslich Reserve	18 Liter
Motoröl	
Klasse	API SF oder SG
Viskosität	SAE 10W/40
Füllmenge	
Wechsel	3,3 Liter
Filterwechsel	3,5 Liter
Überholung	4,7 Liter
Teleskopgabelöl	Gabelöl # 10
Gabelölfüllmenge (je Holm)	0,573 Liter
Bremsflüssigkeit	DOT 4

Technische Änderungen vorbehalten

Anzugsmomente

Fahrgestell
Einheit: Nm

Lenkkopfmutter	65
Schraube an oberer Gabelbrücke	23
Schraube an unterer Gabelbrücke	23
Verschlussschraube an der Vordergabel	23
Vordergabel-Dämpferstangenschraube	20
Vorderachswelle	100
Vorderachsklemmschraube	23
Lenker-Befestigungsschraube	23
Befestigungsschraube für Hauptbremszylinder vorne	10
Befestigungsschraube für vorderen Bremssattel	39
Schraube am Bremsleitungsanschluss (vorne und hinten)	23
Entlüftungsventil (vorne und hinten)	7,5
Schraube an vorderer und hinterer Bremsscheibe	23
Befestigungsschraube für vorderen Fussrastenhalter	35
Mutter an Schwingendrehgelenk	100
Befestigungsmutter am Federbein (oben)	23
Befestigungsmutter am Federbein (unten)	35
Befestigungsschraube des hinteren Bremssattels	26
Gehäuseschraube des hinteren Bremssattels	30
Befestigungsschraube für Hauptbremszylinder hinten	10
Sicherungsmutter des hinteren Hauptbremszylinders	18
Hinterachsmutter	100
Kettenradmutter	50
Muttern des Bremsankers	35
Bremspedal-Befestigungsschraube	11

Motor
Einheit: Nm

Schraube an Zylinderkopfhaube	14
Zylinderkopfschraube (M: 10)	38
Zylinderkopfschraube (M: 6)	8–12
Mutter am Zylinderfuss	9
Zylinder-Gewindebolzen	15
Gegenmutter des Ventilspiel-Einstellers	10
Halteschraube der Kipphebelwelle	9
Schraube am Nockenwellen-lagerstellenhalter	10
Befestigungsschraube des Ölkühlerschlauchs	23
Befestigungsschraube der Ölleitung	10
Befestigungsschraube für Steuerkettenspanner	7
Schraube an Federhalter vom Steuerkettenspanner	35
Deckelschraube am Pleuellager	66
Befestigungsschraube der Starterkupplung	150
Schraube am Signalgenerator	25
Kurbelgehäuseschraube (M: 6)	11
Kurbelgehäuseschraube (M: 8)	23
Stopfen der Hauptölleitung	40
Ölpumpen-Befestigungsschraube	10
Ölablassschraube	23
Ölwannenschraube	14
Schraube am Schaltnockenanschlag	10
Mutter am Kupplungskorb	95
Druckbolzen an der Kupplungsfeder	12
Auspuffkrümmer-Befestigungsschraube	23
Auspuff-Befestigungsschraube	29
Motorritzelmutter	115
Motorbefestigungsschraube (L: 55)	55
Motorbefestigungsschraube (L: 130 und 180)	75
Mutter an Generatorabtriebsrad	60
Generator-Befestigungsschraube	25
Ölkühler-Befestigungsschraube	10
Öldruckregler	28
Öldruckschalter	14
Starter-Befestigungsschraube	6
Mutter der Starter-Kabelklemme	5
Befestigungsschraube des Impulsgeberspule	3
Mutter der Starterrelais-Kabelklemme	5
Zündkerze	11
Befestigungsschraube der Steuerkettenführung	10

Drehmoment-Tabelle

Bislang nicht aufgeführte Schrauben und Muttern siehe folgende Tabelle:

Schrauben-durchmesser (mm)	Normale Schraube	Schraube »7« bzw. »4«
4	1,5	2
5	3	5
6	6	10
8	13	23
10	29	50
12	45	85
14	65	135
16	105	210
18	160	240

Schaltplan

Suzuki GSX 750
ab Baujahr 1998

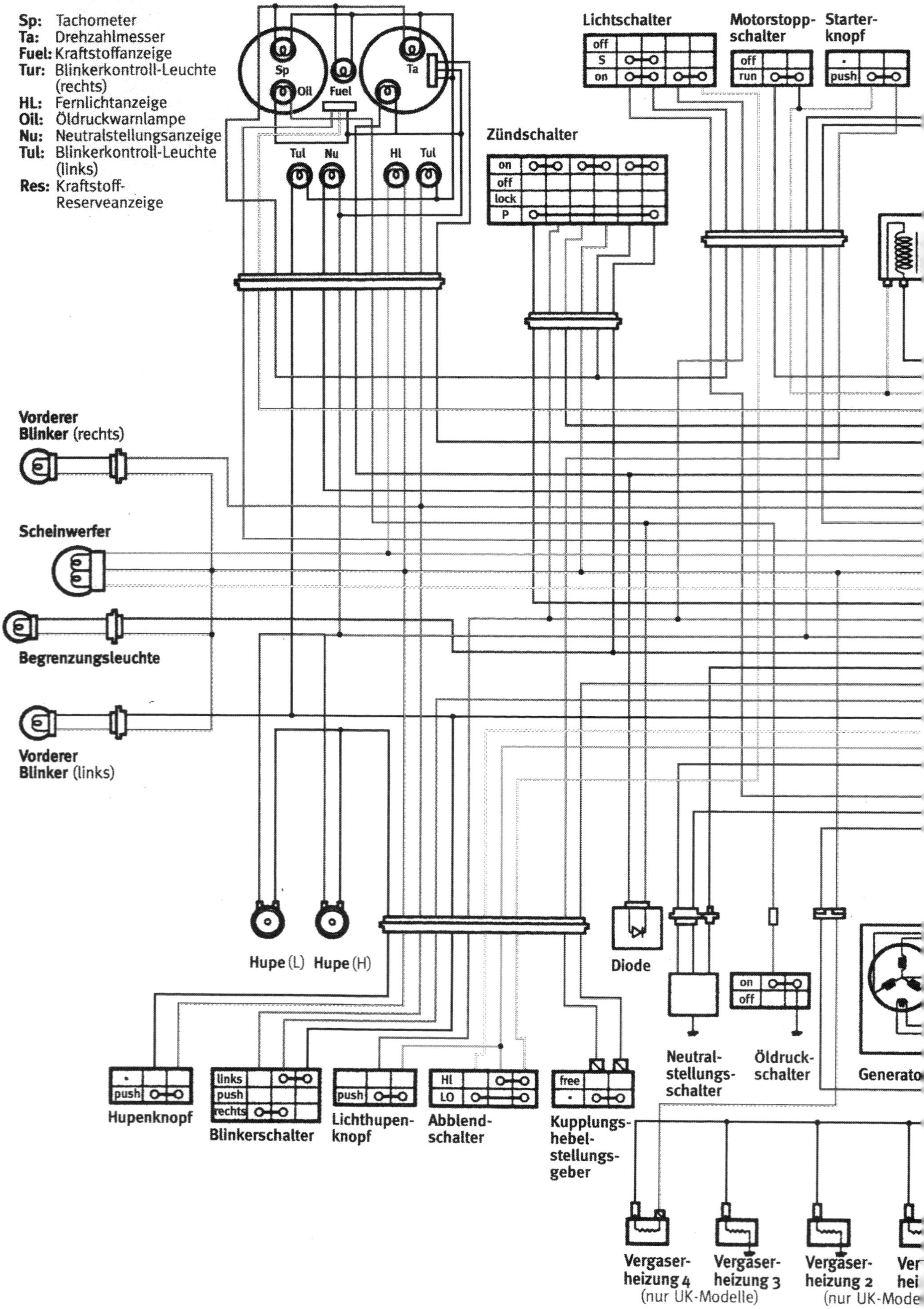

Sp: Tachometer
Ta: Drehzahlmesser
Fuel: Kraftstoffanzeige
Tur: Blinkerkontroll-Leuchte (rechts)
HL: Fernlichtanzeige
Oil: Öldruckwarnlampe
Nu: Neutralstellungsanzeige
Tul: Blinkerkontroll-Leuchte (links)
Res: Kraftstoff-Reserveanzeige
Sp
Oil
Fuel
Ta
Tul
Nu
Hl
Tul
Lichtschalter
off
S
on
Motorstopp-schalter
off
run
Starter-knopf
push
Zündschalter
on
off
lock
P
Vorderer Blinker (rechts)
Scheinwerfer
Begrenzungsleuchte
Vorderer Blinker (links)
Hupe (L)
Hupe (H)
Diode
on
off
Neutral-stellungs-schalter
Öldruck-schalter
Generato
push
Hupenknopf
links
push
rechts
Blinkerschalter
push
Lichthupen-knopf
Hl
LO
Abblend-schalter
free
Kupplungs-hebel-stellungs-geber
Vergaser-heizung 4
Vergaser-heizung 3
(nur UK-Modelle)
Vergaser-heizung 2
(nur UK-Mode

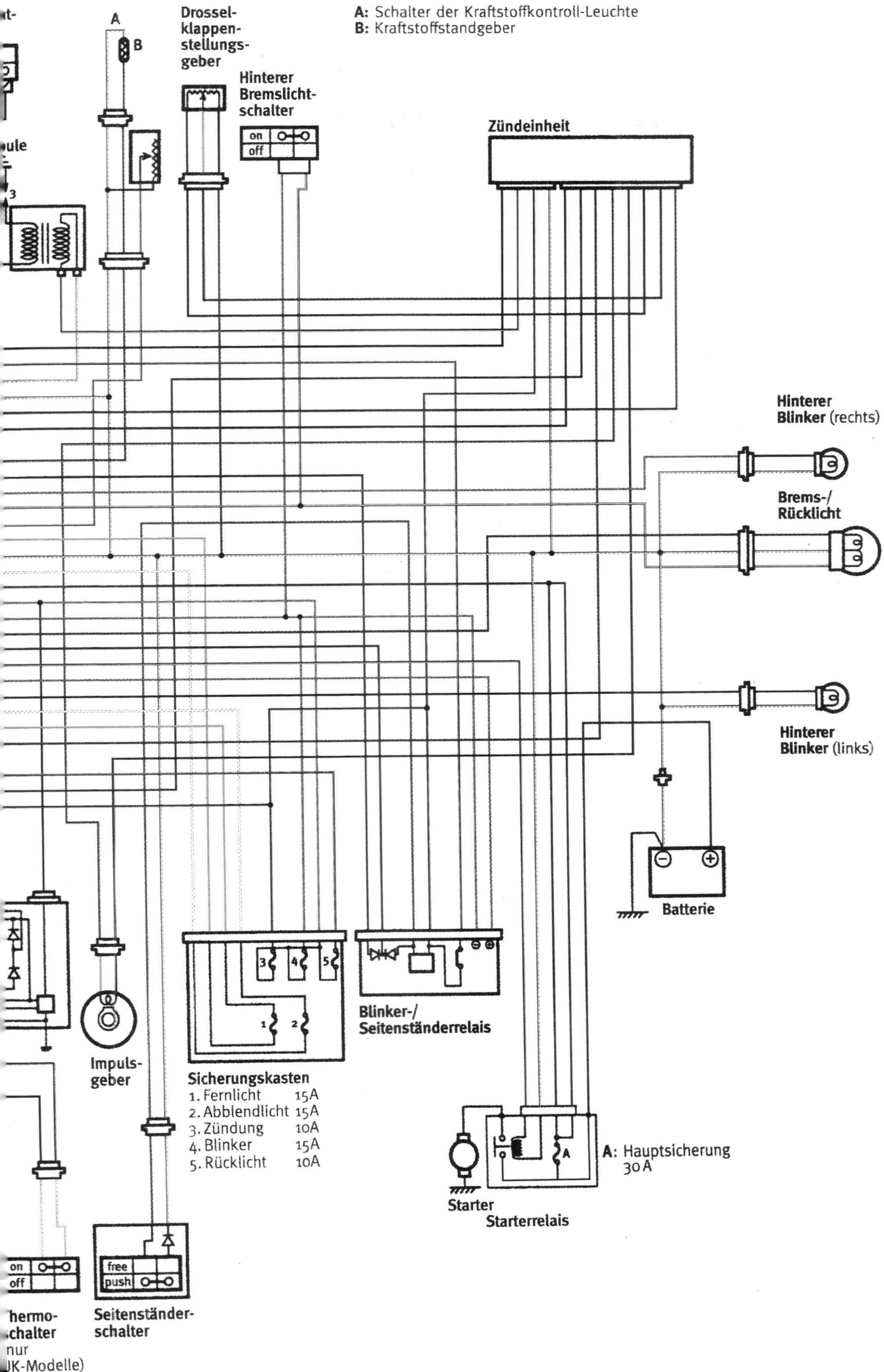
A: Schalter der Kraftstoffkontroll-Leuchte
B: Kraftstoffstandgeber
A
B
Drossel-
klappen-
stellungs-
geber
Hinterer
Bremslicht-
schalter
on
off
Zündeinheit
Hinterer
Blinker (rechts)
Brems-/
Rücklicht
Hinterer
Blinker (links)
Batterie
Impuls-
geber
Sicherungskasten
1. Fernlicht 15A
2. Abblendlicht 15A
3. Zündung 10A
4. Blinker 15A
5. Rücklicht 10A
Blinker-/
Seitenständerrelais
A: Hauptsicherung
30 A
Starter
Starterrelais
free
push
Seitenständer-
schalter
hermo-
schalter
nur
K-Modelle)

FSC
www.fsc.org
MIX
Papier | Fördert gute Waldnutzung
FSC® C083411

Kolibri 360 GmbH
Ferdinand-Jühlke-Straße 7
99095 Erfurt, Deutschland
produktsicherheit@kolibri360.de